The Human Nature of Birds

A Scientific Discovery with
Startling Implications

もの思う鳥たち

鳥類の知られざる人間性

セオドア・ゼノフォン・バーバー❖著 Theodore Xenophon Barber, Ph.D.
笠原敏雄❖訳

いのちと環境
ライブラリー

日本教文社

文字を使うことを知らなかった、私の四人の
ギリシャ人の祖父母たちの思い出に。
祖父母たちは遠い昔に、言葉よりも深い知性があることを
私に示してくれた。

謝辞

本書の執筆にさいしては、多くの先進的研究者による業績のおかげを大幅にこうむっています。付録Aに書いておいたように、認知比較行動学の創始者ドナルド・R・グリフィンの刺激的著作がなかったなら、本書が書かれることもなかったでしょう。本書に（その解釈ではなく）実体を与えてくれたデータは、主として、六五名の研究者たちのすばらしい研究や学識から得られたものです（ただし、本書で提示している解釈の責任は、ひとり私にあります）。おおいに恩義を受けた研究者の方々のお名前を、以下に掲げておきたいと思います。ケネス・P・エイブル、トマス・アラースタム、L・R・アロンソン、R・ロビン・ベイカー、ラッセル・P・バルダ、ルイス・バプティスタ、コリン・G・ビアー、トマス・ベリー、ピーター・バートルド、レスター・R・ブラウン、レミ・ショーヴァン、ノーム・チョムスキー、ニコラス・E・コリアス、ウィリアム・R・コーリス、フランス・ドゥ・ヴァール、パウル・R・エールリヒ、イレナウス・アイブル＝アイベスフェルト、ピーター・D・エイマス、スティーヴン・T・エムレン、ロジャー・S・ファウツ、マシュー・フォックス、ベアトリックス・T・ガードナー、ハワード・ガードナー、R・アレン・ガードナー、フランク・B・ギル、ジェーン・グドール、ジェームズ・L・グールド、チャールズ・ハーツホーン、ベルンド・ハインリッチ、ルイス・M・ハーマン、リチャード・J・ハーンスタイン、バート・ヘルドブラー、レン・ハワード、アラン・C・カミル、メルヴィン・L・クライトヘン、トマス・S・クーン、ロバート・フランクリン・レスリー、マーティン・リンダウアー、フーバート・マークル、ピーター・マーラー、アンドリュー・N・メルゾフ、エミール・メンツェル、フェルナンド・ノッテボーム、F・パピ、フランシーン・P・パターソン、ロジャー・ペイン、アイリーン・M・ペッパーバーグ、デヴィッド・プレマック、カレン・プライヤー、ジェレミー・リフキン、カロリン・A・リスタウ、バーナード・E・ロリン、カークパトリック・セイル、E・スー・サベージ=ランバウ、クラウス・シュミット=ケーニッヒ、トマス・D・シーリー、アレグザンダー・F・スカッチ、デヴィッド・スズキ、ハーバート・S・テラス、ブライアン・トーカー、チャールズ・ウォルコット、ジョエル・カール・ウェルティ、エドワード・O・ウィルソン、シェリル・C・ウィルソン、W・ウィルシュコ（敬称略）。

　また、草稿に目を通してご批判くださった、リー・カールトン、トマス・J・マコーミック、キャロル・T・ヴィエラ、シェリル・C・ウィルソン、モートン・ヤナウのみなさまにも深く感謝いたします。

はじめに

行動科学者として三〇年の経験を積み、頑固一徹《いってつ》な懐疑的研究者という評価を専門家の間で得ていた私は、その後、動物の知能という特殊な問題の研究に全力を傾けるようになった。これまで蓄積されてきた科学文献を六年かけて検討するうち、数多くの科学的研究で、鳥たちが知的に、そして目的をもって、しかも柔軟に行動していることがしだいにわかってきた。

それまで、鳥は本能的な自動機械にすぎないという科学的な公式見解を、私も含めた科学者の事実上全員が受け入れていた。そのため、私たちの身近な存在である鳥類がもつ知能をはじめとする、現実の本質が、鳥の擬人化に対するタブーのおかげでわからずにきたのを認めることが、私には恐ろしかった。研究によって得られたデータは、公認の科学が強く否定してきた現象が実在することを明らかに示している。それは、鳥たちが敏感な意識や感情をもっており、それぞれはっきりと異なる個性をもち、自分たちがしていることを知っている、ということだ。

本書ではまず、自然界には意識や知能は存在しないという支配的な世界観に挑戦状を突きつける、鳥たちを対象とした研究の成果をかいつまんで紹介することから始めることにしたい。続いて、意外なことに他の動物たちにも知能をともなう意識が見られることを示す科学的研究に焦点を当てる。そして最後の章では、動物が知能をもっていることがわれわれの科学や哲学に対して、個々人の生活に対して、さらには、私たちの文明の未来に対してもつ革命的な意味について検討することにしたい。

もの思う鳥たち——目次

謝辞　ii
はじめに　iv
第1章◆鳥たちの知能……2
アレックス——頭のよいオウム　3
鳥のもつ概念化の能力　9
鳥たちの非常にすぐれた記憶力　11
道具を使う鳥たち　12
鳥たちの利他的な行動　15
第2章◆鳥たちのもつ柔軟性……17
鳥の柔軟ななわばり習性　18
臨機応変な食物探し　18

冬のすみかと夏のすみかで見られる鳥たちの柔軟性 20
巣作りと巣の修復のさいに見せる柔軟性 21
臨機応変な防御 23
子どもたちを知的に教育する 26
つがいの相手を選ぶ時の柔軟性 27
子どもの数を意図的に制限する 27

第3章◆本能に導かれる鳥と人間 …… 29

人間の言葉の本能的な背景 31
本能に導かれる人間の新生児 33
カッコウのひなの本能 36
本能を知的に用いる 39

第4章◆鳥たちの言葉 …… 41

人間の身体言語 41
鳥の身体言語 42

鳥たちの鳴き声による言葉　44
鳥のさえずり言葉　47
鳥の会話　48

第5章◆偉大なるロレンツォ──おしゃべりカケス……51

第6章◆鳥たちの音楽、職人的な技巧、遊び……58

鳥たちの音楽　58
鳥たちの美的センス　68
鳥たちの職人的な技巧　69
鳥たちの楽しみ、遊び、踊り　72

第7章◆鳥たちの航法……75

太陽をコンパスとして使う　78
星の配列を〝読む〟　79
風と天気を〝読む〟　80

目で見える陸標を〝読む〟 82
地球の磁気を〝読む〟 83
におい、人間に聞こえない音その他の、かすかな手がかりを〝読む〟 85
賢明な渡りの判断 86
経験に学ぶ 88
鳥たちの航法のあらまし 88
人間の航行能力 90
本能的な背景 91

第8章◆人と鳥との個人的な友情 …… 96

言葉を話すホシムクドリ 97
とても社交的なコクマルガラス 98
大学教授とミミズクの友情 100
〝人〟格をもつインコ 102
セキセイインコのブルーバード
(創造的歌唱/性的行動/遊び/飛ぶのを喜ぶ) 103
●ブロンディー 113

●ラヴァー 114
たくさんの野鳥との間に育まれた親密な友情 117
●ジェーン 119
●カーリー 121
●ツイスト 122
●鳥の個別性と個性 124

第9章◆鳥の知能の全体像……131

鳥たちが人間よりもすぐれている点 135
人間が鳥たちよりもすぐれている点 136

第10章◆なぜ鳥は完全に誤解されてきたのか……138

個としての鳥を知らないこと 138
飼育される鳥たち
（家禽／かごの中のペット） 141
大きさにまつわる虚偽 144

「小さな脳」にまつわる虚偽　145
本能にまつわる誤解　146
知能にまつわる誤解　149
人間の自己中心性　149
人間の利得　150
擬人化することに対する恐怖　151

第11章◆動物はすべて知的なのか……157

高い知能をもつ類人猿　158
●ゴリラのココ　159
●チンパンジーのワショー　168
●記号を使う他のチンパンジーたち　171
●洗練されたチンパンジーたち　173
クジラ目《もく》の動物　174
●イルカたち　174
●クジラたち　178
知的な魚類　179

―知的な膜翅《まくし》類 183
●アリ 183
●ミツバチ 193

第12章◆動物の知能がもつ革命的な意味……201

―人間、この破壊するもの 205
人間性の回復 211

◎付録A　認知比較行動学革命の進展……215

―行動科学および脳科学の研究者のための解説 215

◎付録B　知的個体としての鳥を個人的に体験する方法……219

―野鳥と友だちになる 219
自宅で自由に暮らす鳥と友だちになる 224
鳥と友だちになることの重要性 227

◎付録C　本書に登場する鳥の和名および学名……229
原註　235
訳者後記　294
索引　i

装丁——山田英春

もの思う鳥たち——鳥類の知られざる人間性

第1章　鳥たちの知能

鳥の渡りや学習能力、その特徴的な行動に関する科学的データを分析、総合したところ、そうした科学的発見から、次のような意外な結論が導き出されることがわかった。

1　鳥類は、音楽的能力（鑑賞力、作曲力、演奏力）[註1]や抽象的概念を生み出す能力、たえず変化する生活上の問題を、知能を柔軟に用いて解決する能力[註2]、喜んで遊び、つがう能力など、私たち人類が自分たち独自のものと当然のように考えている能力を、少なからずもっている。

2　人間は、いくつかの方面の能力（たとえば象徴的、言語的能力）では鳥よりもすぐれているが、鳥も、他の方面の能力（たとえば、渡りの能力）では、人間よりもすぐれている。

3　鳥は、知能や意識や意志をもっているばかりでなく、人間と知的なコミュニケーションをし、人間との間に、思いやりのある親友という関係を築く能力ももっている。

　以上の革命的な結論については、第1章から第10章で、具体例をあげて紹介することにしたい。まず最初に、鳥たちの真の姿を明らかにした最近の五つの研究を、細心の注意を払いつつ眺めてみることにしよう。

◆アレックス――頭のよいオウム

　アレックスという名前の、一六歳になるヨウム[註3]〔アフリカ原産の灰色のオウム〕は、一五年もの間、アイリーン・M・ペッパーバーグ教授の研究室で生活しており、そこで、綿密に観察、研究されてきた。[註4] アレックスは、英語の単語を使い、それまで人間だけのものと考えられてきた方法で自分の意志を伝える。アレックスは、実験者たち（教授および学生）が自分に向かって発した言葉を理解し、意味の通る言葉で答えるのだ。以下に紹介するように、アレックスは、時として自分で考え出した、意味のある英語の単語や言いまわしを使って、自分がほしいものを要求し、利発な質問をし、抽象的な質問に答え、実験者たちに向かって、ひとりでいたいからあっちに行ってほしいと求めることをはじめ、さまざまな手段を使って人間と心を通わせる。しかしそれは、鳥ではなく人間にこそふさわしいとされる方法なのだ。

　アレックスは、実験室の中で孤立しているわけではなく、多くの点で自分の生活をコントロールしている。研究日にはいつも八時間ほど、ケージから外に出ている。その間に、実験者たちと交流するのだ。実験者たちは、アレックスを実験チームの重要な一員として丁重に扱いながら、言葉や概念を教え、厳密に管理されたさまざまな実験を行なってアレックスを調べる。実験者たちは、また、特定の食べものやおもちゃがほしいというアレックスの要求（たとえば、「チェリーがほしい」とか「トラックがほしい」など）をかなえ、特定の情報がほしいという求め（たとえば、「何色？」という質問）に応ずる。また、両翼が刈り込まれていて飛べないため、アレックスは、特定の場所に連れて行ってほしいと要求する（たとえば、「ブランコに行きたい」）。すると実験者たちは、行きたがっているところへアレックスを連れて行く。

主としてアレックスは、ふたりの人間が、事物やその特徴について話し合っている場面を眺めることを通して、意味のある事柄を英語で話す勉強をした。そのうちでも、そばにいるふたりの実験者が交互に質問し合うのを聞いている時間が長かった。実験者の一方が尋ね、もう一方が答えるのは、たとえば次のような質問だ。「この木はどんな形してる？」、「いくつある？」、「青いものは何？」

質問者役の実験者は、相手が正しく答えるとほめ（「そうそう」、「それでいいよ」）、まちがうとそのことを指摘した。正しい発音を明確にするため、一方の実験者は時おり、単語の発音をわざとまちがえ、もう一方の実験者がすぐにそれを正すという方法を使った。その間アレックスは、そうしたやりとりを観察していたのだ。アレックスは、ふたりのやりとりに進んで加わり、そこで出された質問に答えることも時おりあったし、それほど多くはなかったものの、自分から質問することもあった。アレックスの答えが正しかった時には、それをほめられたうえに、ほうびとしてその物品を与えられた。ただし、アレックスがそれを拒絶し、代わりのものを言葉で求めた場合には、その限りではなかった。

難しい質問に答える時のアレックスは、驚くほど豊富な語彙《ごい》を駆使する。その中には、まわりにある一〇〇以上の事物の名称も含まれている。たとえばアレックスは、水やぶどう、パスタ、椅子、穀物、シャワー、積み木、箱、肩、膝、鍵、鎖、トレイ、砂利などの他に、八六種ほどの事物の名称を、それにふさわしい状況で口にする。加えて、一から六までの数字を正しく使うばかりか、実験に使用する物品の重要な特徴を表わす言葉——たとえば、その色（緑、赤、青、黄、灰、オレンジ、紫）や角《かど》の数（二角、三角、四角、五角、六角）やその原材料（コルク、木、紙、石灰、ウール、岩石、皮）——を知っているのだ。

アレックスは、「くすぐって」とか「ポップコーンがほしい」など、私的な要求もする。実際に、「少しお茶がほしい」、「バナナがほしい」などのように、一五種類の食物の中から、何かひとつをもらいたがる。ふつうのオウム用の穀類と水を与えられているが、アレックス自身から要求があった場合には、新鮮な果物や飲みもの、野菜、特定のナッツ類（カシューナッツ、アーモンド、ピーカンナッツ、クルミ）ももらっている。（それらは、すべて見えないところに保管されているが、完璧に記憶しており、時おりそれを要求する。）自分が求めた以外の食べものを与えられると、アレックスはそれを拒否し、最初の要求をくりかえす。

特定の場所に連れて行ってほしい——「椅子に行きたい」、「ブランコに行きたい」——と要求することもあり、その場合には、誰かがアレックスをそこに連れて行くことになる。もし違う場所に連れて行かれると、乗っていた腕から降りるのを拒否し、最初の要求をくりかえす。自分の持ちものやおもちゃのいずれかを要求する（「……がほしい」と言う）こともある。また、口にくわえる「ペグウッド」（細いツゲの棒）をほしがることもあれば、自分の体をかくための「鍵」や、くちばしを掃除するための「コルク」を要求することもある。自分が求めた以外のものを実験者が渡した時には、「ノー」と言って、もう一度自分が要求したものを口にする。アレックスは、ほしくないものは「ノー」と言って何でも拒否することによって、自分の生活をコントロールしている。また、自分が望む時には、実験者に向かって「こっちに来て」と呼びかける。「これは何？」、「この形は何？」、「ここにあるのは何？」、「何色か教えて」などと、特定の情報を要求することもある。

代表的な実験では、実験者はアレックスに、「灰色なのはどれ？」と質問して、七点の物品（たとえば、紫色の鍵、黄色い木片、緑の皮革、青い紙、オレンジ色のペグウッド、灰色の箱、赤いトラック）が載ったトレイを見せる。アレックスは、七個の物品を注意深く見渡し、「箱」と正答する。続いて、赤い三角形の紙と青い三角形の木を載せたトレイを見せて、「同じなのは何？」と尋ねる。アレックスはやはり、ふたつの物品を注意して観察し、「形」と正しく答える。それから、トレイの上に乱雑に置かれた三つのコルク片とふたつの鍵を見せられ、「コルクはいくつある？」と質問される。それに対してアレックスは、「三つ」と正しく答える。

一連の実験を通じてアレックスは、さまざまな物品をさまざまな組み合わせで見せられ、次のような驚くほど多くの質問に正しく回答している。「オレンジ色のものは？……バラ色のものは？……緑色のものは？……黄色のものは？……紫色のものは？……青いものは何？　この鍵は……ペグウッドは……トラックは……積み木は……毛糸は……箱は……カップは……木は……鎖は……皮は……チョークは何色？　角《かど》がふたつのものは……三つのものは……四つのものは……五つのものは……六つのものは何？　この紙は……木は……皮は……石は……毛糸は……鍵は……プラスチックは、どんな形（何角形）？」

アレックスは、次に何を質問されるかわからないため、それぞれの質問に真剣に耳を傾け、尋ねられたことを正確に理解し、今まで知らなかったことについて聞かれた場合でも、ただちにそれに答えなければならない。（たとえば、「どこが違うの？」という質問が、「何色？」とか「これは何？」といった質問の後にされるかもしれないし、「いくつ？」とか「どういう形？」といった質問の前にされるかもしれないのだ。）

アレックスは、自らすすんで、自分の英語の知識を使って単純な文章をつくり、それまで見たこともなかった物品に、自分なりに意味の通った名前をつけた。知っている単語を創造的に組み合わせて、バナナ・チップを「バナナ・クラッカー」、灰色のヒマワリの種を「灰色ナッツ」、石のような殻つきのブラジル・ナッツを「石ころナッツ」、コルクのような殻つきのアーモンドを「コルク・ナッツ」、少々バナナ味の、とても大きなチェリーのように見えるリンゴを「バネリー」、乾燥したトウモロコシを「石ころコーン」（アレックスは、生のトウモロコシをたんに「コーン」と呼んで区別している）というふうに、気のきいた新語をつくりあげたのだ。一から六までの数字がわかるようになり、三角形を「角が三つ」、四角形を「角が四つ」と呼ぶことを知ってからは、フットボールを「角がふたつ」、五角形を「角が五つ」、長方形のコンピュータ用紙を「角が四つ」と、自ら工夫して言い表わした。アレックスは、情報を得ようとして人間に質問することもある。たとえば、鏡に映った自分の姿は何色かと学生に尋ね、「灰色」という色を学習している。同時に、ニンジンを食べている学生に、それは何なのか、その色は何かと質問して、「オレンジ色」という色彩と「ニンジン」という名詞を学んだ。それ以来、「灰色」と「オレンジ色」はきちんと見分けられるようになり、ニンジンは、時おり要求する野菜のリストに加えられた。

アレックスは、受身的ではない。自分の生活を自分でコントロールすることに、おおいに積極的なのだ。たとえば、要求したナッツを、自分では持ち上げられない重い金属製のカップの下に実験者が置いた時には、「行ってカップを持ち上げて」と実験者に向かって発言している。実験者がカップを持ち上げると、すぐにアレックスは歩いて行き、そのナッツを食べた。実験者たちが実験課題をおもしろいものにできなかった場合、アレックスは、退屈していることを実験者に伝える。別の場所に移動させてほしいと求めることによって、あるいは実験者を無視して羽《は》づくろいすることによって、自分が退屈していることを実験者に伝えるのだ。とくに時間がかかって難しい実験セッションの場合には、自分が欲求不満を起こしていることを伝え、「戻りたい」と言って、自分をケージに戻すよう求めることにより、それ以上課題を突きつけるのはやめてほしいという気持ちを伝えようとする。そしてケージに戻されると、「あっちへ行って」と実験者に言って、中のブランコに乗って実験者を無視し、誰ともやりとりを拒否するのだ。

アレックスは、自分が口にしている言葉の意味を理解しており、質問に対して正確に答える時には、その答えに自信があるという態度を示す。学生が実験者の場合、正しい答えが返ってきたにもかかわらず、誤ってアレックスを叱《しか》ってしまう比率が全体の五パーセントほどあるが、その場合アレックスは、その正しい答えをくりかえすのだ。

要するにアレックスというオウムは、自分がほしいものを手に入れようとして、自分の置かれた状況を意のままに変えようとして、あるいは望んでいないことに抗《あらが》おうとして、あるいは知らないことを知ろうとして言葉を話す時、驚くほど人間に似かよったふるまいをするということだ。アレックスは、一般に鳥類がもつと考えられているよりもはるかにすぐれた能力をもっており、はるかに人間に似ていると言える。[註5]

◆鳥のもつ概念化の能力

ペッパーバーグ教授のオウムが示す驚くべき概念形成の能力は、ハトでも観察されている。ハーヴァード大学心理学研究室のリチャード・J・ハーンスタイン教授が始めた実験で、驚くべき結果が得られているのだ。[註6]

実験室のハトたちは、高度に抽象的な概念をつくりあげる能力をもっている。人間の姿が写っているスライドがスクリーンに映し出された時にだけ餌を与えるようにすると、ハトは、あらゆる人種や文化、肌の色、年齢、背格好の男女を、〝人間〟というひとつの概念にくくって考えるようになる。また、人間の後頭部や人間の手足などの部位も、〝人間〟として認識するようになる。特定の人物を認識させるように餌を与えてゆくと、ハトは、〝見かけ〟はさまざまであっても——たとえば、その人物が裸でも、変わった服装をしていても、大きな集合写真に小さな顔でしか写っていなくても――その人物を見分けるようになる。

実験室で細かく調べたところ、それぞれのハトがつくりあげた概念は、人間の典型的な概念と同じように、驚くほど一般的で完全なものであることがわかった。〝水〟が写っているスライドをつついた時に餌を与えられたハトは、海や小川、水道水、泥道にできた水たまりのスライドもつついた（ところが、同じ泥道でも、水たまりができていないスライドの場合にはつつかなかった）。ハトのもつ概念は、高度な分化をとげているばかりか、階層構造にもなっている。ハトたちは、ドングリの木、カエデ、樹の幹、枝、葉その他の概念をもっていることも、くちばしでつつくことによって示している。実験室のハトたちは、人工物（たとえば、街路や建造物）と自然物（たとえば、森や野原）も区別したし、正三角形のようなきわめて特殊な形態を、他の三角形と区別することすらしたのだ。[註7]

実験室のハトたちは、人類や類人猿にしかできないと考えられてきた、他の課題の解決にも成功している。ハトは、たとえば「B」「D」「A」「C」とか「C」「B」「D」「A」といった特定の順番を〝暗記〟し、四個のターゲットをその順番通りにつついて餌をもらうこともできた。また、新しい課題を解くために、すでに知っている一連の要素を独自の方法で創造的につなぎ合わせ、その見通しをもっているかのようにもふるまっている。[註8] さらには、心理学者が知能検査と見なすような複雑なテストでも、（少なくとも哺乳類と同程度の）好成績をあげたのだ。そのテストには、反復性反転検査（今はそれが〝正しい〟ため報酬が与えられるが、そのすぐ後には〝まちがい〟となって報酬が与えられなくなるという状況を、知的に行き来できるような柔軟性が求められる検査）、学習構《かま》え検査

（別の課題も解決可能になる一般原則を学習する能力が求められる検査）、半端もの検査（三個が一組になった中から、ひとつだけ異質なものを見つけ出す能力が求められる検査）が含まれていた。[註9]

実験室のハトたちは、英語の二六文字のアルファベットをいずれも見分けることができるようになった。鳥たちが、最初に小学生のような初歩的なまちがいを犯すことは、研究者たちには意外に思われた。たとえば、アルファベットのＣとＧや、ＷとＶを取り違えやすいのだ。[註10]

実験室で研究されている他の鳥（カナリア、オウム類、ニシコクマルガラス、キツツキ類、シジュウカラ、ニワトリ）も、公式実験で、驚くほど人間的な能力を示している。その中には、少なくとも一から八までの数字が数えられる能力、〝左右対称〟や〝独特さ〟など、非常に抽象的な概念を理解する能力、五種類の食べもののどれかひとつがほしいという欲求を、つつきかたを変えることで伝える能力、同時に複数の要素が変化する複雑な課題を処理する能力などが含まれる。[註11]

ここでまとめると、〝概念〟とは人類に特有のものだという、世間一般が共有している見解は正しくないということだ。実験室の鳥たちは、特定の事柄について概念をつくりあげるよう〝求められる〟と、それを実行している。自然状態の鳥たちも、自分たちにとって重要なものは、すべて概念化しているのかもしれない。

◆鳥たちの非常にすぐれた記憶力

鳥の場合、もうひとつの認知機能――記憶力――も、驚くほどすぐれていることがわかっている。鳥たちは、別々の大陸にある夏のすみかと冬のすみかの位置を正確に記憶しているのみならず、冬用に保管しておいた数多くの保存食の正確な位置や、かつて果汁を吸ったことのある特定の植物の正確な位置も記憶している。事実、長期的な記憶という点では、人間をしのぎさえする鳥も一部にいる。雪が大量に降り積もる厳冬期にそなえて、北米西部に棲《す》むハイイロホシガラスは、それぞれが、秋のうちにたくさんの貯蔵庫に数千もの木の実を埋め、何カ月も後の冬に、それらの正確な位置を思い出す。これらの鳥たちは、木の実を埋める時には、その周囲にある大小の目標物の正確な距離や方向に注意しつつ、たくさんのデータを記憶にとどめておき、かなり後になってもそれらを思い出すことができる。それにより、数多くの位置を正確に（人間よりも巧みに）記憶しているのだ。[註12]

◆道具を使う鳥たち

人間の手は比類のないもので、道具を巧みに操るという点で驚異的なものだ。事実、人間は、道具を作り道具を使うスペシャリストなのだ。とはいえ、人類だけが道具を使う能力をもっているとする通説はまちがっている。鳥たちも、目的を達成するために、道具を作ったり、特定のものを選び出して道具に使ったりすることもあるからだ。たとえば、オーストラリア東部に棲むアオアズマヤドリのオスは、絵筆として使える繊維性の材料と、絵の具として使える発色性の物質（たとえば、サクランボや木炭）を見つけると、自分のあずまやを色彩豊かに塗りたくる。[註13]ガラパゴス諸島に棲むキツツキフィンチは、数センチほどの長さの小枝を選び、よけいな突起をそぎ落として形をまっすぐに整える。それをくちばしにくわえて、樹皮の割れ目に差し込み、その中をひっかくようにしながら、内部に潜む昆虫をかき出すのだ。そして、その小枝をかぎ爪の間にすばやくはさみ込むと、捕らえた昆虫を食べる。[註14]中南米のインカサンジャクや北米のチャガシラヒメゴジュウカラをはじめとするさまざまな鳥たちの場合にも、木片や樹木やサボテンのとげで作った小さな道具を利用して、同じように昆虫を捕まえる場面が観察されている。[註15]

カラス科の鳥類（カラス、カケス、コクマルガラス、ワタリガラス、ヤマガラス）は、自分で選んだ材料から便利な道具を作り出すことがとくに多いようだ。小枝やちぎれた新聞紙を、ケージの外に置かれた穀類を引き寄せる熊手代わりに使ったり、水位を上げて水を飲みやすくするため、水入れに固形物を落とし込んだり、鳥小屋の水栓にぴったり合う栓を探して、自力で水浴び場を作ったり、餌が乾燥しすぎていると、プラスチックのカップを使ってその餌に水を注いだりするなどの場面が、信頼のおける研究者によって観察されているのだ。[註16]また、カケスでも、くちばしを鋭く振り下ろした時にクルミがうまく割れるように、殻の縫合線（継ぎ目）の向きを調整しながら、適当な固定具（二股になった枝）にクルミをひとつずつ置き、一方の脚でそれを固定して巧みに叩き割るという行動が、やはり信頼できる研究者によって観察されている。[註17]ワタリガラスは、自分の巣を守るため、侵入してきた人間に向かって、くちばしにくわえた石ころを次々に投げつける。[註18]

カラスは、貝類を高所から岩の上に落として割るが、その場合、三種類の要因を同時に考慮することにより、その殻が割れる可能性が高くなるようにする。それは、殻の大きさ、地面までの距離、岩の特性だ。同様に、カラスはヤシの実をハイウェイに投げ落とし、通過する車がその実を割ってくれるのを待つ。スカンジナビアに棲《す》むハイイロガラスは、時として、凍結した湖面に開けた穴に垂らしたまま放置されている釣り糸をたぐり寄せ、魚を獲《と》ることもある。[註19] その場合カラスは、釣り糸をくちばしにくわえたまま、氷の穴から遠ざかり、糸を踏みながら穴まで戻る（それによって、引き出した釣り糸がまた穴の中に滑り落ちるのを防ぐ）。その動作を、魚が穴から上がってくるまで慎重にくりかえすのだ。[註20]

餌を使って魚をつかまえる鳥たちもある。たとえば、サギ類は、昆虫やパンくずを餌に使って魚をおびき寄せ、くちばしで突き刺すこともある。最近行なわれた非常にみごとな研究が明らかにしたところによれば、餌を利用して魚を獲るササゴイは、自分たち好みの方法を使う。多種多様な餌を、多種多様の方法で使うのだ。[註21] 高名な老練の科学者である、ロックフェラー大学のロナルド・R・グリフィン教授は、サギが独自の方法で餌釣りしている時には、自分が今していることについて考えており、自分が何をしようとしているか、ということまでわかっているのかもしれないと、大胆な推測をしている。[註22]

エジプトハゲワシや、オーストラリアに棲むクロムネトビは、固い殻の卵を食べようとする時、それを割るのに、さまざまな独創的方法を使うことが報告されている。くちばしにはさんだ石で卵を叩くこともあれば、その上を飛んで石を落とすこともあるし、地面から卵に向かって石を投げつけることも、さらには卵をかなり遠くまで放り投げることもある。[註23] クロウタドリやツグミ類、ヨーロッパハチクイ、ワシタカ類も、餌食となる動物を恐怖で凍りつかせたり、卵の殻を割ったり、侵入者を追い払ったりするために、巧みに石ころを利用することが、信頼性の高い研究者によって観察されてきた。ガラパゴス諸島に棲む少なくとも二種類のフィンチ〔アトリ科の小型の鳥類〕は、食料を見つけようとして、とても動かせそうにない大きな石でも、頭を大きな岩に押しつけ、てこの要領で足を使って動かすことが知られている。インドに棲むニシトビは、〝火のタカ〟と呼ばれている。それは、焼け跡から、くすぶっている枝を拾い上げ、乾燥した草むらに落として燃やし、火を避けようとして飛び出してくる小動物を捕まえる、という習性をもっているからだ。[註24]

以上のデータから、重要な結論が浮かび上がる。鳥は、道具やその代わりになるものを知的に利用し、外界にある物体を〝自分たちの手足〟として選び、それを使うことができるということだ。

◆鳥たちの利他的な行動

他者を気づかい、共感し、利他的にふるまうといった立派な特質は、人類独自のものと考えられてきた。だが、その考えかたはまちがっている。相手を気づかったり相手に共感したりするような行動が鳥にも見られることは、多くの事例で実証されている。信頼できる研究者たちが、次のような観察を数多くしているのだ。

アジサシのつがいは、動けなくなった仲間を持ち上げて、自分の片翼に乗せて交代しながら運び、安全な場所まで移動させる。

ヨーロッパコマドリのオスは、ライバルのオスをなわばり争いで傷つけてしまうと、餌を運んでその生活を支える。

あるオスのカケスは、別種の鳥のひなが巣から転落したまま見捨てられていたのを見て、人間をかなり遠くから誘導したことがある。その後も、そのカケスはそのひなを守り、貴重な食料を分け与えることを通じて、その人間がひなを成鳥にまで育てあげる手助けをした。

ハンターに撃たれて傷ついた一群のカラスは、ハンターが自分たちを撲殺しようと迫ってきた時、激しい鳴き声をあげた。それを聞きつけた仲間たちは、現場に急行すると、ハンターたちを撃退した。他種の鳥でも、仲間が傷ついた時、自分が撃たれる危険をかえりみることなく、悲しそうな鳴き声をあげながらそばに寄りそうという、自己保存本能とはあいいれない行動が、やはり信頼できる研究者によって目撃されている〔註25〕。

他にも、鳥類ではふつうの多くの行動が、もし人間に見られたなら、相手を気づかい、心配し、愛情を注いでいると解釈されることだろう。ボタンインコのつがいは、引き離されると、互いに相手を恋い慕い、思いがけず再会すると非常に喜ぶように見える。多くの鳥類では、つがいを形成していない鳥は営巣《えいそう》〔巣作り〕中のつがいのもとに駆けつけ、親鳥が食欲旺盛なひな鳥たちに餌を与える手助けをする〔註26〕。鳥類が、他の個体を気づかい、共感し、利他的にふるまう例は他にもあるが、それについては、本書の後半であらためて紹介することにしよう。

第2章　鳥たちのもつ柔軟性

鳥の行動は「機械的で型にはまっており、本能的[註1]」だという常識的な考えかたは妥当ではないことが、すでに明らかにされている。事実はそれよりもはるかに複雑であり、そこには、互いに補い合う特性がふたつある。

- ひとりひとりの人間と同じく一羽一羽の鳥も、必要欠くべからざる身体的、行動的な実行計画ないしプログラムを、祖先から受け継いでいる。
- 鳥であれ人間であれ、生存を続けるため臨機応変な（知的な）行動を必然的に迫られるような、たえず変動する生活環境の中で、各個体は、祖先から受け継いだ本能的な実行計画ないし特性を発現させる。

鳥や人間の本能については次章で見てゆくことにして、本章では、たとえば食物が豊かななわばりを守り、占有し、安全な巣作りをしながら、子どもたちを保護、指導するなどの、生活するうえで最重要の活動の中で見られる、鳥たちのもつ柔軟性を眺めることにしよう。

◆鳥の柔軟ななわばり習性

このところ高い評価を受けている、ある教科書では、なわばり習性に関するデータが、次のような形にまとめられている。「かつて鳥類学者は、鳥のなわばり行動は遺伝的に組み込まれているため、固定されたものと考えていた。だが実際には、なわばり行動は、柔軟で動的なものなのである」[註2]厳密に観察されてきた鳥類（コウノトリ、クロウタドリ、キンバネオナガタイヨウチョウ、トウゾクカモメ）では、それぞれのなわばり行動は柔軟かつ知的に変化することがわかっている。

それぞれの鳥が、守り占有しているなわばりは、食物の供給量が減少すると広くなる。また新参者は、食物が乏しい時にはなわばりから追い払われるが、豊富な時にはそうではない。加えて、豊富ななわばりを占有する鳥の行動は、侵入者の意図に従って適切に変化するし、食物がきわめて豊富か、逆に極端に乏しい時には、強固ななわばり本能とされるものが完全に消失してしまう。[註3]要するに、鳥は、自らの欲求を満たせるだけのなわばりを、知的かつ柔軟に維持するということだ。

◆臨機応変な食物探し

採集狩猟社会で生活する人類は、新しい食料源を開拓するため、食物探しの方法を、その状況に合わせて知的かつ柔軟に変える。鳥類も、食物探しの方法を、本質的には同じように調整する。実験室のシジュウカラは、隠された食物を意図的かつ知的に探索し、刻々と変化する状況に合わせて、食物の探しかたを柔軟に、しかもすばやく変える。[註4] カモメ類の食物の探しかたは、それなりに固有の創造的なものだ。それは、街のゴミ捨て場に群がったり、大雨の後に大量のミミズが地表に出現する特定の場所に飛来したり、生ゴミを積んだ運搬船を追いかけたりなど、新しい食料源をたくさん見つけ出し、それを利用するからだ。[註5]

鳥たちは、それが理にかなっている時には、昔からの食物の好みを柔軟に変えることがある。たとえば、ニュージーランドに棲むケアオウム〔ミヤマオウム〕は、移住者たちが羊を飼育するようになってからは、果実や種子というそれまでの常食を、生きた羊の肉〔生きている羊に跳び乗ってつつくという方法〕に乗りかえた。[註6] 英国で、銀紙とボール紙でできたふたが初めて牛乳びんに使われるようになった時、少なくとも一一種のカラ類が、そのふたの開けかたを速やかに学習した。シジュウカラたちは、牛乳配達の後をついて回るようになり、牛乳を主食とするようになったのだ。[註7]

親鳥は、育ち盛りの子どもたちの要求を満たすため、食料を確保するための飛行経路を、的確な判断のもとに変更する。最近の研究では、同一地域内の巣の数を実験的に変えても、時間の経過に従って子どもたちの求める食物の量が変わっても、親鳥たちは、内容を柔軟に変更することで、各自の巣にほぼ一定量の食物〔ひとつの巣で一時間に七・一—七・五回〕を運んでくることがわかっている。卵が孵化《ふか》したばかりの巣では、ごく小さな食べものが選択されたが、雛たちが成長するにつ

れて、餌は臨機応変に大きなものになった。[註8]

◆冬のすみかと夏のすみかで見られる鳥たちの柔軟性

鳥は、柔軟性を欠く本能に支配された、機械のような生きものだとする一般的な見かたは、鳥たちが〝冬期〟のすみかと〝夏期〟のすみかでは一般に異なったふるまいをするという、最近発見された事実とも矛盾する。[註9] 北のすみかにいる時には、攻撃的であったり、なわばり習性を発揮したり、社会性を示したり、昆虫を捕食したりする鳥でも、熱帯地方に渡ると、その行動を根本から変えてしまう——攻撃性が消え、なわばりを持たなくなり、社会性を失い、果実を食べるようになる——ことが少なくない。

オウサマタイランチョウは、北のすみかでは、他の鳥が自分のなわばりに侵入すると追い出してしまう荒々しい昆虫捕食者だが、秋に南米に移動すると、なわばりを持たなくなるとともに攻撃性を失い、特定の果実を常食とする群れの中で、周囲と和して生活するようになる。ハネビロノスリは、北米では日中、ネズミや小型の爬虫類や鳥を活発に捕食するが、パナマに渡った後には、夕暮れに活動して、特定の昆虫を主食とするようになる。ホオアカアメリカムシクイは、北部では昆虫を食べるが、冬にカリブ海諸島に渡ると、花蜜や果汁を吸う生活に移行するという柔軟性をもっている。

条件が変化するにともなって生活様式を年に数回も変えざるをえない熱帯地方では、鳥たちの柔軟な行動は明らかだ。クリイロアメリカムシクイは、雨季には、若い森で昆虫だけを食べている。乾季が始まったばかりの頃は、成熟した森（保水力が高まっているため、より多くの昆虫が暮らしている場所）で群れをつくる。乾季も終わり頃になると、また若い森に戻り、群れをつくって豊富な果実を食べるようになる。こうした行動の変化は、適切な判断に基づいている。たとえば食物が豊富な時に群れをつくることは、捕食者に対抗するための賢い戦略なのだ。

◆巣作りと巣の修復のさいに見せる柔軟性

巣作りの場所を根本的に変えることによって、新しい環境に柔軟に適応する鳥がたくさんいることが、信頼のおける研究者によって確かめられてきた。樹上で巣作りをする特性をもつ種類でも、樹木が一本も生えていない地方では、融通がきかないと考えられている巣作り本能を改め、地表や岩の間に巣を作るようになる。[註10] ハヤブサ類は、断崖に好んで巣を作るが、崖がなければ木に巣をかけるし、崖も木もない場合には地上で営巣する。同様にサギ類は、状況に応じて、樹上や崖や沼地に巣を作る。[註11] サモア諸島に新たな捕食者が導入された時、それまで地上で巣作りしていたオオハシバトは、賢明にも樹上に巣をかけるようになった。[註12]

スズメは世界中に広く分布する普通種だが、アフリカの一部に棲むスズメだけは、類人猿や爬虫類をはじめとする捕食者から巣を守るために、巣の周囲にとげのある植物を張りめぐらせる。事実、熱帯地方には、樹上で生活する捕食者があまりに多いため、巣の半数以上は、捕食者たちが接

近できないようにするために、出入り口は、上部にではなく側面か底部に作られるのだ。[註13]

安全を最大限に確保するため、巣の位置をたびたび変える種類も多い。[註14]キツツキ類が樹幹に開けた空洞を冬季のねぐらにするヒメゴジュウカラは、賢明にも、気温や降水量や群れの大きさを考慮しながら、毎晩、別の空洞を選ぶ。[註15]アフリカに棲むズグロハタオリは、スズメバチの巣の近くや、小川の上に張り出した枝の上や、人間の住宅の屋根など、きわめて安全な場所に巣を作ることで、捕食者から巣を守っている。各種の鳥類——熱帯地方に棲むキツツキ類、ノドグロアメリカムシクイ、アカショウビン、キゴシツリスドリ——は、大型のハチやスズメバチの巣のとなりに、あるいはすぐに齧《か》みつくアリやすぐに針を刺すミツバチの巣の内部に巣を作ることにより、捕食者をこわがらせて遠ざけるのだ。[註16]

鳥は、自分の巣が壊れた時には、賢明な行動をとる。その典型的な例としては、ひどく破損した巣を補修する目的で泥を、また子どもたちに食べさせる目的で昆虫を、適宜《てきぎ》調達しながらタイミングよく運んだニシイワツバメのつがいがあげられる。実験者たちがわざと鳥の巣を壊したところ、持ち主の鳥たちは、巣の修復に必要な行動をとったが、それ以上のこともしなければ、それ以下のこともしなかった。研究者が、その巣をいったん持ち帰って内部の柔らかい部分を取り除いておいたところ、そのつがいは研究者の前で、自分たちの体から引き抜いた柔らかい羽毛を使って、同じように内装を施すという創意工夫を見せた。また、同種の鳥が巣作りのために自然界から集めるような素材を与えたところ、内装の材料を自力で機械的に集めるのをやめ、実験者が提供した素材を利用した。

ドナルド・R・グリフィンが力説しているように、鳥は、自分たちの巣が壊れた時、一連の硬直した、あるいは型にはまった行動を起こすのではなく、柔軟かつ賢明なふるまいをすることによって、その破損部を修復するのだ。[註17]

◆臨機応変な防御

多くの鳥たちは、自分のひなを守るさいに、私たちが人間特有のものと思い込んでいる方法を使うことが、信頼のおける研究者によって観察されている。洪水に襲われそうになった時、サヨナキドリ（ナイチンゲール）のあるつがいは、一瞬の気のゆるみも見せず、自分たちの巣を二羽で支え合いながら、安全な場所まで空中移動させるという、まことにみごとな協調行動を演じている。また、さまざまな種《しゅ》の鳥たちが、背中や脚や足指やくちばしを使って、危険にさらされた卵やひな鳥を安全な場所に移動させる場面も目撃されている。[註18]

ヘビや猛禽類《もうきん》〔ワシ、タカ、ハヤブサなど〕その他の捕食動物が姿を現わすと、小型の鳥は近くに寄り集まることが多い。そしてそれぞれが、口々に警戒の声をあげながら、枝から枝へと飛び移り、至近距離まで突進したり急降下して猛攻を加えたりすることによって、相手を威嚇《いかく》するのだ。時おり、周囲の鳥たちが一丸となって侵入者を攻撃することもある。このように群がって相手を襲う行動は、親鳥が産卵した後に劇的に増加する。明らかにこれは、卵やひなを守る目的で行なわれる。そして若鳥は、おとなたちの行動を観察することを通じて、群がり襲うべき相手について学ぶ。[註19]

研究者たちが注意深く観察してきたところによると、親鳥は、無力な子どもたちから捕食者を遠ざけるため、さまざまな工夫をこらして捕食者の注意を自分のほうに向けさせようとする。[註20] 親鳥は、巣から離れて、目につきやすい場所に移動し、いかにも抱卵《ほうらん》しているかのようなそぶりをしたり、（捕食者が自分を追いかけているかどうかを、時おり振り返って確認しながら）小さな齧歯《げっし》類がジグザグに走りまわるような動きを演じたり、かん高い声を発しながら巣から歩いて遠ざかったり、双方の羽を力なくばたつかせて、動けないふうを装ったり、地面に片羽を引きずって、まるでけがをしているかのようなふるまいをしたりする。すると捕食者は、この、傷ついているように見える鳥を追いかけることが多い。そして、巣から十分離れたところまで捕食者を誘導すると、親鳥は、突然飛び去ってしまうのだ。

傷ついたふりをするという戦略を使う時、鳥たちは侵入者の動きやその視線（巣に向かっているかそこから離れているか）を注意深く観察し、それによって自らの行動を修正する。その場合、親鳥は必ず、巣から遠く離れた方向に向かって行動する。[註21]

捕食者を巣から離れた方向へと誘導するこうした戦略は、柔軟性を欠いたものではない。個体によって好みの戦略も違えば、その戦略にしても臨機応変に変更されるからだ。たとえば、隣り合って棲む同種の二羽のうちの一方は、人間が侵入してきた時にはいつでも、自分が傷ついているという芝居を打つのに対して、もう一方は、そうした戦略を絶対に使わないかもしれないのだ。

また、人間の侵入者に対してはいつもこの戦略を使う個体であっても、侵入してきた相手しだいで、それとはまったく違う、非常に効果的な方法を柔軟にとることで、巣を守ろうとするかもしれない。たとえば、ヘビが侵入してきた時には直接に攻撃をしかけ、猛禽類の時には避難し、馬や牛の時には、できる限り相手を近づけてから、突然、大きな鳴き声をあげながら顔面を直撃するというふうに、対応のしかたを臨機応変に変えるのだ。

アレグザンダー・スカッチやドナルド・R・グリフィンのような、長老格の著名な研究者は、これまで得られたデータを厳密に検討した末、幼鳥に危害が加えられないよう守るために何らかの策略を使う場合、親鳥は「自分のしていることを正確にわかって」いるという点で、意見の一致をみている。[註22]

鳥が侵入者の存在に気づくばかりでなく、注意深く観察してもいるという事実を初めて知った人たちは、みな非常に驚く。人間に苦しめられている地域に棲むカケスやカラスの群れには、ひとりひとりの人間を細かく観察する監視役ないし番兵がいる。そうした監視役の鳥が、銃を持っている人間を見れば、群れはすぐにそのあたりから離れるし、同じ人物でも銃を持っていなければ、そのことをはっきりと認識する。監視役の鳥は、自分たちにどれほどの危害を加えようとする意志がその人間にあるかという点についても、適切に判断する。たとえば、銃を持っている人間と棒を持っている人間をきちんと見分けるのだ。[註23]

同種の鳥でも、人間が自分たちに対してどのようにふるまうかによって、人間に対する反応のしかたは大きく異なる。ハト類は、餌が与えられ保護される都市部では人間を恐れないが、狩猟の対象となる農村部では、人の姿を見ると逃げ去るのだ。[註24]かつて人間が、無人島に棲む鳥に初めて近づいた時には、すぐそばまで接近することができた。長い間、鳥のもつ能力が人間にわからなかった理由としてきわめて重要なのは、鳥たちが経験的に人間をこわがるようになり、人間が近づきすぎると逃げ去るようになったことだ。

◆子どもたちを知的に教育する

人間の子どもにしても鳥の子どもにしても、何を恐れ、誰を敵と見なし、何を飲み食いし、食物などの生活必需品をいつどこで見つけるかは、親から教わるのがふつうだ。[註25] こうした学習のいくつかの側面は、「正規の教育」と呼ぶことができる。親鳥たちは、窓ガラスに突っ込んでしまう危険を避けさせるため、子どもたちをうまく誘導してガラスをつつかせ、そこは通り抜けられないことを子どもたちに実地で教えている場面が、信頼のおける研究者によって観察されている。ペンギン類の親鳥は、子どもたちをなだめすかしたり、追いやったりして初めて海に入らせると、自分たちの熟達した泳ぎを子どもたちに見せる。

あるハヤブサのつがいは、三段階からなる正規の手順で餌食をつかまえる訓練を子どもにさせている。まず第一段階では、一方の親鳥が、飛んでいる子どもの上方を舞いながら、自分が持っている餌食を下に落とす。次の段階は、子どもが急降下してその餌を取るのに失敗したら、子どもの下側を飛んでいるもう一方の親鳥が、それをつかみ取ることだ。餌食をつかみ取ったその親鳥が、子どもの上方まで上昇すると、もう一方の親鳥は、子どもの下側に交代して入る。このようにして、その手順をくりかえすのだ。他の猛禽類も、餌食を落としたり、まだ生きている小鳥を放して子どもに捕らえさせたり、隠れていた餌食を飛び立たせてつかまえさせたりすることで、親が子どもを教育する場面が、やはり信頼のおける研究者によって観察されている。[註26]

◆つがいの相手を選ぶ時の柔軟性

鳥類学の文献には、特定のオスをとくに好むメスや、特定のつれあいを失ったことで、もの憂《う》げになったり食欲不振におちいったりなど、落ち込んだ様子を数多く示すメスについて書かれた論文がたくさんある。[註27]鳥類のオスもメスも、実際のところ、性格特徴や身体的特性をみて相手を決めるという、基本的には人間と同じ選びかたをしているらしい。

鳥がつがいの相手を選ぶさいに考慮する身体的特徴は、かなり正確にわかる。たとえば、アメリカ西部の山岳地帯に棲むマツカケスのオスを対象にして最近行なわれたある実験では、気に入った相手を選ぶさいにはっきりした基準（メスの実年齢や体の大きさ、子育ての経験）をもっていることや、それぞれの基準の厳格さを、[註28]実際に対象となりうるメスの数に応じて、柔軟かつ知的に変えられることが明らかになっている。

◆子どもの数を意図的に制限する

現代人のカップルは、多くの場合、自分たちが望ましいと考える生活スタイルを維持したうえで、ひとりかふたりより多くの子どもを育てるには生活費が足りないと思うため、生む子どもの数を制限しようとするものだ。モリフクロウは、産卵期ごとに何羽の子どもを育てるかについて、同じように知的な選択をすることが、綿密な研究によって明らかにされている。食料が乏しい時には、そもそもつがいを作らないし、平均以下の食料しか得られない時には、それに合わせて産卵数を減らし、産卵した後に食料事情が深刻な悪化をきたした時には、抱卵を止めてしまうのだ。[註29] 他にも、さまざまな種類の鳥が、求愛行動の時期を遅らせたり、産卵数を減らしたり、いちばん虚弱なひなに餌を与えなかったりなどにより、育てる子どもの数を柔軟に調整している。[註30]

ここで、批判的な読者なら、次のような重要な疑問を抱くはずだ。本章で紹介されてきた、鳥類のもつ柔軟性を示すデータは、鳥が本能に従って行動することを示すデータと矛盾しないのか。次章では、鳥も人間も本能に導かれており、なおかつ双方とも、それぞれの本能的傾向を同じくらい柔軟かつ知的に発揮することを、具体例をあげて示すことによって、この疑問に答えてくれる最近の革命的な研究を紹介することにしたい。

第3章　本能に導かれる鳥と人間

ふつう、鳥は本能的に行動するのに対して、人間は知的に行動すると考えられているが、それが正しくないことは、すでに明らかになっている。三つの専門分野（鳥の生物学、人間の言語学、子どもの発達学）の研究を通じて得られた証拠から、次のような驚くべき結論が導き出される。それは、鳥であれ人間であれ、鳥のように、あるいは人間のようにふるまう性向というか種《しゅ》の指針《ガイドライン》をもって生まれてくるということであり、鳥も人間も、生まれつきもっている種の指針すなわち本能を、たえず変化する環境に合わせて知的に調整するということだ。

〝本能〟とは、鳥がその種に特有のパターンに従ってさえずることができるように、また、その種に共通の設計図に忠実に従って巣が作りあげられるように、あるいは、少々ぎこちないにしても、最初から鳥のように空を羽ばたけるように、さらには、自らの群れと意志を通じさせる目的で特定の鳴きかたができるように、先祖伝来の越冬地に単独で渡ることができるように鳥を導いてくれる、生まれつきそなわった行動指針ないしは実行計画のことだ。とはいえ、本書全体を通してご覧いただくことになるが、たえず変化する環境に適応するため、鳥は、生まれつきの本能的な指針を現実化ないし実行するさいに、自らの行動を柔軟に変化させ調整する。

本能――（精子と卵子をとおして、世代から世代へと伝えられる）生まれつきのプログラムすなわち種《しゅ》の実行計画――は、人間の場合にも、その行動を導く指針になっている。人間は、人間らしく行動するという本能を受けついでいる。すなわち、二本の足で直立歩行をし、人間らしく巧みに両手を使い、人間の言葉の規則を理解し、人間のような話しかたができるようになり、ほほえみ、笑い、泣くなどの人間的感情を味わい、人間の認知能力を発揮するようになっているし、他の多くの点でも、人間らしいふるまいをするようになっているのだ。すべての人間を導いてくれる、このような本能的なプログラムが、自らの置かれた環境に適応するために、私たちひとりひとりによって、柔軟かつ知的に調整され、実行されることについては、個人的経験を通じて、私たちは誰でも知っている。

鳥の行動の本能的な背景については、この一〇〇年ほどの間に発表された科学論文の中で数え切れないほど検討されてきたが、人間の場合でも、すべての人に共通して見られる行動は本能に導かれている、という驚くべき結論に科学的証拠に基づいてたどり着いたのは、ごく最近のことにすぎない。人間の本能に関する、まだほとんど発表されていないこのような説明は、これまで広く知られている鳥の本能を理解するうえで必要な視点を与えてくれるので、次に、人間の本能の理解に大変革をもたらす最近の発見をくわしく眺めてみることにしよう。

◆人間の言葉の本能的な背景

最近の科学的発見で最も驚くべきことのひとつは、発話や言葉の能力に象徴される、人間に特有の知能は、鳥たちの歌や鳴き声、巣のレイアウト、渡り、つがいの形成・子育てといった、本能に導かれる行動と同じく、生まれつきの本能的なものだということだ。人間に特有の言語的な知能も本能的なものだという発見は、思いがけず得られた科学的研究の成果による。

●人間の新生児は、（鼓膜にぶつかる無数の音波のうち）人間の話し言葉に特有の狭い帯域の音波に選択的に注意を向けるよう、本能的に〝同調されて〟いる。実際に新生児は、その子が耳にする言語に含まれていないものも含めて、人間の話し言葉で使われる二十数個の子音にとくに注意を向けるように、あるいは〝同調する〟ように、生まれつきプログラムされている。[註1]

●人間の幼児は、聾唖の両親のもとに生まれた、先天的に聴覚障害をもつ子どもも含む全員が、本能に導かれて、クーイング期（ハトがクークー鳴くような、母音に似た発声をする期間）を〝自然に〟通過する。聾唖《ろうあ》の子どもたちも含め、人間の幼児は全員が、喃語《なんご》期（「ブーブー」「ダーダー」などの一音節の発語をする期間）に〝自然に〟移行するプログラムを受けついでいる。（後ほど説明するように、人間の幼児の本能的な喃語プログラムは、〝ぐぜり〟として知られる鳥類の本能的な鳴き声プログラムに似ている。[註2]）

●聴覚障害をもつ幼児はともかくとして、聴覚機能が正常な幼児の喃語は、しだいに変化してゆき、本人が置かれた環境で耳にする話し言葉と一致するようになる。人間の話し言葉がはっきり発音できるよう調節する幼児の能力は、本能的な指針からくるものだ。人間には生まれつき内在するものの、他の動物には存在しないこの指針のおかげで、幼児は、呼吸の変化に即して、また、のどや口蓋《こうがい》、舌、唇の一五対以上の筋の収縮に合わせて、声帯を急速に開いたり閉じたりすることができる。

●著名な言語学者ノーム・チョムスキーがくりかえし強調しているように、正常な人間の子どもは、全員が、特別の強化や報酬や個人教授を必要とせずに、明らかに容易に人間の言葉を学習する。唯一の必要条件は、人間の話し言葉に接することだ。また、子どもが本能に導かれて、他者が話すのをただ聞くことによって学習する内容は、とてつもなく複雑だ。言語学者は、人間の言葉を形づくる統語法〔文章を正確に伝えるのに必要な、語を並べる一定の規則〕や、意味や音韻や語用の体系がこのうえなく複雑なことに畏敬《いけい》の念を抱いている。神経科学者も、膨大な数の神経筋が相互作用することで、各単語の形成が調節されているという事実に対して、同じく畏敬の念を示している。

●人間だけが、脳の特殊な領域（たとえば、ブロカ野《や》、ウェルニッケ野、弓状束《きゅうじょうそく》）に神経細胞をもっている。こうした領域が、話し言葉の理解や調音の裏で行なわれる分析や統合を専門に担当している。これら特別の言語野《や》の形成を導く遺伝的プログラムの命令によって、それらの領域が人間の脳の片側に局在するようになっている。

鳴き声やさえずりや身体言語（ボディランゲージ）を利用する鳥たちの伝達法は、人間が用いる伝達法と同じく、本能に導かれたものだ。[註3]　鳥の場合も、自らの属する種が発する特定の音声を聞き分け、人間の幼児の〝喃語期〟と重要な共通点をもつ〝ぐぜり〟期を経るよう設定されている。また、聴力障害をもつ鳥はともかく、正常な鳥では、自らが属する種のさえずりの生まれつきのパターンと、自らの発声とが一致するようになっている。一部の種では、その一致は特別の訓練を必要とせず、ただちに行なわれる。

鳥たちは、群れのメンバーの伝えてきた内容を理解し、群れに関係するあらゆる事柄を他のメンバーに伝える能力も本能的にそなえている。ほとんどの種では、そうした能力が（特別の学習もなしに）自然に開花するようにできている。鳥たちはまた、さえずりを綴り出し、それを伝達手段として用いるための特定の領域を、脳の片側の神経細胞にもっている。[註4]

要するに、人間も鳥も、ほとんど同じように（ほとんど同じ守備範囲を受けもつ）生まれつきプログラムされた本能的な伝達システムをもっているということだ。

◆本能に導かれる人間の新生児

人間の新生児と孵化《ふか》したばかりのひなを対象として最近行なわれた研究からも、人間と鳥は、本質的に同じように本能に導かれるという、やはり革命的な結論が導き出されている。人間の新生児

が本能的な指針を生まれつきもっていることは、以下の発見によって明らかにされた。[註5]

●新生児は、最初の授乳のさいに母親のおなかに乗せられると、母乳を自動的に探し求めるように見える。とくに、両脚と両腕を使って前進し、両手でしっかりつかもうとしながら、口で乳首を探す。口が乳首にふれると、それをくわえ、吸い始める。また、晩熟性（成熟が遅い種類）の鳥では、ひなのくちばしのつけ根に何かがふれると、くちばしが自動的に〝ぽっかり開く〟が、それとまったく同じように、人間の新生児の口も、頰にふれると自動的に開く。

●人間の新生児の本能的な乳飲みプログラムは、乳汁が気管に入るのを防ぐ本能的な呼吸プログラムと連繫《れんけい》して働く。もし食べものが気管につまると、本能的な咳払《せきばら》いプログラムが作動し、つまった食物を押し上げて外に出してくれる。連繫して実行される、この種の本能的プログラムは、他にも、新生児の多くの行動――泣くこと、吐くこと、しゃっくり、くしゃみ、排尿、排便――の背景で働くことがわかっている。

●新生児は、母乳の健康度を正確に判断できるよう、本能的に〝調整されて〟いる。もし母乳に問題がなければ、そのまま飲み続けるが、もし味がよくなければ、本能的にその変質を認識し、すぐに飲むのをやめる。また、吸った母乳は、本能的なプランに従って（重力の法則によるわけではなく）、口から胃へと運ばれる。新生児が自分で飲み込むという行為では、舌やのどにある十数個以上の筋と、食道にあるやはり十数個の筋が（一〇〇〇分の一秒単位で）連繫して収縮する。

●新生児は、両手と両膝が地面に着くようにされると、本能的に手足を左右交互に連動させて這《は》うようにプログラムされている。両足を地面につけたまま体を直立させて支えると、本能的に両脚を動かして歩く。温水の中であごを持って支えると、本能的な水泳プログラムが始動する。何らかの物品を手のひらに載せると、新生児は、それをつかむよう、やはり本能的にプログラムされている。また、動くものを目で追い、音がすればその発生源を探し、そこに視線を向けるようにもプログラムされている。

●発達心理学の最も重要な発見のひとつは、（生後わずか四二分後に実験の対象とされた）人間の新生児でも、実験者が舌を出すと、それをまねて自分も舌を出すし、人間の顔の動き――たとえば、口を開ける、口を突き出す、眉を動かす、ほほえむなどの行動――を他にもたくさんまねるという事実がわかったことだ。[註6]このように、人間の赤ちゃんが他者の顔の動きのパターンをまねる能力があることが最近明らかになると、科学者たちは当惑した。そして結局、誕生時に人間は、顔面の動きのパターンを知覚し、顔の筋肉や舌や唇を連繋して動かすことによって、それを、自分の顔の同じ動きのパターンに移しかえるようプログラムされているということに、科学者たちは気づいたのだ。

●本能的なプログラムは他にも、感覚（視覚、聴覚、嗅覚、触覚、痛覚、運動感覚、味覚、温度感覚）の働きを支配する複雑なプログラム、REM睡眠（夢見が起こるとされる、急速眼球運動をともなう睡眠）を支配するプログラム、深い悲しみという感情を生み出すプログラムなどを通じて、人間の新生児の行動を数多く支配している。探索や遊びや笑いなどに関係する他の本能的なプログラムは、成長や社会的経験と連繋しながら、もっと時間をかけて運用される。成長やそれにともなう社会的経験がさらに長期にわたって重ねられると、本能的な指針ないしプログラムは、概念化や記憶、計画、想像といった、人間がもつ認知的、心理的な能力を発現させる。他の本能的なプログラムの多くは、成長してから始動する、長期的な成熟のスケジュールに従って開始される。その中には、男性の声変わりやひげの発生、女性の生理や更年期などがある。

要するに、以上のデータから導かれる結論としては、それぞれの種に属する鳥の全個体が共有するすべての行動を実行したり、学習を通じてそれが実行できるように本能に導かれているのと同じように、人間も、ホモ・サピエンスの全個体に共通するすべてのことを実行するような形で、あるいは学習してそれが実行できるような形で、本能に導かれているということだ。

◆カッコウのひなの本能

鳥は愚かな自動機械にすぎないという考えかたを公言する人々はよく、鳥が本能的プログラムをロボットのように実行する劇的な実例を、ひとつふたつ掲げるものだ。三、四〇年前は、例によって、ガンやカモ、ニワトリなど早熟性の鳥の小さなひなが、最初に目に入った動く生物や非生物に自動的について行くという、融通も変更もきかない行動が、この考えかたの裏づけになるとされていた。ところが、この刷り込み現象は、現実には融通も変更もきくものだということが長年月をかけて明らかにされたため、この現象は、鳥が自動機械であることの実証として強調されることは、もはやなくなってきている。

最近、いちばんよく引用される「自動機械」説の実例としては、孵化したばかりでまだ目が開いていないカッコウのひなの行動があげられる。こうしたひなは、本能的に、他の卵をすべて巣から押し出してしまうが、これこそが、ロボットのような行動だと言われているのだ。では次に、この劇的な行動を細かく見てゆくことにしよう。

カッコウの母鳥は、他種の鳥の巣にひそかに卵を託すと、そのまま暖かい土地へと旅立ってしまう。カッコウのひなは、たいていの場合、最初に、つまり巣の主の卵よりも前に孵化する。成長の速いカッコウのひなが養父母から食物を十分もらうための唯一の方法は、自分がその巣で唯一のひなになることだ。カッコウのひなは、孵化後八時間から三六時間までの間に、数多くの段階からなる本能的なプログラムを実行することで、実際にその巣で唯一のひなになってしまう。[註7]

まず、孵化後数時間以内の、まだ目が開かないうちから、カッコウのひなは、感度の高い羽先を使って、巣の大きさおよび輪郭、他の卵の特徴および位置を知る。続いて、巣の底で身をくねらせ、ひとつの卵を、カッコウのひな特有の（ちょうど卵が入るようなくぼみをもつ）背中に何とかして載せる。そして、まだ羽の生えていない翼を立て、卵を背中のくぼみに載せたまま、バランスをとりながら巣の縁に向かって後ずさりして、卵を巣の縁に押し上げ、巣から突き落とす。その際、自分も卵と一緒に転落してしまわないように、器用に立ちまわる。その卵を巣から落としてしまうと、カッコウのひなはしばらく休憩する。そして、休憩をはさみながら同じ手順をくりかえし、すべての卵を巣から押し出してしまうのだ。

カッコウのひなが見せる、この注目すべき行動は、先ほど紹介した、同様に注目すべき人間の新生児の本能的な行動と同じく、本能に導かれたものだ。カッコウのひなは、確実な生き残りをはかるため、競争相手となる卵をすべて巣から落としてしまうという、一連の複雑な行動を本能的にとる。同様に人間の新生児も、必要な栄養を確保するために、最初の授乳のさいに複雑な本能的行動をとる――両脚を使って乳房に向かって進み、乳房を両手で探って両手でつかみ、乳首をくわえ、呼吸と嚥下《えんげ》（飲み込み）とを連繫させながら力強く吸う。そうした一連の行動によって、初めて母乳を得ることができるのだ。

もっと細かく見ると、カッコウのひなの行動も人間の新生児の行動も、生存を続けるための賢明な本能的プログラムと、それを始動ないし現実化する、同じく賢明な一連の行動とが合わさったもののように見える。カッコウのひなは、巣や卵の大きさおよび輪郭を速やかにつかんだうえ、卵を巣から押し出すたびに、その技術を磨いてゆく。卵を背中に載せて縁まで運び、自分が転落しないよう注意しながら、それを巣から落とすのに必要な筋肉を正確に連動させるための情報を、フィードバックによって得るからだ。（実際にカッコウのひなは、最初の卵や二番目の卵の場合には、巣から押し出すさいに転ぶこともある。その技術は、訓練を通じて初めて完全なものになるのだ。）

人間の新生児も、本質的にはこれと同じで、食物を得るための遺伝的な生存プログラムを始動させ、一連の行動を起こす。そうした行動を通じて、新生児は、より効果的かつ効率よく母乳を飲むこつを速やかに身につける。本能は、こうして知能と混じり合う。もっと正確に言えば、選択ないし決断が求められる行動が連鎖的に起こることによって、生まれつきのプログラムが実行されるということだ。そうすると、選択ないし決断にさいして、今度は知能が求められるのだ。では次に、本能的プログラムの知的な運用という、きわめて重要な問題を眺めることにしよう。

◆本能を知的に用いる

確実な生き残りをはかるため、一部の本能的プログラムは、生まれた直後に始動される必要がある。乳房から栄養を得るよう新生児を導いてくれる、人間の本能的なプログラムは、たとえそれが訓練や学習にともなって改善、調節されるとしても、最初から効率よく働くものでなければならない。とはいえ、ほとんどの本能的なプログラムは、生まれた時点で完璧に働かなければ生き残れないというほど融通のきかないものでもない。

したがって、ほとんどの本能的なプログラムは、特定の状況に基づく必要性をきちんと満たすべく、フィードバックや訓練や学習によって、かなりの部分が形づくられ、鋭敏なものとなる可能性を秘めている。刻々と変化する条件に合わせて変えてゆく必要のあるプログラムを柔軟に運用するには、選択[註8]（ふたつの代案の中での判断ないし決定）が要求される。そうすると、今度は知能が求められるのだ。

人間は、話したり、夢を見たり、論理的に考えたりなどの、人間全般に共通する行動をとるためのプログラムを祖先から受け継いでいるが、各人がどのように、また何について話したり、夢を見たり、論理的に考えたりするのかは、経験的な学習や知識の集積、時々刻々のフィードバック、知能を用いることで生まれた無数の代案からの選択によって決まる。次章以降で見てゆくことになるが、鳥の本能的プログラム——同種内での伝達やさえずり、巣作り、渡りのためのプログラム——は、本質的には人間の場合と同じように、柔軟かつ知的に運用されるのだ。[註9]

第4章　鳥たちの言葉

人間と同じように、鳥たちも自らの生態的地位（ニッチ）の中で、自分なりの生活をするうえで重要な意味をもつすべての事柄を、身体言語（ボディランゲージ）と音声言語の両方を使って伝えていることが、最近の研究から明らかになっている。本章ではまず、私たちが使う微妙な身体言語を簡単に眺めてから、鳥たちのコミュニケーションの問題について考えることにしよう。

◆人間の身体言語

明瞭な発声によるコミュニケーションに加えて、人間は、うなずきや身ぶり、顔の表情、姿勢、目の表情や動きといった、無意識的で微妙な身体言語によっても、かなり意味のある情報を互いに伝え合う。人間の身体言語の実例には、次のようなものがある。

- 身をかがめた姿勢をとることで、「降参した」ことを伝える。
- 力強い足取りで歩くことで、「勇敢で自信がある」ことを伝える。
- 頭をかくことで、「困っている」ことを伝える。
- 眉間にしわを寄せ、下唇を下げることで、「元気がない」ことを伝える。

人間が使う微妙な身体言語が、意志を伝えるうえで非常に大きな役割を演じていることに気づいている人は、ほとんどいない。[註1] 同様に、アメリカ手話言語（あるいは、それと同等の手話言語）を使って、聴覚障害をもつ人たちが、聴覚障害のない、英語その他の言語を話す人たちと同じようにみごとにコミュニケーションを行なうことを知っている人たちもほとんどいない。

それほど遠くない過去には、非常に単純な手話言語が、北アメリカの平原に住む、相異なる言葉を話す先住民族の間で、申し分のない伝達手段になっていた。意味のあるコミュニケーションが、身体言語だけでどこまで可能かについては、パントマイムを見てもわかる。これは、古代の演劇に源をもつ技法で、俳優たちが言葉を使わずに、体の動きや顔の表情や身ぶりを巧みに使って物語を伝え、行為や感情を表現することで、観客に向かって意味のある伝達を行なうものだ。

◆鳥の身体言語

意味のあるコミュニケーションは、鳥どうしでも、〝目で話し〟たり、口を動かしたり、どちらかの羽を上げたり、首を伸ばしたり、身をかがめたり、飛び跳ねたり、羽ばたきをしたりなどの動きを通じて行なわれる。鳥は、種ごとに独自の身体言語をもっているが、多くの種は、いくつかの動きを、基本的には同じように解釈する。

たとえば、くちばしを上に向ける動作は、多種の鳥に、「これから飛ぶぞ」と解釈される。また、とさかなどの鳥冠《ちょうかん》を下に動かすことは、「警戒しろ」とか「危険だ」という意味をもっていることが多く、尾羽《おは》を上げる動作は、多くの種が、それによって「自分が威嚇されている」と解釈する。また、頭頂部にある極彩色のまだら模様を誇示する動作は、「ただちに攻撃に移るぞ」と受け取られることが多い。鳥の〝目で話す〟動作――鳥の〝まなざし〟の変化――は、嫌悪や敵意をはじめとする否定的な感情や態度ばかりでなく、喜びや意気込みや好奇心をはじめとする肯定的な感情や態度を相手に伝えることもできる。[註2]

鳥は、〝くちばし語〟ももっている。女性音楽学者のレン・ハワードは、開け放たれた小屋から自由に出入りできる環境で生活しているたくさんの鳥を対象にして、一一年にわたって研究を続けた結果、鳥は、時おり微妙な音をともなう微妙なくちばしの動きによっても、コミュニケーションを行なうことを発見した。数種の鳥では、くちばしをすばやく開いて閉じる時には「食べものがほしい」ことを、くちばしをわずかに開いてシューッという音を立てる時には「怒っている」ことを、くちばしを半開きにして（コルク栓を抜くような）軽い音を立てる時には「うんざりしている」ことを意味しているという。[註3] ハワードは、たくさんの種類の鳥たちを間近から観察した末、次のような結論に到達している。「私の鳥たちは、さえずりや動きによって、自分たちの心に生じた事柄を私にわからせることができる。その意味がただちに私に伝わらない場合には、すぐに、パントマイムによる伝えかたを編み出すことも少なくなかった[註4]」

開放された家の中で自由に暮らす鳥と個人的関係をつくりあげた他の研究者たちもやはり、鳥たちが、顔面や眼の表情、特定の体の動き、音、パントマイムを通じて、自らの関心事を人間に効果的に伝えることができるという結論にいたっている。この種の実例については、第5章で一例を[註5]、第8章で数例をくわしく紹介することにしたい。

鳥たちの〝ディスプレイ〟（身体言語）について集められたデータは、すでに膨大な量に達しているので、鳥は機械にすぎないという公式見解をかたくなに守る、とりわけ〝頭の固い〟科学者ですら、鳥たちの視覚的伝達法は、広大な未発掘の領域であり、その意味をつかむ、あるいは解釈することが、鳥類の行動研究では最も重要な仕事のひとつになっていることを、もはや認めざるをえないところまできている[註6]。

◆鳥たちの鳴き声による言葉

鳥の身体言語は、それぞれはっきりと区別できる、意味のある三種類の発声（短い鳴き声／比較的長い、より音楽的なさえずり／時おり会話のように感じられる、おしゃべりやつぶやきに似た社会性をもつ発声）を含む、幅広いコミュニケーションのレパートリーのひとつだ。

短い発声や鳴き声は、ピーピー、ホーホー、ガーガー、ギーギー、カンカンといったものをはじめとして、実にさまざまな形をとる。細心の注意を払って観察した結果、さまざまな種類の鳥が、ふつうの感覚や強い感情（怒り、満足感、悲しみ、驚き）や、数多くの行動（「食物を見つけた」、「攻撃しろ」、「勝った」）、数種の求愛行動や、危険を表わす、はっきりした鳴き声やさえずりをもっていることが明らかになっている。

さえずりには、たくさんの使いかたがある。さえずりは、つがいが互いに刺激し合うさいに重要な求愛の役割をはたす他に、数多くのつがいの行動と同調する形でも起こるし、餌を与えるさいにも、捕食者を避けるさいにも、群れをなしたり渡りをしたりするさいにも、家族の群れの中で連繋した行動をとるさいにも重要な役割をはたす。さらには、個体を識別する〝目印〟として使うこともできる。それぞれの個体は、そのさえずりで互いに相手を識別し合っているのだ。さえずりの中には、感覚や強い感情を明らかに表現しているものもあるが、ほとんどは、「今、大きい食べものを見つけたよ」といった、特定の情報を伝えているように思われる。[註7]

鳥のさえずりのかなりの部分は、生まれつきのもののように見えるし、同種の（同じ種に属する）鳥はもちろん、他種の鳥に理解されることもある。しかし、鳥の鳴き声の多くは学習されたものだ。研究者は、カラスが発する三〇〇種類ほどの鳴き声の識別に成功している。とはいえ科学者は、その一部についてしか、満足な解読に成功していない。たとえば、カラスの五種類の鳴き声は、それぞれ別種の危険に対応しているのだ。こうしたカラスの鳴き声には、〝言語学的〟に複雑な要素がたくさん含まれていることが、すでに明らかになっている。その中には、合衆国に棲息するカラスの間には方言が見られること、孤立した群れのカラスには、〝主流派〟のカラスの鳴き声の一部が理解できないこと、大西洋をへだてた対岸にそれぞれ棲息するカラスは、互いに相手の鳴き声の一部は理解できるものの、全部はわからないことなどがある。[註8]

鳥たちの「鳴き声言葉」を人間が理解しようとする試みは、まだ始められたばかりだ。最近になって思いがけず発見された次のような事実やそれと同列の驚くべき事柄が、研究の進展につれて、もっとたくさん見つかることが予想される。

人間には、鳥の鳴き声のある部分は聞き取れないことがわかっている。一部の鳥に聞き取れる周波数の高い鳴き声も聞こえないし、多くの鳥が聞き取れる低周波の鳴き声も聞こえないのだ。また、速射砲のような勢いで次々に押し寄せる鳴き声を聞き分ける能力という点では、鳥は人間をはるかにしのいでいる。驚くべきことに、鳥がもつ時間の分解能は、人間の一〇倍くらい優れているのではないかと推定されている。[註9] 人間は、鳥が一〇個の別々の音声として聞き取るものを、一音として聞いてしまうようなのだ。鳥の優れた時間の分解能は、時間の他の要素をどのように経験するかということと対応している。ハワードが述べているように、「鳥の場合、時間の流れの速さが違う。鳥は、脈が速く、体温が高く、視力と聴力が鋭く、行動にしても、私たちが肉眼で追い切れないほどすばやいことが多い」[註10]のだ。

鳥の〝同じ〟鳴き声でも、背景によって別の意味になることがある。その一例としては、ワライカモメのオスが発する特定の鳴き声があげられる。この鳴き声は、侵入者がいる時と、有望なつがいの相手や実際のつがいの相手がいる時とでは、意味が違ってくる。[註11]

同様にガンの鳴き声も、危険を知らせる時や、休憩地を選ぶ時、よい餌場が見つかった時、空もようを知らせる時、渡りを始める時など、その状況によって別の意味になる。[註12] 人間のコミュニケーションでも、状況によってその解釈が違ってくることがある。たとえば、人間が、車のクラクションのような決まった音を使う場合でも、状況によって、「気をつけてくださいよ、今、追い越しの最中なんだから」という意味になることもあれば、「ヘッドライトをつけ忘れてますよ」とか、「追い越しさせてくれてありがとう」とか、「信号を無視したぞ」とか、「結婚したてです」とか、「こんにちは」とかの意味になることもあるのだ。[註13]

時として鳥は、鳴き声を、他の鳥をだまそうとする意図をもって使う場合のあることが、信頼のおける研究者によって観察されている。一例をあげると、鳥Aが獲物の昆虫を追いかけている時、鳥Bは、わざと警戒声を発して鳥Aを一瞬迷わせ、その間にまんまと獲物をかすめとるのだ。[註14]

◆鳥のさえずり言葉

身体言語や鳴き声による言葉に加えて、半数ほどの種は、第三の伝達法——音楽的なさえずり——も使っている。オスのさえずりは、同種の他のオスに対して、「これは自分のなわばりだ」という宣言になっている。それとともに、相手としてふさわしいメスに対しては、自分は同じ種に属しており、つがいの形成に関心があるということも伝えているのだ。また、オスのさえずりがすぐれていれば、オスたちに対してもメスたちに対しても、自信や能力や活力や元気が自分にどれほどあるかを伝えることになる。加えて、鳥のさえずりは、その個体の感情——喜び、満足、愛、悲しみなど――を知らず知らずのうちにさらけ出してしまう。この問題については、第6章で鳥類の音楽的センスを扱う時に、もう一度検討することにしたい。

◆鳥の会話

鳥は鳴き声やさえずりや〝ディスプレイ〟ないし身体言語を使ってしかコミュニケーションをしていないと、鳥類学者たちは考えているらしい。鳥のコミュニケーション法には、他にもふたつあるのに、そのふたつが、これまで完全に無視されてきたのだ。それは、(1)大きな群れでしばしば耳にするおしゃべりのような鳴き声と、(2)つがいの間で観察されてきた静かなつぶやきや、ささやきのような鳴き声のふたつだ。おしゃべりをしている個体が意味のあるコミュニケーションを、どのような方法でどの程度しているのかについては、これまで誰ひとり調べてこなかった。

とはいえ、鳥類のつがいの間で交わされるつぶやきやささやきについては、それが厳密な形で実証されれば、人類が非常に驚くような結果が、最近のデータから示されている。二羽の鳥は、時おり、人間どうしが交わす会話と本質的には同じように、つまり、交互に話し、相手の話が終わるのを待ち、自分の発言をその会話の〝テーマ〟や、すでに口にされた事柄と関連づけるという点で、文字通り互いに会話を交わしているのかもしれないのだ。鳥たちが会話を交わすという、一見すると信じがたい考えかたを裏づけるデータには、次のようなものがある。

カラスたちの発声を、食事や休憩の場にひそかに設置しておいたマイクを使って録音したところ、驚くべき発見があった。そのカラスたちは、研究者たちがそれまで一度も聞いたことのなかった、たくさんのささやき声を発していたのだ。これらの音声を分析したところ、カラスたちが実際に会話していたのかもしれないことや、実際にも「すぐれて話し好き」かもしれないことが示唆されたため、研究者たちは仰天したという。[註15]

巣作り中のアオカケスのつがいが発する音声を、ひとつの季節を通してモニターすることに成功したある研究者は、決まった時間に、そのつがいが、意外にもたくさんの声を出していることに驚いた。その研究者によれば、その音声から、つがいが「まるでその日の出来事を振り返ってでもいるかのように……会話している」らしいことがわかったという。[註16]

ある動物学の教授は、雪に埋もれたアメリカワシミミズクの幼鳥を救い出し、成鳥にまで育てあげて野外に帰したが、その後にも、親密な交友関係を続けていた（一〇〇―一〇二ページ参照）。この慎重な科学者は、大胆にも次のように述べている。「ブボ〔ミミズクの名〕が発する音でいちばん魅力的に感じられるのは、多種多様の柔らかい抑えた音だ。それが聞こえるのは、すぐそばにいる時に限る。この声は、内輪《うちわ》の、親しい間柄にある相手のための、とっておきの声なのだ」[註17]

他にも何人かの研究者が、つがいを形成している鳥について、さらには、つがいではない一部の鳥について、交互に発声するという点で同様の報告をしている。二羽がまるで会話でもしているかのように、語りかけられた側は、語りかけている鳥に注意を集中しており、同時に発声することは一度もなかったというのだ。[註18]

鳥たちのコミュニケーションについて得られたデータを研究してきた研究者や学者は、慎重な姿勢ではあるが次のような結論を述べている。それは、(1)カラスのような鳥の通信コードは、「これまでのところ、いかなる方法によっても解読されていない」[註19]こと、(2)「おそらくすべての鳥は、これまでわかっているよりも、はるかに豊富な語彙をもっている」[註20]こと、(3)「研究の進展につれて、鳥類のコミュニケーションが複雑であることや、それに深みのあることが、ますます認められるようになってくる」[註21]ということだ。

人間は、鳥が人間のコミュニケーションや会話を理解してきた以上には(また、それ以下にも)、鳥のコミュニケーションや会話らしきものを理解したことは、これまでのところ一度もなかったかもしれない。自然界で自由に暮らしている鳥を対象にした研究や、「家族の一員として」人間の家庭で自由に生活している鳥のつがいを対象にした研究をさらに深めてゆけば、一部の鳥たちは文字通り会話する——意味のある情報を交互に伝え合う——ことが実証されると私は考えている。また、ごく限られた語彙しかもたない、読み書きのできない家族が世界中に、(テレビ時代以前にはまちがいなくたくさんいたし)現在ですらたくさんいるという事実に研究者たちが意識を向ければ、そうした一部の人たちが相手に伝えるのと同じくらいの情報を、一部の鳥は他の鳥に伝えている、という革命的な仮説の検証を始めることができるだろう。

第5章　偉大なるロレンツォ――おしゃべりカケス

鳥類学の公認の教科書にはいずれも、きわめて深刻な欠陥がある。[註1] 鳥類一般の行動や特定の鳥類の行動についてはは論じていても、個体としての鳥を認めていないし、特定の個体の行動に焦点を当てるということもしていない。本書は、鳥を綱《こう》〔鳥綱〕や種のレベルからばかりでなく、特定の個体のレベルからも眺めることによって、その欠陥を埋め合わせようとするものだ。

前章の隠れたテーマは、鳥たちは自らの生活の中で重要なことをすべて伝えることができ、鳥たちが重要だと考える事柄は、公認の科学が推測しているよりもはるかに多いというものだった。これに血を通わせ、現実に即したものとするために、本章では、身近な立場から観察されてきた一羽の鳥が示した、コミュニケーションの相互作用に焦点を当てることにしたい。

明らかに巣から転落して傷ついたカリフォルニアカケスのひなが、ナチュラリストのロバート・フランクリン・レスリー[註2]のもとに届けられた。妻とともにレスリーは、親を失った野生動物のためのクリニックを開いていた。ふたりは、この小さなひなの旺盛な食欲を、点眼器を使って満たしてやりながら世話を続け、ひとまず健康を回復させた。メディチ家の当主にちなんでロレンツォと名づけられたこのオスのカケスは、レスリー夫妻の家庭で、「家族の一員として」、(近くでつがいの相手と新しい生活を始めるまでの)三年近くを自由に暮らした。

レスリー家で世話になっている間、ロレンツォは、入りたい時にはいつでも入れる、出入り口が開け放たれたケージをあてがわれていた。その後、屋外に大きな鳥小屋がロレンツォのために建てられたが、この小屋も、出入り自由になっていた。(とはいえ、保護ないし罰のために閉じ込められることも、時おりあった。)慣れるための期間が過ぎた後のロレンツォは、屋内と屋外で過ごしていた。毎夕三〇分ほどは、一家の居間で文字通りレスリー夫妻とのつきあいを楽しみ、夜になると、室内のケージの中か、決まった電灯の笠の上で眠った。

ロレンツォは、自分にとって大切に見えるものは何でも、特殊な音声や身体言語を使ってレスリー夫妻に伝えた。ロレンツォの身体言語は、体の各部位を動かすことに加えて、目の表情を変化させるものだった。レスリーは次のように報告している。「ロレンツォが意志を伝えようとするさいに示す能力が高く完璧なものであることは、見る者に強い印象を与えた。次々に変わる目の表情は、そこに好奇心や深い研究の跡、好き嫌い、意気込み、虐待されたという思い、怒り、落ち着かず退屈な感じ、そして時おりは、あからさまな嫌悪感があることを明らかに示していた。こうした表情は、ロレンツォが見せた日常的表現であった[註3]」

ロレンツォの身体言語には、次のような発言が含まれている。

●「[ケージや鳥小屋から]出して」――決まったつつきかたをしながら、ガラガラという声を出す。
●「飲みものがほしい」――金属的な喉頭音《こうとう》を出しながら、頭をひょいと動かす。
●「食べものはもういい」――後ずさりしながら、頭を上げ、奇妙な形で回す。
●「あなたに腹を立てている」――決まったやりかたで手をつつく。
●「それをください」――それとは別のつつきかたをする。
●「すみません」――ふつうは、相手の手を軽く齧《か》む。
●「行きたくない」――レスリー夫妻がロレンツォを呼んだが、自分がもっと大切だと思うことをしていたらしく、すぐには来なかった、というまれな場合にしか発したことのない奇妙な鳴き声。ロレンツォが「行きたくない」という発声をした後にも、レスリー夫妻が呼び続けると、ロレンツォは、別の聞き慣れない声をいつも出した。レスリーはそれを、「黙れ」のカケス版と解釈した。

同様に、音声と行動をさまざまに組み合わせることで、ロレンツォは、「ぼくのお風呂をここに置いて」とか「ぼくは遊ぶ準備ができてるけど、あなたはどう」などの要望を伝えた。禁じられたことをしようとして〝こそこそ〟抜け出す時や、プライドが傷つけられたため立ち去る時はともかく、ふつうの状況で別れる時に「さよなら」を言う場合には、独特の声音《こわね》を使った。

一度しか使ったことのない伝達手段は、まさにその時その場で工夫されたものだ。たとえば、「行って助けてあげて」とレスリーに伝えたことがあるが、その場合には、独特の「叫び」声をあげながら、レスリーの胸毛を引っ張って、巣から（かつての自分のように）落ちたひな鳥のところへ、レスリーを巧みに誘導したのだ。

ロレンツォの理解力は、レスリー夫妻にとっても、ロレンツォと交流のあった他の人たちにとっても、驚くべきものだった。人間の笑いには複数の意味があることを、ロレンツォは明らかに理解していた。自分が真剣にふるまった時に笑われると腹を立てたが、道化師役を演じて笑われた時には喜んだからだ。

また、〝所有権〟という概念や考えかたも理解した。それは、自分の所有する二十数個のおもちゃの動静に、いつも目を光らせていたからだ。（ロレンツォのおもちゃには、たとえば、トイレットペーパーの芯がある。ロレンツォはそれを、くちばしと両翼とかぎ爪を巧みに利用しながら、上に乗って前進させるスクーターとして遊びに使っていた。）ロレンツォは、それぞれのおもちゃがいつも自分が置いていているところにあるかどうか、毎日チェックしていた。そして、なくなったものがあると、たちどころに叫び声をあげ、それを取り戻すまで、夫妻のどちらかの手をつついて不満を訴え続けた。

ロレンツォは、「ルールのあるゲーム」という概念も理解していた。それは、レスリー夫妻を巧みに誘導して、三種類のかくれんぼを一緒にしようと誘ったことからもわかる。それらのかくれんぼは、それぞれルールが違っていた。それは、夫妻がロレンツォのおもちゃをひとつ隠して、ロレンツォがそれを見つけるというもの、ロレンツォが隠れて、夫妻がロレンツォを見つけるというもの、夫妻が隠れて、ロレンツォが夫妻を見つけるというもの、の三種類だ。驚くべきことにロレンツォは、近くにいる多種の数羽の鳥を巻き込んで、何種類かの〝追いかけっこ〟も計画した。そのうちのひとつでは、「アルミの輪を［リレーのバトンのように］くわえているあの鳥を追いかけろ」というのが、そのルールになっていた。ロレンツォは、別のゲームもいくつか考え出し、練習を重ねるにつれ、どのゲームもますます上達した。

ロレンツォは、〝みんなで歌う〟という考えかたも理解していた。クラシック音楽は静かに聴いていたが、（エルビス・プレスリーやジョーン・バエズのような）ソロ歌手の場合には、それをまねて一緒に歌ったからだ。

ロレンツォは、〝人づきあい〟の意味を理解していた。毎晩三〇分ほどレスリー夫妻と一緒にいて、レスリー夫人の首にくっついてキスしたり、くちばしやかぎ爪でレスリーのあごひげをとかしたり、夫妻の肩に乗ってクークー鳴いたり、目を半ば閉じてふたりに〝やさしく語りかけ〟たり、ささやいたり、その日に起こった好奇心をそそる出来事について、発声と身体言語を使って時おりふたりに話そうとするなど、一連の社交的な行動をしていたからだ。（レスリー夫妻は、その背景がわかっていた場合には——つまり、その日の早いうちに、自分の鳥小屋が二頭の犬に壊されたなどのゆゆしき事件を目撃していた時には——ロレンツォのパントマイムのような伝達内容がはっきり理解できた。）

罰を与えられて鳥小屋に閉じ込められた時、ロレンツォは、釈放してもらおうとして、大切なおもちゃをレスリー夫妻に差し出した。こうした行動から、〝保釈料〟という概念を理解していることがわかる。また、〝取り引き〟という考えかたも理解していた。訪問者の指輪やブレスレットや宝石類を引っ張り、それからすぐに自分のおもちゃをひとつ取りに行って引き返すと、訪問者にそのおもちゃを渡しながら、目をつけていた宝飾品をもう一度引っ張ったからだ。訪問者たちは、ロレンツォがそれを一時的に借りるだけで、おもちゃと引きかえに返してくれるはずだと思い込み、自分たちの貴重品を、ロレンツォのおもちゃと〝取り引き〟した。ところが、ロレンツォは、訪問者たちの貴重品を絶対に返さなかった。この事実からすると、どうやら自分のおもちゃよりも訪問者の貴重品のほうがほしかったということらしい。レスリー夫妻はいつも、それらを回収して返却しなければならなかった。

ロレンツォは、スリの早わざの重要性も承知していた。訪問者の貴重品が〝取り引き〟で手に入らなかった時には、プロのスリが基本としている実用的行動指針——相手の注意がそれている時を狙って、貴重品をすばやく手に入れるという原則——に従って、それを手に入れた。ロレンツォは、三人の訪問者がいれば、そのうちのひとりに対しては耳たぶを引っ張り、もうひとりに対しては髪をくしゃくしゃにし、残るひとりに対しては、その服のえりに食後のミントをつける。三人の注意がそれぞれそれた隙《すき》に、サッと舞い降りて、目当ての貴重品をひったくるのだ。

ロレンツォの行動は、〝援助〟や〝分配〟という概念を理解していることも示していた。ロレンツォは、レスリーを先導して救い出させた、成鳥になりつつある別種のオス鳥と二カ月ほど共同生活していたが、その間に、食物や就寝用ケージやおもちゃをその鳥と分け合った。また、空腹な子どもたちを抱える母リスに、自分の食べものを分け与えるという行動を活発にくりかえしていた経過も観察されている。また、「ひそかな復讐」の意味を理解していることも、その行動から示されている。二羽の（ロレンツォをつついて、食物を奪ったことのある）カラスが巣を飛び立ったのを見たロレンツォは、すばやくその巣に直行し、中の卵を転がして下に落とした。それから、自分のケージに戻り、レスリーを呼んで鍵をかけさせ、後でカラスが犯人を探しに来た時には、何と寝ていたふりをしたのだ。

ロレンツォの伝達行動には、はっきりした解釈ができる側面と、確かな解釈がまだできない、理解しにくい側面とがある。ロレンツォが、発声を介して、さらには〝目で話し〟たり、時としてパントマイムを使うなど、数多くの身体言語によって、レスリー夫妻と意味あるコミュニケーションを行なったことについては、疑う余地がない。おしゃべりのように見えるが、はっきりとそう解釈できるわけではない行動としては、たとえば次のようなものがある。

ロレンツォは、特定の状況ではいつも同じような発声をする。一例をあげると、家や庭のまわりを、レスリー夫妻の近くを飛びまわりながら、あるいは肩に乗りながら、夫妻の一方あるいは双方について行く時には、いつでも決まった種類の発声をする。

ロレンツォがつがいのメスとかかわりをもつようになった最初の数週間は、そのメスが屋外の鳥小屋にいるロレンツォを定期的に訪問した時、二羽は、たえず発声し、互いに早口でまくしたてたり〝ぺちゃくちゃ〟しゃべったりしながら、あれこれと〝話して〟いるように見えた。ロレンツォは、つがいの相手と意味のあるやりとりをしていたのだろうか。鳥たちのこの種の発声については、まだわかっていないことがたくさんある。この問題については、第8章でもう一度ふれ、注意深く観察された他の個体の伝達行動を、その中でくわしく紹介することにしたい。

第6章　鳥たちの音楽、職人的な技巧、遊び

一連の研究から明らかになるのは、鳥が、音楽や職人的技巧のセンス、遊びを通じて生活を楽しむ能力を、本質的には人間と同じようにもっているということだ。本章では、これらの驚くべき調査結果をまとめて紹介しよう。

◆鳥たちの音楽

鳥類は世界中で九〇〇〇種弱いるが、そのうちの半数ほどが鳴禽《めいきん》〔きれいな声でさえずる鳥〕で、その一部はきわめて美しい声で歌う。鳥類の野外観察の専門家として著名なアレグザンダー・スカッチは、「鳥の歌の美しさに気づかないようにするには、またそれに感動せずにいるためには、とくに、それが最も効果的に響く自然の中で聞いた時には、美的感性をもっていてはならない」[註1]と述べている。皮肉なことに、鳥にも人間のように特殊な音楽的、美学的知能があることを一流の科学

者たちが理解し始めたまさに現在、歌鳥たちの棲む環境は、世界的レベルで急速に破壊されつつある。[註2]そのスピードたるや、天賦《てんぷ》の才をもつ野鳥が歌うのを聞くことの意味をすぐにわかる人が登場する時間的余裕が、ほとんどないほど猛烈なのだ。

鳥の歌について最も集中的に研究してきたのは、レン・ハワードという英国の女性音楽学者だ。ハワードは、一九四〇年代に、出入り口が開いた田舎の小さな家で野鳥と一緒に暮らし、まわりの果樹園や庭園や芝地で野鳥の観察を続けながら、野鳥とその音楽の研究に、もてる時間をすべて捧げた。[註3]ハワードは、たくさんの鳥たちに（大きなテーブルで）食べものを与えたりしながら、敬意と愛情をもって接したため、たくさんの鳥たちと個人的に親しくなり、一部の鳥についてはそれぞれの経歴を知っていた。暖かい季節には、窓やドアをすべて開け放ち、寒い季節でも十分な広さの開口部を設けていたため、自宅に自由に出入りしていた何十羽もの鳥たちとは、さらに親しくなっていた。鳥の歌に関するハワードの親密な研究のおかげで、四項目からなる次のような驚くべき結論が導き出された。

- 鳥たちは、人間と同じように歌を楽しむ。歌うことに喜びを覚え、となり合うなわばりに棲むライバルたちの歌ですら、時には楽しんで聞く。
- 鳥たちは、自分の歌に、伝えたいメッセージを盛り込み、思いや感情を表現するが、そればかりではなく、時には、ひたすら幸せだから歌うということもある。
- 同種の鳥どうしは、自らが属する種の歌を独自に変奏するため、互いに相手を確実に見分けることができる。事実、同種の鳥の間には、音楽の才能という点で、人間と同程度の個体差が明らかに存在する。この意外な多様性は、個々の鳥の音楽的主題の解釈やそれを演奏する技術的能力、〝芸風〟、声質といった条件によって生ずる。

どの鳴禽にも、一部には、非常に歌の下手な歌手がいる。たとえば、ズアオアトリのオスの中には、自らの種の歌のハイライトとなるフィナーレすなわち、華やかな装飾的部分を歌えない個体がある。その一方で、鳴禽類の中にはきわめて優れた音楽家もいる。たとえば、ある、筋のよいクロウタドリは、ベートーヴェンのヴァイオリン協奏曲の終楽章（ロンド）の序奏部を、二、三日のうちに、自分から進んで独自に作曲してしまった。（このオスは、その曲を聴いたことはそれまで一度もなかった。）その季節の後半には、その序奏部の解釈を変更した。「終盤に近づくにつれ、テンポが速くなり……ルバート〔感情に応じて速さを変える〕効果が、演奏に壮麗さを加えた〔註4〕」

● 鳥たちは、あらかじめ決められた曲目を機械的に演奏するのではなく、それぞれがもつ才能や創造性や訓練や経験に応じて、美しい歌を紡《つむ》ぎ出す。

鳥たちの歌には、人間の歌がもつ基本的な音楽的特徴がそなわっている、というハワードの結論は、著名な哲学者であり鳥類学者でもあるチャールズ・ハーツホーンによっても支持されている。ハーツホーン〔註5〕は、五〇年以上にわたって、あらゆる大陸に棲む数百種の鳥類のさえずりを録音、分析した。鳴禽類が音楽のセンスすなわち「音楽的感性」をもっていることや、それらの一部のさえずりは、人間の一部の歌と同じ意味で美しく音楽的であること、鳥たちは時おり、ただ幸福であるがゆえにさえずる場合もあること、という三つの点で、ハーツホーンの見解はハワードの結論と一致している。熱帯地方で五〇年近くも野生の鳥を観察してきたアレグザンダー・スカッチは、歌の美しさを認めることは意識をもつ生きものにしかできないので、鳥にはまちがいなく意識があるはずだとも述べている。[註6]

比較行動学者のコリン・ビアーも、それと同じ見解をもっていて、鳥の歌は、和声的な深みに富むことが多く、主題および旋律の移調および転回その他の、美的感覚からくる形式的な音楽的構成力もそなえていることを指摘している。[註7]

人間の感覚には限界があるため、鳥のさえずりの豊かな内容を感じとることはできない。鳥たちは、音声をきわめて急速かつ連続的に紡ぎ出せるのみならず、そうした連続音を音響的に切り分ける能力を、人間の一〇倍ほどもっている。したがって、驚くにはあたらないが、鳥のさえずりの録音をゆっくり（本来の速度の二分の一から六四分の一で）再生すると初めて、そこには、人間がこれまで想像したことのない特徴が含まれていることがわかる。[註8]

鳥は、わずか二秒しか続かないさえずりも、長く複雑な楽曲として知覚する。たとえば、チャイロコツグミの二秒のさえずりは、四分の一の速度で再生すると、四五から一〇〇個の音符と、二五から五〇回のピッチ変動で構成され、あらゆる和声的音程を含んだ五音音階に似た人間の作った曲のように聞こえる。[註9]これらの事実から、考慮すべき重要な三つの点が浮かび上がる。

まず第一に、音楽的な特性という点で、鳥たちのさえずりと人間の歌は、これまで考えられていたよりもはるかに似かよっているという事実があげられる。両者の大きな違いは、鳥のさえずりのほうが、時間の間隔がはるかに短いことだ。しかしながら、鳥たちは、短い時間の中で、膨大な数の楽音を区別することもできれば、それらを〝詰め込む〟こともできる。

第二には、はたして人間の最優秀の作曲家は、鳥のさえずりを音楽的にしのぐものを、二、三秒という短い時間の中に詰め込んだ曲を作ることができるか、という疑問が湧き上がる。[註10]

第三点は、鳴禽類は人間と比べて、エネルギー代謝や心拍や呼吸が速く、生活のテンポも速いことに加えて、一定の時間の中でより多くの刺激を識別するし、刺激に対する反応も速いので、人間がもっと長い時間の中で経験するのと同じくらいの経験を、二、三年の中でするのかもしれないということだ。

少なくとも一部の鳥では、より大きな喜びを聞く者に与える、より複雑なさえずりをするオスが、メスに優先的に選ばれ、ライバルたちの前でつがいを形成することが、厳密な調査によって実証されている。[註11]つがいの相手がいないオスは、たとえばウタスズメの場合には、毎日九時間もさえずることがある。〝ウタスズメの歌唱パターン〟（種のメンバーを互いに識別するための手がかり）にのっとってはいるが、各個体は、それぞれ独自の歌をうたう。ウタスズメは二〇曲ほどの異なる歌を、フタスジモズモドキは七五曲ほどの歌を、ミソサザイは三〇曲ほどの歌を、ハシナガヌマミソサザイは一〇〇曲にものぼる歌を作曲することもある。[註12]

もし一種の鳴禽にしぼるとすれば、たとえば音楽学者のハワードが、一一年にもわたって集中的に研究してきたヨーロッパのクロウタドリにしぼるとすれば、すでに次のような事柄が明らかになっている。

クロウタドリのオスは、よく知られているように、美しく穏やかでゆったりした独自の旋律をたくさん紡ぎ出す。その中には、「（複合拍子と単純拍子を使った）音程と拍子記号がほぼ正確な古典的記譜法」にのっとった、人間の古典音楽に驚くほど似たものもある。[註13]

クロウタドリは、人間の作曲家と同じ音楽的手法を多用する。ハワードは次のように述べる。

どの鳥も、異なるテンポで自分の曲を歌い、装飾音を加えたり、調を変えたり、長音階や短音階で歌ったり、スタッカート［鋭い断続的な音］奏法やレガート［切らずに滑らかな音］奏法を使ったりなど、さまざまな効果を得ようとしているように見える。クロウタドリは、自分のフレーズをひっくり返そうとすることもある。曲を加工するこうした手法はすべて、人間の作曲家の技法に含まれるものだ。音声も変更するし、その歌の音域も広い。歌いかたは穏やかで、抑制がきいている。ビブラート［トレモロ］が効果的に、大きな特徴をともなって使われている。[註14]

クロウタドリの若いオスは、才能ある年配の鳥たちの歌に熱心に耳を傾けることで、自らの技術を磨く。さえずりや作曲の能力、他の鳥の曲を速やかに学び取る、つまり〝借用する〟力という点で個体差が大きいため、それぞれのクロウタドリがもつ曲目は、非常に個性的で、どの個体のさえずりひとつとっても、ふたつとして同じものはない。典型的なクロウタドリのオスは、それぞれ異なるたくさんの曲を、わずかな休止をはさんで、調子を変えて歌う。

鳴禽類は、人間の音楽家と同じく、美学的な理由からテンポの変化――アッチェレランド（テンポをしだいに高めること）やリタルダンド（しだいに緩めること）やルバート――を利用する。鳴禽類は、人間のソリストが音質や声調を同質に保ちながら歌詞を変えるのとほとんど同じように、音質を変えることなくさえずりを変える。鳥も人間も、リズムを歌の骨格として使っている。[註15]

ハーツホーンは、鳴禽類は人間と同じように、練習によって歌が上達するし、他の鳥たちの歌を〝盗む〟というか〝まねる〟という点で、音楽的センスがあることをはっきりと指摘している。[註16]事実、マネシツグミの音楽的特色（周囲にいる事実上すべての鳥の鳴き声やさえずりをまねること）は、それぞれの鳴き声の音量や継続時間や音質の微妙な違いを識別し、再現することのできる優秀な能力を必要とするのだ。

オスの鳥のさえずりは、「ここは私のなわばりだ」という宣言に加えて、〝愛の歌〟に似た感じのすることもある。たとえば、ハワードが細心の注意を払って観察したムネアカヒワのオスは、「鈴のようなトリルと物思いに沈む響き、そっとなでるような調べが混じり合った、半ばささやかれ、半ば歌われるフレーズからなる神秘的な音楽的言語」で歌いながら、つがいの相手の方をずっと向いていた。その間、つがいの相手は、巣作りをして卵を抱き、「しばしば作業を中断してオスを見上げて」いたのだ。（この似合いのつがいは、ハワードとは長年のよしみだったので、ハワードを恐れることはなかった。そのおかげで、ハワードの眼前でも自然にふるまった。[註17]）

鳴禽類は、本質的には人間に似て、自分たちの音楽的能力を、たんに自己やなわばりの主張、求愛や愛情表現のためばかりでなく、さまざまな目的で使っている。鳴禽類は、時おり、ただ幸せであるがゆえに、あるいは他の鳥や人の注意を引くためや、群れの仲間を楽しませるために歌う。相手を楽しませるという目的は、自らくわしく観察したシジュウカラでは驚くほどふつうに見られたとして、ハワードは次のように述べている。

この鳥が、［他種の］まね歌を歌う場面をじっと見ていると、おもしろがってそうしているように見えることが時たまある。そのへんをうろついている数羽の鳥たちが、その演奏の聴き手になっているのかもしれない。この鳥がそのまね歌を何度もくりかえして歌うのを、それらの鳥たちは、頭や首を奇妙なふうに伸ばし、枝から枝へとダンスよろしく行ったり来たりしながら、じっと見つめている。この鳥は、道化役を演じており、すごく楽しんでいるようだ。聴衆たちはそれを、おもしろがって眺めている。このような光景が見られるのは、小鳥たちが仲よく群れ、暇をつぶす算段をあれこれすることの多い秋だ。この演奏が終わると、聴衆たちは四散し、そのまね歌が再びくりかえされることはない。［註18］

集団で歌うという、魅惑的な現象についても、ハワードはくわしく解説している。その典型例では、三〇羽ほどのムネアカヒワが、決まった樹にやって来る。

興奮しながら、何か目的をもった様子で、全員が同時に、しかも互いに近づきあって樹に止まる。続いて、一羽の鳥が歌い始める。その三声目《せい》あたりで別の鳥が加わる。他の鳥たちも次々と入ってくる。おそらく一度に六羽がその合唱に加わる。トリルを奏でて歌うものがあるかと思えば、断続的な発声をするものや、スラーをつけて〔各音をひとまとまりに滑らかに〕高く低く歌うものもあり、すべての声が一体となって、しだいに大きくなってゆき、それが二、三分の間続く。それから、トーンがしだいに落ちると、野原の向こうから、別の一群が、そのヒワたちの樹に向かって飛んでくるのが見える。

その一群が歌い手たちのそばに腰を落ち着けると、合唱は再び盛り上がりを見せ、ふたつの群れはしだいに互いの歌を合体させる。すべての鳥が加わると、歌声は二倍の大きさになる。このコーラスは、遠方にまで届き、ずっと遠くの野原で餌をついばんでいる他の群れも扇動する。まもなく、その群れが大挙して押し寄せ、丸裸になった樹の枝という枝に、ムネアカヒワが鈴なりになり、全員がフォルティッシモで鳴くのだ。その歌がクライマックスに達すると、その状態がしばらく続き、それからトーンが落ちてまた上がる。そして、突然、その鳥たちはいっせいに飛び立ってしまう。それまで、こぞって歌に同調していた鳥たちの心が、今や飛び上がる気分へと向かったのだ。[註19]

同じような行動は、他の種でも見られる。たとえば、ゴシキヒワの大きな群れが、一本の樹に止まり、それぞれの鳥が自分の歌を他の全員と合唱し、全員が同時に「和声的に一致して音楽を奏

で」、同じところで休止を入れたりする場面が観察されている。[註20]

五項目からなる一連の驚くべき発見から、人間と同様に鳥たちも、二重唱や三重唱が、さらには四重唱や五重唱もできることが明らかになった。

それらの発見の第一点は、つがいの二羽が正確に連繋して歌うことで、スズゴエヤブモズの歌は実際に二重唱になっているという事実が発見されたことだ。

第二点として、各つがいが数多くの二重唱曲を作曲するのが発見されたことがあげられる。その一部は、交唱用に作曲されている。つまり、どの鳥も、交代で次の音（あるいは、一連の音）を、信じられないほど正確に（ほんの一瞬のうちに）発し合うということだ。それ以外の曲は、多声音楽的に作られている。つまり、二羽の鳥が、同じ旋律や調和した各旋律を同時に歌うのだ。

第三点としては、二重唱と思われていたいくつかの歌が、実際には三重唱の歌として、あるいは四重唱や五重唱の歌として作られていたという驚くべき発見がある。交唱であっても多声唱であっても、ほんの一瞬のタイミングで合唱に加わる三番手、四番手、五番手の鳥として、そのつがいの成長した子どもや、時として隣接するなわばりの同種の個体が加わるのだ。[註21]

第四に、さらに研究を深めた結果、少なくとも二二二種の鳥（少なくとも四四科に属する鳥類）が、二重唱や三重唱その他を歌うことが明らかになったという事実があげられる。

最後の五番目は、互いにまったく無縁の種に属する二羽の鳥が、二重唱を歌うことが時たまあるという事実が、信頼のおける研究者によって観察されたことだ。[註22]

ハワード・ガードナーをはじめとする著名な科学者たちは、知能には、言語的知能や空間的知能、社会的知能、音楽的知能などを含め、多種多様な知能があることを裏づける、きわめて有力な証拠を提出している。[註23]そうした科学的データから、鳴禽類は人間と同じく、音楽的知能をもっているという結論が導き出されるのだ。

◆鳥たちの美的センス

信頼性の高い一連の観察事実から、鳥も人間も、似かよった美的センスをもっているという結論が浮かび上がってくる。

ハワードやハーツホーンなどの音楽学の専門家によれば、鳥たちが修正を加えるたびに、その音楽はますます美しさを増すという。

クジャクやキジ科のセイランが演ずるディスプレイ〔求愛行動〕は、求愛されたメスたちがその美しさを評価して初めて意味をもってくる。[註24]

実験室の鳥たちは、左右対称形のものや規則性のある模様をもつものを、不規則なものよりも好む傾向を示すことが明らかになっており、そのおかげで、鳥たちが美的センスをもっていることが実証された。[註25]

さまざまな種類のニワシドリ科の鳥たちは、人間が色彩豊かで心地よく美しいと思うものを、やはり著しく好むという特性をもっている。これらの鳥たちは、自ら作ったあずまやを、あざやかな花や美しい羽、明るい色彩のベリー類、虹のように色が変わるものなどを使って飾り立てる。それらの装飾品が輝かしさや美しさを失うと、他の美しいものを、その代わりとしてまた集めてくるのだ。[註26] 信頼のおける観察者によれば、ニワシドリ科の鳥たちは時おり、カンバスを厳しい目で検討する人間の画家や、部屋の敷物を買う時に、どれをどこに置こうかと考えながら、たくさんの敷物を広げて頭をひねる人間のようにふるまうことがあるという。[註27] 細心の注意を払って観察された一羽のニワシドリ（アカエボシニワシドリ）の行動がいきいきと描写された、次のような一文がある。

この鳥は、材料集めから帰るたびに、全体の色彩効果を検討する。どうすれば色彩効果を高めることができるのかと思いめぐらし、すぐにそれに着手する。くちばしにくわえた花を、モザイクのようになったところへ置くと、その配列を眺めわたすのに最適な位置にまで後ずさる。まさに、カンバスに描いた自分の絵を批判的に検討する画家のようにふるまうのだ。この鳥は、花を使って絵を描く。私にはそうとしか表現しようがない。この鳥は、黄色のランを置いた位置があまりよくないと思ったらしく、そのランをわずかに左へ寄せ、青い花の間に置いた。頭を傾けて、全体的な効果をもう一度よく考え、ようやく満足したように見える。[註28]

◆鳥たちの職人的な技巧

鳥たちは、足とくちばしだけを使って、捕食者や大荒れの天候から保護してくれる、安全で耐久性の高いすみかを建造することができる。例によって、そこには高度な職人的技巧が関係している。それらの巣の多くは、特殊な器具の使用にとくに熟達した人間の名匠にしか、その複製が作れないからだ。[註29]それらの巣は、巧みに結合された材料で強固に築かれ、親鳥とたえず動きまわるひなたちという家族全員を収容するばかりでなく、豪雨や強風や激しい枝揺れに耐え抜き、家族をしっかりと守ってくれる。

巣は、深い配慮のもとに、上手に作られる。壁面の厚さは、その中で育てられるひなたちの総重量と相関しており、土台となるものとの位置関係から、考え抜かれた調整が何度も行なわれ、強風から巣を守るため、屋根となる覆いか、もしくはとくに強力な支持材が用いられる。雨から巣を守るためにも、特殊な天井や屋根をこしらえたり、水を通さない材料や、速やかに排水される透過性の高い素材を使ったりなど、若干の工夫が凝らされている。次に、鳥たちが示す職人的技巧に含まれる技術を理解するため、六種類の代表的な鳥の巣を眺めてみよう。

カラスの巣のような最も単純な巣でも、頑丈で、居心地がよく安全で、しかも非常に便利だ。この種の巣は、それぞれの小枝を適所に巧みに配置し、泥などの軟らかい材料で内側を覆って作られる。こうした巣は、完成までに五日から一三日ほどかかることもある。時には、一歳になる二、三羽の若鳥が、木の枝や泥や、内側を覆う細かい材料を運び込み、子育てをするメスが枝を組み上げて内張りを施し、たいていはつがいのオスが見張り番に立つ、という形の共同作業で作られることもある。[註30]

ハタオリドリ類のオスは、縦糸と横糸という概念を使って、かご編み職人と機織《はた》りという二種類の役割を巧みに演じ分けながら、非常に密度が高く耐久性にすぐれた複雑な巣を組み上げる。驚くにはあたらないが、ハタオリドリ類が、遺伝的に受け継いだ運動的性癖を発揮し、巣を編み上げるさいに、その場その場の判断とそうした性癖とを巧みにまとめあげるようになるまでには、長期にわたる訓練が必要なのだ。[註31]

オナガサイホウチョウは、まず最初に、織り糸として使う材料（たとえば、綿の繊維、ひもの切れ端、クモの糸、樹皮の繊維）を探す。それから、葉を縫い合わせて自分のすみかを作る。具体的には、葉の縁にくちばしで穴を開け、糸を通して縫合すると同時に、葉を並列にするため、くちばしと足を巧みに使って、外側で糸を結んでいくのだ。

ニシツリスガラは、かご職人と東洋の絨毯《じゅうたん》職人が駆使する技術を組み合わせることにより、東欧の子どもたちが喜んでスリッパにしたり、アフリカのマサイ民族が喜んで財布に使ったりするほど丈夫なうえに、すばらしく精巧で美しい巣を作る。[註32]

カマドムシクイは、二〇〇〇個ほどの粘土の塊を、結合剤（植物の残骸、牛の糞、麦わら）と巧みに混ぜ合わせて巣を築く。その巣は、日干しレンガでできた家か、昔風のドーム型パン焼きかまどの小さな模型のように見える。その巣には玄関があり、巣ごもりのための奥の小部屋と、小さな廊下でつながっている。そのおかげで、奥の部屋にある卵には人の手が届かないようになっている。[註33]

アフリカに棲むシュモクドリの巣は、直径二メートル弱の大きなドーム状の構造になっている。この巣は、大量の枝で組み上げられており、内部は粘土で塗り固められている。ドーム状の屋根は、上に人が乗っても崩れないほど頑丈にできている。また、侵入者から巣を守るため、入口が非常に小さくできているので、この鳥が中に入るには、身をかがめてむりやり体を押し込めるようにしなければならない。内部は、上層の寝室兼抱卵室と、成長して上層の部屋にいられなくなったひなたちのための中層の部屋、見張り場にもなっている玄関部、の三部屋に分かれている。ニワシドリ類の中には、円形の草地の中心に立つ、数部屋をもつ草ぶき小屋にも似た、高さが三メートル弱にもおよぶ、やはり大変みごとなあずまやを作る種類がある。[註34]

人間は、言葉を話し理解する準備状態を遺伝的に受け継ぐが、鳥たちも、本質的にはそれと同じように、特定の巣を作る準備状態を遺伝的に受け継いでいる。その準備状態は、人間の場合と同じく、練習を通じて洗練され、完成されることになる。人間の幼児は、人間の言葉の基本構造と話し言葉の理想型とを本能的に〝予期して〟いるが、それとまったく同じように、鳥たちも、完璧な巣がどのように見えるはずかを本能的に〝予期して〟いる。[註35]鳥たちは、生まれつきそなわった巣を作ろうとする準備状態や、生まれつきそなえている巣の理想型に基づいて、自分のくちばしや脚など体の各部位を、その時々の必要に応じて知的に利用し、それにふさわしい自然の材料を選択、収集し、それらを巧みに組み合わせることにより、安全で頑丈な巣を作りあげるのだ。

◆鳥たちの楽しみ、遊び、踊り

第5章に紹介したカケスのロレンツォの行動からもわかるように、鳥たちは、人間と同じように、遊ぶこともできれば、楽しむこともできる。その遊びには、簡単な娯楽的運動から、組織化されたた複雑なゲームにいたるまで、さまざまなものがある。たくさんの種類の鳥が、棒や植物の葉、鳥の羽、松ぼっくりその他、数多くのものを使って遊んだり、小さなものを空中から落とし、地面に落ちるまでの間につかみとるという動作をくりかえし演じたり、流れの速い潮に乗ったり、明らかに楽しみだけのために、雪の吹きだまりを足から滑り降り、歩いて登り返して、もう一度滑り降りたりするところなどが、信頼のおける研究者によって観察されている。〝追いかけっこ〟や〝大将ごっこ〔大将役のすることをすべてまねる遊び〕〟、獲物を使った〝ネコとネズミごっこ〟なども、ごくふつうに見られる遊びだ。[註36] 実際に、細心の注意を払って観察された記録によれば、多くの種類の鳥たちが、一日のうちの驚くほどの時間を、まるでそれが娯楽ででもあるかのように、同種の鳥や異種の鳥との〝追いかけっこ〟や、日光浴、飛翔、歌唱に費やしている。[註37]

　歩調をリズミカルに変化させる一方で、くるりと向きを変えたり、飛び上がったり、気取って歩いたり、跳びはねたりする踊りは、ダチョウやマイコドリ類、ツルその他の鳥類でも、くわしく記録されている。たとえばツルは、「荘厳で堂々としたダンス」を踊る。オスたちが踊っている間、メスたちがそれをじっと見ていることもあれば、オスとメスが一羽ずつ組んで舞うこともあるし、群れ全体が一緒になってリズミカルに踊ることもある。そうした踊りは、ツルたちが、踊りに使うという目的のみのために、きれいに「清掃」した空き地で行なわれることが多い。

　鳥たちは、時おり楽しみだけのために踊ることもあるが、踊りは、求愛のさいにも重要な役割を演ずる。数種のマイコドリのオスは、つがいや群れで群舞《ぐんぶ》しているかに見える、「驚くべき求愛ダンスをする」。オスたちは、〔イスラム教の〕踊る托鉢《たくはつ》僧にも似た動きをして、空中アクロバットのようなディスプレイや曲芸的な軽わざも見せる（空中に玉を投げ上げるような形で、互いに入れ替わる）が、その間、メスたちはオスたちの動きをじっと観察しているのだ。

驚いたことに、さまざまな人間の文化圏の儀式的な踊りは、その土地に棲息する鳥たちの踊りにならってつくられている。バイエルンの農民が踊るシュープラットラー〔民俗舞踊〕は、地元に棲むクロライチョウの踊りをまねたもので、男たちが踊り、女たちはそれを見ながら、所定の位置で旋回するのだ。北アメリカの先住民族であるブラックフットたちはキジオライチョウの踊りを、南アメリカの先住民族であるヒバロたちはイワドリの踊りをそれぞれまねているし、シベリア北東部に住むチュクチ民族は、エリマキシギの踊りにならっているのだ。〔註38〕

第7章　鳥たちの航法

現代の航行者が、未知の地域で、測量器具がないことに突然気づいたとしたら、どうすればわが家に帰れるものかまったくわからないだろう。コンパスがあれば大丈夫ということにもなるまい。それだけでは、帰るべき方向がやはりはっきりしないからだ。わが家へ帰るには、コンパスやきわめて精度の高い時計や六分儀《ろくぶんぎ》とともに、天文図や高度な天文学的知識が必要になるだろう。現代人は、自分が置かれている緯度および経度を割り出して、自宅に戻るための方角を知るには、こうした器具がすべて必要になる。

渡り鳥たちは、測量器具も使わずに、自らの位置を確定して航路を決め、すみかへ帰る能力をもっているという点で、人間をはるかにしのいでいる。ズグロミズナギドリは、各個体が北欧の海岸の各地点から渡りを始め、大西洋を越えて一一〇〇〇キロ以上を飛行し、南大西洋の中央に浮かぶトリスタン・ダ・クーニャという小島にある自分たちの巣を見つけ出し、そこへ帰る。同様にスズメも、ルイジアナ州やメリーランド州に実験的に移され、そこで放たれると、カリフォルニア州サンホセの、ひなたちが待つ各自の巣に戻ることができた。ボストンやヴェニスに連れて行かれたマンクスミズナギドリは、ウェールズの離島にいるひなたちのもとへ帰ることができたし、日本やフィリピン、合衆国西海岸に運ばれたコアホウドリも、太平洋の真ん中にあるミッドウェー島のわが家にぶじ帰還している。

最近、爆発的な数の洗練された研究が行なわれるようになったが、それまで科学者たちは、鳥たちの渡りや飛行や帰巣《きそう》の離れわざには、特別の意識も知能も必要ではないと考えてきた。こうした能力は、たとえば地球の磁場を感知するなどの、おそらく未知の特殊な感覚が関係する自動的な行動と見なされていたのだ。自然界に存在するかすかな手がかりを観察、分析し、まとめあげることによって、器械類を使うことなく太平洋を航行するポリネシアの人たちと本質的には同じ方法で、にもかかわらずそれよりもはるかに容易に針路を確定しているという可能性については、誰ひとり考えたことがなかった。

かつては、鳥たちの渡りや飛行や帰巣は多少なりとも自動的なものとされてきたが、その見かたは不適切だということが、しばらく前に明らかにされた。本来の航路から（嵐や風や山岳その他の障害のために）外れてしまっても、それを修正するという難しい作業ができることに加えて、鳥たちは、冬のすみかと夏のすみかを行き来するために、天体や大気や地勢など驚くほどさまざまな情報を総合的に得ていることが、これまで蓄積されてきた研究成果により、はっきりしてきたからだ。

本章でこれからご覧いただくように、鳥たちは、太平洋を航海するポリネシアの人たちと同じく、陸標（陸上の目印）や風向き、星の配列、太陽の見かけの動きなどをはじめ、自然界に存在するたくさんの手がかりを巧みに利用している。加えて鳥たちは、超低周波音や紫外線、偏光〔一定の方向にだけ振動する光波〕、気圧、かすかな嗅覚的手がかり、地磁気の変動など、人間には容易に感知できない多種多様な手がかりも利用することができる。[註1]

Ｒ・ロビン・ベイカー、スティーヴン・Ｔ・エムレン、チャールズ・ウォルコットといった鳥類の飛行に関する最有力の研究者たちは、鳥類が「きわめて洗練された誘導システムを一式[註2]」揃《そろ》えていること、「一連の航法をすべて[註3]」活用していること、「渡りのさいにさまざまな手がかりを使って……〔いるうえに〕いくつかの手がかりを併用し、それらを相互参照すらしているかもしれないいため、驚くほど人間に似ているように見える[註4]」ことが、これまで集められたデータから明らかになったと考えている。

どの手がかりにしても、いきなり消えてしまう可能性がある――陸標は霧でかすんでしまうかもしれないし、太陽や星は雲がかかってはっきり見えなくなるかもしれないし、風向きは急に変わることがあるし、飛行経路には、方向感覚を狂わせる地磁気の異常も立ちはだかっている――ことを考えると、多種多様の手がかりを利用する能力があることは、非常に有利なのだ。[註5]

ここでまとめると、最近の科学的研究で最も驚くべき重要な発見のひとつは、鳥たちの飛行の特徴は人間の行動と本質的に同じように、目的地に向かうために、さまざまな情報的手がかりを丹念に集め、それらを解釈し、まとめあげる能力にあるということだ。では次に、渡りや飛行や帰巣のさいに鳥たちが使っている手がかりを、ひとつずつ見てゆくことにしよう。

◆太陽をコンパスとして使う

現代の鳥類学で印象的な発見は、ポリネシアの航海者と同じく鳥たちも、方角を見定めるさい、見かけの動きを手がかりに、太陽をコンパスとして利用することだ。一連の厳密な研究によって、これまでに次のことが確かめられている。

日中に帰巣するハトも渡りをする鳥も、太陽をコンパスとして使う。[註6]（太陽が雲に隠れた場合には、後述するように、自然界にある他のコンパスで代用する。）

太陽をコンパスとして使うのは、人間にとっても鳥にとっても難しい。天空の中で刻々と変わる太陽の位置を、ある時（日の出と日の入りの頃）にはその非常にゆっくりとした動きを、正午の頃には非常に急速な動きを、同じ場所から見ても日によって異なる位置ないし弧《こ》を、緯度によって異なる動きかたを、それぞれ補正しなければならないからだ。[註7]

鳥たちは、朝から晩まで刻々と変わる太陽の位置が、方角とどのように関係しているかを理解しているため、一定の方向に針路をとることができる。[註8] 鳥たちは、太陽に細心の注意を払い、その動きを見きわめようとする性向を生まれながらにもっている。生後まもない頃に、そうした観察結果から、方角と太陽の見かけの動きと時間の経過の関係を学ぶのだ。[註9]

太陽は、鳥たちが暮らす野外環境の中で最もきわ立つ特徴なので、その光や熱、直視すれば目がくらむほどの明るさ、その影、日の出と日の入り、天空を横切る持続的な動きを、鳥たちはたえず経験しながら、その見かけの動きや規則性に気づくようになるのだろう。明と暗の規則的な二四時間周期をくりかえし経験することで、規則的な時間の流れに気づくようになり、それによって〝体内時計〟を調節、較正《こうせい》することができるのだ。

◆星の配列を〝読む〟

日中に渡りをする鳥は、生まれてまもない頃に太陽の動きに注目し、それをわがものとして、後に方角を定めるために使うようになるが、それとまったく同じように、夜間に渡りをする鳥は、幼時に星の配列に注目し、それをわがものとして、後にこの知識を、特定の方角に針路をとるのに使うようになる。数種のムシクイ（*Sylvia* 属）を対象にした一連の実験から、これら夜の渡り鳥たちは、高い知能をもつ人間と本質的には同じ方法で、星の配列と、おそらくは見かけの星の動きとを利用して方角を割り出し、それを維持することが明らかになっている。[註10]

水鳥や海辺の鳥や多数の鳴禽類を含む、さまざまな種類の鳥を対象に行なわれた一連の実験によれば、星が見える時に渡りの方角を定められる鳥は多種におよぶが、星空に雲がかかっていると、方角が見定められなくなるか、もしくはその精度が落ちることが確かめられている。[註11] また、ルリノジコを対象にした一連の実験によると、次のような重要な結果が得られたという。[註12]

● 幼鳥期にルリノジコは、夜空に注意を向けており、その中で、星の配列や星に関するとくに役立つ事実——たとえば、北極星の周辺にある星は、ごくわずかしか回転しないこと——を学ぶ。

● この事実を身につけることによって、若鳥たちは、コンパスに匹敵する手がかり――固定されていて動かない北の方角――を得る。

● 星に注意を向け、その配列を知るという本能的性向は、個体ごとに具現化される。鳥は自動機械だという考えかたに反して、北極星の周辺にある星の配列の中から、個体によって別の配列を選び、それを使って方角を定めるようになる。

位置のずれを補正し、頭の中に地図を描きあげるため、渡り鳥たちは、自然環境に内在する他の要因も利用する。次に、それらを見てゆくことにしよう。

◆風と天気を〝読む〟

人間のパイロットは、長距離の単独飛行に出かける前にはいつでも、知的な決断をたくさん下さなければならない。出発に最適な時間や最善の飛行経路、最も経済的な速度を選ばなければならないのだ。飛行中には、風による漂流をどのように補正すればよいか、風をどのように利用すればよいのか、その時々の空もように応じて最適な高度をどのようにして選べばよいかを、的確に判断しなければならない。意外なことに渡り鳥も、同様に的確な判断を下していることが、最近明らかになってきた。[註13]

渡り鳥は、その目的地に向かう最も経済的な経路を選び、速度を最大にしながらエネルギー消費を最小に抑えるために、最適の高度を飛行する。

また渡り鳥は、垂直方向の気流や追い風その他の風のパターンを的確かつ巧妙に利用する。飛行の時点を決めるさいに天候を考慮に入れるため、ほとんどの渡りは、最高の天候に恵まれた時を選んで行なわれる。(渡り鳥がもつ、天候を予測する能力のようなものは、大気圧の変化を感知する特殊能力によるものなのかもしれない。)[註14]

以上の発見は、北アメリカ東部から南アメリカへ渡る鳥の大群を対象に、レーダーを使って行なわれた大規模な研究によって確かめられたが、その適用範囲はさらに広がっている。[註15] 渡り鳥は、賢明にも、気候条件がよい時に限って海岸から出発し、嵐の接近を避ける。順風が吹き続ける期間を選んで、最初の行程であるバーミューダ島まで飛行し、次に順風が続く時を待ってから、第二行程である南アメリカまで飛んだのだ。飛行の高度は、風と天候に応じて適切に変更された。渡り鳥がしだいに高度を下げて南アメリカの大地にスムーズに着地したのは、人間のパイロットのやりかたとよく似ていた。

鳥たちが渡りのさいに見せる能力に関する、これらのデータを含め、さまざまなデータを検討した、ある著名な専門家は、次のような結論にいたっている。「自らが置かれた環境で出会う危険や困難に対する渡り鳥の適応ぶりは、最高の技術をもつ人間の熟練パイロットから見ても、非常に印象的なレベルに達している」[註16]

◆目で見える陸標を〝読む〟

多くの鳥たちは、熟練した人間のパイロットと同じように、陸標も上手に利用する。[註17] シジュウカラガン（カナダガン）のような一部の種は、親たちに引率されて行く最初の渡りのさいに、次々と地上に現われるたくさんの目印に細心の注意を払い、それを記憶することによって、渡りの経路を学ぶ。

渡り鳥の中には、そうした陸標をじかに利用する種もある。たとえば、渡りのかなりの区間を、海岸線や渓谷に沿って飛ぶ鳥たちもある。[註18] 人間の熟練パイロットと同じように、陸標に注目し視差（同一物を二カ所から見た時の網膜像の違い）[註19]を利用することで、風による漂流をみごとに補正し、あらかじめ決められた針路へ戻る渡り鳥もある。

鳥たちは、陸標を、人間よりもはるかにはっきり見分けることができる。何よりも、鳥はかなりの高度を飛行するおかげで、かなたの地平線まで、陸標をパノラマ的に見渡すことができるわけだ。比較的低い、たとえば六〇〇メートルほどの高度で渡りをする場合ですら、天気のよい日には、どちらの方角にも一〇〇キロほどの遠方にまで広がる地表を俯瞰《ふかん》することができる。[註20] 鳥がもつさまざまな視覚的能力のおかげで、こうした広大な視界が開けるのだ。鳥類は、高度な色覚をもつ網膜錐体《すいたい》を数多くそなえている。

各錐体に含まれる個々の油滴も、網膜に映るあらゆる映像のコントラストおよび輪郭を強調する役割をはたす。鳥類は、近紫外線や紫外線をとらえる特殊な色素や、ごくわずかな動きを拡大して見せてくれる中心窩《か》も、網膜にもっている。

やはり鳥の視覚的能力を高めているのは、血管に富み、かなり色素の沈着した、蜂の巣状の構造をもつ、後眼房《こうがんぼう》に直立する櫛《しつ》状突起だ。動体視力の促進や、航行の予測に役立つ器具である六分儀としての役割を含め、特殊な視覚の促進機能は、櫛状突起の特性とされている[註21]。

◆地球の磁気を〝読む〟

最近の科学的発見の中で最も興味深いもののひとつは、多種多様の動物が、地球の微弱な磁気を感知しているという事実だ。この感受性は、原生動物や扁形《へんけい》動物、カタツムリ、ナマコ、多種の両生類および爬虫類ばかりでなく、鳥や人間にも見られる。地磁気に対する驚くべき人間の感受性は、R・ロビン・ベイカーとその共同研究者が行なった一連の実験を通じて明らかにされた[註22]。目隠しと耳栓をされた被験者たちが、回転椅子に乗せられて体を何度も回転させられた直後に、自分がどの方角に向いているかを、統計的に意味のある水準で言い当てたのだ。また、回り道が非常に多いバスに乗せられ、停車した直後にも、被験者たちは出発点を正しくさし示している。

人間の被験者がもつ、方角を言い当てる能力は、少なくとも一部は、地球の磁気に対する感受性によるもののように見える。それは、地球の磁場が太陽に乱された時と、実験者が、磁石を使って被験者の周囲の磁場を乱した時に、この能力が影響を受けたからだ。人間の地磁気に対する感受性は、最近、人間の脳細胞から見つかった[註23]、鉄分を含んだ磁鉄鉱の小さな結晶体を通じて伝達されるのかもしれない。人間の場合、地球の磁場に対する感受性は、それを使うよう求められることがあるとしてもまれであり、休眠状態にあるように見えるが、多くの鳥では、渡りや飛行をするさいに積極的な役割を演ずるのだ。

ヨーロッパコマドリやボボリンク（コメクイドリ）、クロワカモメなど、さまざまな種類の鳥では、地磁気は、空を飛ぶ時に補助的な役割をはたす。夜間に渡りをするルリノジコのような鳥も、星が見えない曇りの夜には、地磁気を補助的に使う。[註24] 地磁気を利用して方角を定めることのできるさまざまな種類の鳥は、地球の微弱な磁力線よりむしろ、天体などの空にある手がかりを好んで使うらしい。コンパスの気まぐれなふるまいを考えるとわかるように、磁力線は直線ではなく、地球の表面でゆがんで波打っており、（地球の周囲にあるイオンがジェット気流の中で運動するために）一日中変動し、運転中の発電機や大きな金属片があると、いとも簡単に乱されてしまうのだ。[註25]

先述のように、帰巣するハトは、太陽をコンパスとして利用する。しかしハトは、地磁気も感知していることを裏づける証拠がある。地磁気の異常が発生している地域では、飛ぶ方向を変える傾向が見られるのだ。[註26] 太陽の活動によって起こった磁場のわずかな変動も、飛行する方向に影響をおよぼす。

また、地球の磁場を（小さな磁石を体につけることで）感知できないようにされたハトは、雲が厚くて太陽が利用できない時には方角を見失いやすかったが、地磁場を利用できる対照群のハトは、その場合でも、方角を正しく定めることができた。[註27] ハトの地磁気に対する感受性は、頸部や頭部に人為的に埋め込まれた、鉄分を含んだ磁鉄鉱の小さな結晶体によって影響を受けることもある。[註28]

以上のデータから、ハトの帰巣の〝秘密〟がわかってくる。ハトは、方角を定めるさいに二種類のコンパス――太陽と地磁気――を使っているように見える。実験的に遠方に移送されたハトは、これらのコンパスの一方あるいは双方（さらには、後ほど見るように、においや超低周波音などの手がかり）にしきりに依存する。ハトたちは、見ず知らずの遠方から帰るさいに得たこのような情報を利用して、自分の鳩舎《きゅうしゃ》へとぶじに帰還することができるのだ。[註29]

現在、地球上に棲む九〇〇〇種に近い鳥類は、地磁気を利用する能力を含め、すべての能力においてそれぞれ大幅に異なっている。方角を定めるさいに地球の磁力線を使わない種もあれば、使う種もあるし、同じく地磁気を利用する場合でも、種によって別の側面ないし特性を使うこともある。つまり、磁力線の垂直方向への傾きを利用する種もあれば、磁場の極性を利用する種もあるし、方角を定めるのに地磁気を利用する種もあれば、他の手段で方角を定めた後に、その方角からそれないようにするのに地磁気を利用する種もあるのだ。[註30]

◆におい、人間に聞こえない音その他の、かすかな手がかりを〝読む〟

ハトは、実験的に遠方に運ばれると、嗅覚を利用して自らの鳩舎に戻ることもある。どうやら遠方に運ばれる途中で嗅覚的情報を拾いあげ、それまで鳩舎で感知していた、風で運ばれてきたにおいと結びつけるらしいのだ。以上の結論は主として、飼育場で育てられ、実験的に遠方で放たれたハトを対象にしてフロリアーノ・パピらが行なった一連の大規模な研究に基づいている。嗅覚を（鼻孔をふさいだり、嗅覚神経を切断したりすることで）遮断すると、あるいは、風で飼育場に運ばれる嗅覚刺激を断ち切ってしまうと、さらには、においを飼育場に運ぶ風の向きを変えるなどの操作をすると、自らの巣の方角を見定めるハトの能力は、対照群のハトと比べて著しく低下した。[註31]

ウミツバメ類やミズナギドリ類のような、嗅覚的な能力に優れた海鳥たちも、夜間に自分の巣穴に戻るのに、やはりにおいを利用している。自分がどこの上空を飛んでいるかを――たとえば、マツ林の上なのか都会の上なのか海の上なのかを――知るのに、においを使っているように思われる鳥類もある。[註32]

ハトは、巣に帰る経路を見つけるさいに、高度な聴覚的能力も利用することができる。人間には聞き取れない非常に低い周波数（〇・一ヘルツ以下）の音を聞くことができるのだ。[註33] 人間には未知の聴覚世界をハトにもたらしている、こうした超低周波音は、雷雨や海辺で砕ける波、山岳地帯を渡る風などによって生じる。これら超低周波の注目すべき特性は、数千キロを伝わってもごくわずかしか減衰しないことだ。内陸地方にいるハトは、四〇〇キロも離れた大西洋の海辺に打ち寄せる波から発生した超低周波を感じとっているらしい。

気圧の変化や近紫外領域の光や偏光のパターンを、ハトが感知しているという、最近の発見にも驚かされる。[註34] 帰巣にさいしてハトがこのような感覚をどの程度使っているのかについては、いぜんとしてはっきりしない。

◆賢明な渡りの判断

鳥たちは、そうすることが賢明な場合には、その利害得失を秤《はかり》にかけて判断したうえで移動する。食料が不十分な時には移動するが、条件がそれほどひどくない時や、今いるところで生き延びられる可能性がある時には、鳥たちは、移動するほうがいいかしないほうがいいかをあらためて知的に判断する。冬を越せる格好な場所が、自らの行動圏内にあることを知っている鳥は、近くにいた同種の（きょうだいを含めた）仲間たちがすべて遠方に移動してしまったとしても、そこから離れることはない。また、大多数の鳥は、冬の間、条件が突発的に悪化した場合には、もっと先にまで移動する[註35]。

鳥の渡りは、多少なりとも機械的な現象だというよく知られた考えかたとはうらはらに、いつ渡りを始めるべきかを鳥たちが合理的に判断していることが、多くの実験的研究によって明らかにされている。シジュウカラガンは、渡りの期間中に、気候の温暖なイングランドに実験的に移送されると、予定されていた渡りを突然中止したが、寒冷なスウェーデンに運ばれた時にはそうではなかった。イングランドのマガモは、通常は一カ所に定住しているが、寒冷なフィンランドで実験的に孵化させた個体は、渡りをするようになった。

渡りをするヨーロッパのムクドリも、越冬しやすい温暖な地方に実験的に移されると、そこに留まったが、越冬しにくい地方に運ばれた個体は、相変わらず渡りをした[註36]。要するに、高度な知能をもつ人類と同じく渡り鳥も、「損得を比較し、それに基づいて、どの経路をとるべきか、［渡りをするとすれば］いつ出発するかを決める」[註37]ことになる。

◆経験に学ぶ

帰巣や渡りをする鳥たちは、とくに初めての夏の間に経験を重ねるにつれ、環境に潜在する情報を利用して方角を割り出し、ずれを補正することに、ますます熟達するようになる。[註38] 経験の乏しいハトは、帰巣にさいして太陽と地磁場の情報を両方とも必要とするが、経験を積んだハトは、どちらか一方があればこと足りてしまう。[註39] 経験を積んだハトなら、実験的に（磁場を操作し、まったくの暗闇の中を移送することによって）方向感覚を狂わされても帰巣することができるが、経験の乏しいハトは帰巣することができない。[註40]

嵐や風によって、あるいは人間の実験者によって、本来の飛行経路から外されてしまうと、若い渡り鳥は、たいていの場合、元の針路に戻ることができないため、たぶん死んでしまうだろうが、経験を積んだ渡り鳥なら、[註41] 経路をそれたとしても、たいていその補正ができるので、生き延びることができる。

◆鳥たちの航法のあらまし

鳥類の航法に関する最近の研究から、ふたつの重要な結論にたどり着く。

第一点は、測定器具ももっていないのに、鳥類が多種多様な情報を利用して航行するということだ。代表的な種は、（星や太陽や地磁気を利用する）統合的な方位測定システムを創りあげ、それによって得られた方角を、目に見える陸標や超低周波音、におい、風向き、雲の動きなどが描き込まれた、たえず更新される地図と関連づけているように思われる。それぞれの種は、自分たち特有の生活様式からくる必要性によって、入手した情報の、それぞれ別の側面を利用する。主として太陽を頼みの綱にする渡り鳥もあれば、星や地磁気や陸標に頼る渡り鳥もある。大多数は、数種の情報を利用する。同じ種に属する鳥でも、別種の情報を使う個体もあるし、同じ個体であっても、そのたびごとに別の情報を利用することもある。

鳥類生物学者のチャールズ・ウォルコットの最近の発言によれば、「動物の航法について知れば知るほど、人間の航法とよく似ていることがますますわかってくる。……鳥の航法は、人間の航法に似て、複数の手がかりを用いており、おそらくその航法は、どこで生育したかによって決まる。……別の場所で生まれ育ったハトは、別系統の手がかりを好むようになるらしいことが、われわれの最新の研究からわかっている［註42］」という。

第二点は、帰巣や渡りをする鳥たちが示す神わざ的な航法には、複合的な学習が重要な役割を演じていることだ。日中に渡りをする鳥はたいてい、日々の太陽の動きを学んだうえで、太陽との相対的角度をたえず変えながら飛ぶことにより、その知識をさらに深める。夜間に渡りをする少なくとも一部の鳥は、北極星とその近くにある星を除いて、全天の星がたえずその位置を変えてゆくことを学び、北極星やその周辺の星を、確たる基準として利用する。

要するに、帰巣や渡りをする鳥は、自然界にある手がかりを利用して航行する人間と同じように、自然界にある、多種多様の微妙な情報を観察、学習し、それらをまとめあげることによって、目的地にたどり着くということだ。では次に、測定器具を使わずに航行する人たちを眺めてみることにしよう。

◆人間の航行能力

人間には、生まれつきの（本能的な）航行能力はほとんどそなわっていない。航行のしかたは、ふた通りの方法で学ぶことができるが、どちらにしても厳しい訓練とつらい経験が欠かせない。[註43]航海を仕事にする人たちは、数学や物理学を中心として、何年にもわたる科学的訓練を積むことが必須であり、六分儀やクロノメーター、磁気コンパス、測程儀の記録、海図、航海暦などから、航海に役立つ情報を正確に読み取り、解釈することによって、船舶を目的地にたどり着かせることができるようになるまでには、かなりの経験を積まなければならない。

南太平洋に散在する島々に住む少数の人たちは、鳥と同じく測定器具も使わずに、これといった特徴もない大海原を越えて、特定の目的地にたどり着くことができる。これらポリネシアの海の航行者たちは、その社会であがめ奉られる。長期にわたって師匠のもとに弟子入りし、何年もの間、師匠の薫陶《くんとう》を受けて身につけた、特別の知識および意識と、きわめて実用的な技術とを合わせもっているからだ。

ポリネシアでの航海術を訓練するさいの主な目的は、「自然界にある手がかりになりそうなものすべてを精査しようとする並外れた意識と鋭敏さ[註44]」を、徒弟《とてい》たちに育ませることだ。こうした手がかりとしては、まず第一に、正確なコンパスに匹敵する、たくさんの星の出没と、補助的なコンパスの役割をはたす、太陽の見かけの動きがある。徒弟たちは、航海の指針となる、自然界にある数多くのとらえがたい事象――波形、頼みになる風と海流のパターン、雲の形（とくに、島々を覆うほどの高い雲）、海面の色彩および濁りぐあい、暖流と寒流がぶつかったところに発生する霧の帯――を解釈する方法も学ぶ。クジラやイルカやクラゲをはじめとする、特定の海洋生物の確かな位置も、頭の中に描く、自らの領域の地図を形づくる要素となる。何尋《ひろ》も下にある暗礁は、海面の波と海水の色が突然に変わることでわかる。浅瀬や島や環礁《かんしょう》のような海上の目印も、とくに航海の始まりと終わりには、自然の手がかりを読み解く航海者を導くうえで大きな役割をはたす。

自然界で得られる手がかりを駆使して、天気の予想に熟達することも、重要な意味をもっている。この知識を読み砕き、五〇から一〇〇の島々と自分の島の相対的位置関係のような、数多くの実用的な情報とまとめ合わせることによって、ポリネシアの航海者たちは、測定器具などを使うことなく、何の特徴もなさそうな大海原を航行して、かなり遠方の小さな港にたどり着くという、みごとな離れわざを演ずることができるようになる。[註45]

◆本能的な背景

第3章で指摘しておいたように、人間や鳥やその他すべての動物の行動は、本能ないしは〝系統発生的適応〟[註46]――学習経験によって（それぞれの個人的環境に合うように）形づくられ、（その時々の判断によって）巧みに実行される行動の、生まれつきのプログラムないし計画――に導かれる。（学習および選択によって）知的な形で実現される生まれつきの計画も、鳥の渡りや航行や帰巣として結実することになる。

　鳥の渡りに関するデータをまとめあげることにかけては最有力の研究者であるR・ロビン・ベイカーは、最近の研究によって「換羽《かんば》〔羽の生え変わり〕の順序とタイミング、脂肪の蓄積、性腺の発達と退縮、渡りをひかえて落ち着かなくなる状態を準備する……内的なプログラムを、鳥が生まれながらにしてもっていることが、説得力ある形で明らかになった[註47]」と述べている。

　日数が短縮されても延長されても失敗することになる、この渡りのプログラムを構成する要素としては他にも、ホルモンの分泌、特定の時期に特定の方角へと――たとえば、秋には南西へ、春には北東へと――引きつけられる傾向やその方角に向かおうとする傾向、越冬に適切な地方がどのように感じ[註48]られるか（あるいは、どのようなものか）に関する生まれつきの感覚（あるいは〝期待〟）などがある。

　幼鳥を導いて越冬に適した地方に渡らせ、春には出生地に帰還させる、鳥類のこうした生まれつきのプログラムは、人間の男女の生理および行動を、生殖という種の目的に向かわせる成熟プログラムをはじめとする、さまざまな人間の本能的なプログラムと、重要な共通点をもっている。

　ヒトのオスの思春期プログラムにも、一連の構成要素が連続して生じるような形で組み込まれている――たとえば、ホルモン（テストステロン）の分泌、ひげの成長、声変わり、急速な体の成長、生殖器や肩をはじめとする身体各部の発達、精子の産生、性的な〝そわそわ感〟の高まりおよび性的目覚め、性的パートナーに引きつけられたり、そちらへ向かおうとする傾向、適切な性的パートナーがどのように見えるか（あるいは、どのように感じられるか）に関する生まれつきの感覚（あるいは〝期待〟）などだ。

鳥の「渡り本能」の基本原理――連続して生じるようにプログラムされ、学習と選択を通じて特定の目標に向かわせる生理的、心理的、行動的現象――は、ヒトのメスにも見られるものだ。ホモ・サピエンスのもう一方の思春期プログラムには、ホルモン（エストロゲン）の分泌、排卵、プログラムされた周期をもつ月経、乳房の増大、特定の身体各部への脂肪の蓄積、臀部《でんぶ》の肥大などがある。こうした思春期プログラムは、妊娠、出産、産後の乳汁の分泌という（受精卵の着床から始まる特別の事象が起こると、それぞれ停止される）下位プログラムを含む、より規模の大きい女性の性・生殖プログラムの一部と見なすこともできる。鳥類の「渡りプログラム」のように、適切な性的パートナーがどのように見えるか（あるいは、どのように感じられるか）に関する感覚（あるいは〝期待〟）や、新生児に引きつけられたり、新生児を養育したいという欲求をはじめとする、人間の女性の性的なプログラムにも、心理的要素が含まれている。

自分たちを引率してくれる親鳥や年長の個体がおらず、単独で越冬地に渡ることになるカッコウの若鳥のような鳥たちも、思春期の人間が、性的パートナーに引きつけられたり、そちらに向かおうとする傾向をもっているのと本質的には同じように、特定の方角に飛びたいという本能的な傾向（あるいは気分）と、本来の越冬地に対する本能的な感覚（あるいは〝期待〟）をもっている。

しかしながら、本能的な傾向だけでは、鳥の渡りや人間の生殖という種の目標を達成するのに十分ではない。すべての本能的プログラムと同じように、渡りの本能も、太陽や地磁気が〝読める〟ようになったり、性的パートナーにふさわしい相手と仲よくなったりなど、それに関連する学習をともなう必要がある。そして、その時々の知的な選択ないし決定を積み重ねることによって、その本能が具体化されるのだ。

鳥たちに生まれつきそなわっている航行プログラムには、非常に重要な学習的側面がもうひとつある。人間が、人間の言葉に注意を集中し、それを理解して利用できるまでにしてくれる本能的性向ないしプログラムを生まれつきそなえているのとまったく同じように、多種の鳥たちも、地球上を首尾よく旅行するために、自分の置かれた環境にある情報に注意を集中し、それを理解して利用できるまでにしてくれる本能的性向ないしプログラムを、生まれつきそなえている。

人間が、単語を理解し、文法にかなった文章を組み立てようとする生まれつきの性向を、知的レベルで具体化するのとちょうど同じように、鳥たちも、自分の置かれた環境から、航行に利用できる特徴を読み取ろうとする、生まれつきそなわった性向を、知的レベルで具体化する。人間は誰もが、特別の指導を受けなくても、言葉の音素〔特定の言語で意味を区別するのに用いられる最小の音の単位〕や形態素〔特定の言語で意味をもつ最小の単位〕を、さらには統語的〔文章を正確に伝えるのに必要な、語を並べる一定の規則による〕、意味論的な単位を、比較的急速に身につけるが、その一方では、単語を生み出し、音を組み合わせ、構成単位を整理して文章にするための規則も身につける。[註49]

同様に、さまざまな種類の若鳥も、星の位置の変化や太陽の動き、地磁場の変動、風向き、においが漂って来る方向、陸標の位置などに関係する原理ないし原則を、特別の指導を受けなくても、比較的急速に身につける。このように鳥たちは、人間が、特別の話し言葉に関する知能をもっているのと本質的に同じように、特別の知能――本能に基づいた、航行に関する生まれつきの知能――をもっている。両者がともにもって生まれてくる、こうした知能はいずれも、自らが置かれた環境にある、多種多様で複雑な情報を学習し、まとめあげることによって初めて具体化されるのだ。

第8章　人と鳥との個人的な友情

本章では、人間の家庭の中や野生状態で生活する鳥と親密な個人的友情を育んだ五人——ペット・クリニックの元経営者、動物学教授、英国の少年、行動科学者、音楽学者——の報告を要約して紹介する。

この種の報告には、他の似かよった報告ともども、鳥類学の公式な文献でふれられることはない。それは、鳥たちがかなり人間に似ているとする擬人主義におちいってはならないという戒めのために極度にタブー視された考えかたが、その中にあるからだ。擬人化というタブーや戒めにしても、科学の体制派からの公的告発にしても、言うまでもなく、まったく非科学的なものにすぎない。それは、公平な立場から真理を探究しようとする努力を妨げることになるからだ。

本章では、注意深く観察された個々の鳥の特徴と行動を、予断や先入観や偏見から離れて、くわしく見てゆくことにしよう。

◆言葉を話すホシムクドリ

巣から落ちたホシムクドリのひなが、かつてペット・クリニックを経営していたマルガレーテ・S・コルボという女性に拾われ、その自宅で自由に生活することを許されて、成鳥になるまで育てられた。[註1]このオスのホシムクドリは、生後三カ月頃に、「アーノルド」という自分の名前を、それまで呼びかけられた時に使われたさまざまな声色でくりかえし口にして、この女性を驚かせた。(このこと自体は、さほど驚くべきことではない。現実には、「ホシムクドリは実にさまざまな発声をする。チチッ、リュイ、ピチピーピチピーなど、いろいろな鳴きかたをするし、声その他の音をまねる個体も多い」からだ。[註2])

それからは、この女性と六歳になるふたりの男の子(孫とその友だち)が、ホシムクドリに向かって、特定の単語を意図的にくりかえし聞かせるようになった。するとホシムクドリは、しだいに英語の単語をたくさん発音するようになり、二、三カ月のうちには、「またね」(遠からず再会する相手に向かってのみ)、「じゃあ、さよなら」(相手と実際に別れる時にのみ)、「やあ」(あるいは、「こんにちは」)、「アーニーにキスして」(アーニーはこのホシムクドリの愛称)、「何してるの」、「元気かい」、「おやすみ」、「好きだよ、ほんとに」、「いないいないいない、ばあ」などの言葉を、それぞれにふさわしい状況で、意味が通る形で口にするようになった。

このホシムクドリは、自分が明らかに嫌っている人たちに対しては、口をきこうとしなかったが、親しみをこめて交流しようとする人になら誰であれ、たとえば、「やあ、おはよう。こっちへ来てキスしてよ」などと、その時の状況で意味の通る話しかたをするので、それを聞いた人たちは、びっくり仰天するか、うれしい驚きに包まれた。このホシムクドリは、まだ生後二、三カ月にすぎなかったので、意味のある言葉を使うという点では、同じ月齢の幼児よりもはるかに早熟だったが、そのことに気づかされると、人々の当惑の度はさらに深まった。

その後、この女性宅を訪れた人たちは、このホシムクドリが英語の歌（たとえば「メリーさんの羊」）を口ずさんだり、好きなレコードに合わせて歌ったり、明らかに〝追いかけっこ〟のような遊びをしたがったり、頭をかしげ、体を動かし、まなざしで語り、羽毛をふくらませるなどして、自らの感情を身体言語ではっきり伝えたりする場面を目の当たりにすると、またまた驚かされたのだ。

◆とても社交的なコクマルガラス

巣から落ちたニシコクマルガラスのひなが、ジュリアン・リークというイングランドの少年に拾われた。すでにジュリアンは、鳥について書かれた本を読んでいたので、自然界で鳥を観察することに深い関心を寄せていた。[註3]ジュリアンは、両親と兄の助けを借りて、細かく刻んだ虫を食べさせ、家の中に置いた古い鳥の巣で、このオスのひなを成鳥にまで育てあげた。このカラスは、思いやりをもって育てられ、出て行くも留まるも自由という状態に置かれていた。時がたつにつれて一家は、しだいにこのカラスに魅了され、家に留まってくれたことを「喜び」かつ「誇りに思う」

ようになった。まだ幼鳥の頃、家族の人たちはもとより、鳥ではなく人間のようにふるまうという話を聞きつけて見物に訪れた人たち全員を、いつも驚かせていた。

この幼鳥は、非常に社交的だった。飛べるようになるまでは、他に誰もいなくなると、哀れを誘うかのようにガーガーと鳴きわめいた。飛べるようになると、いつも誰かがいるところへ、自分から飛んでくるようになったため、孤立状態でいることはなくなった。また、リーク家の人たちと一緒に、食卓で朝食をとった。その社交性は、ジュリアンとの親密な関係にも表われた。この若鳥と少年は、かくれんぼをして遊び、一緒に入浴した。

また、このカラスは、ジュリアンの肩の上に飛び乗り、クークーという小さな声を出し、ジュリアンの耳にくちばしをこすりつけるという日課も、欠かさずに行なった。この時のカラスは、「愛情表現に夢中になっている」ように見えた。カラスは、リーク夫人とも親しかった。夫人が家事をしていると、いつもついてまわった。ベッドを直そうとすればそこに乗り、床にモップをかければ、そのモップに飛びかかった。また、夫人がロンドンまで電車で出かけると、肩に乗ってついて行った。

このカラスは、自分の気持ちや感情をはっきりと伝えた。リーク一家が初めてかごに閉じ込めようとした時、自分の怒りをきわめて明確に表わしたため、一家はこのカラスを閉じ込めることは二度と考えなくなった。その怒りは、期待が裏切られた時や失望した時にもはっきりと見られた。その場合、たとえば、新聞を細かく引きちぎってしまうかもしれないのだ。その感情の表わしかたや身体言語から、一家は、カラスがどのように感じており、何をしたがっているのかがわかった。その感情は、たいていの場合、好意的ないし友好的なものだったが、無礼な扱いをされると、カラスは、その相手の爪に齧《か》みついた。自分が尊重さるべき存在だということを、相手に伝えようとしたのだ。（ただし、カラスにくちばしで齧まれれば傷ができてもふしぎはないが、誰であれ、実際に傷つけられたことはなかった。）

このカラスの若鳥は、テレビを観たし、はっきりとした番組の好みをもっていた。他の番組の時には眠っていても、特定の番組はいつも観ていたからだ。また、気に入った曲（一種のジャズ）が流れると、「激しく」踊り狂った。自分の歌を歌い、その録音テープを聴くことを喜んだ。カラスは、リーク家を訪れる人たちに大変な人気を博し、おおいに注目を浴びた。自分と接する人たちをたえず驚かせ、また喜ばせていた。このニシコクマルガラスが喜びにあふれているのがわかると、訪れた人たちもそれを喜んでいた。

◆大学教授とミミズクの友情

ベルンド・ハインリッチという動物学教授は、晩春の吹雪の後に、巣から転落して雪に埋もれていた、生まれてまもないアメリカワシミミズクを救い出した。[註4] 教授は、手厚い看護をして、このひなの健康を回復させたうえ、自力で生き延びられるところまで訓練した。それからは、ほとんど周辺の森で生活していたが、三年の間は、夏になると、教授の山小屋に時おり寝泊りしていた。アメリカワシミミズクは、「たとえ幼鳥であっても、獰猛《どうもう》で反抗的なので、飼いならすことはできない」[註5]

という点で、鳥類学者の意見は一致しているが、このワシミミズクと救い主の教授との間には、親密な関係――思いやり、気づかい、愛情――が生まれたのだ。ハインリッチ教授のフィールド・ノートには、次のような記述がある。

　ブボ［ワシミミズク］は、目覚まし時計のように朝四時三四分に、私の耳のすぐそばにある窓をつついて私を起こす。一緒に朝食をとり、私のホットケーキを少し食べる。……椅子の背に飛び乗るので、頭を軽くなでてやると、親しみをこめてホーホーと鳴く。それから、私の指をいつまでも齧んでいる。こうして、いつもの朝のふれあいを楽しんだ後、原稿に向かおうとするが、ブボは私の体と鉛筆の間に割り込んで来ようとする。［註6］
　ブボは、私に近寄り、膝に飛び乗る。三〇分ほど、鼻とくちばしをこすりつけ合ったり、くすぐり合ったり、なで合ったりする。［註7］
　ブボは私と乱暴な遊びをするが、結局はそれにあきると、私の両腕の上で横になる。時計を見て、一時間半も一緒に遊んでしまったことに気づく。それほどの時間がたったとは思えなかったのに。［註8］
　私が山小屋に戻ると、ブボはいつも、ねぐらにしている止まり木から降りて遊びにくる。……読書をしていると、本のページと私の指をかじろうとして、すぐ横に来てテーブルの上に止まる。その時を利用して、頭をかいてやる。［註9］
　ブボが発する音でいちばん魅力的に感じられるのは、多種多様の柔らかい抑えた声だ。それ

動物たちと一緒に暮らしていれば自然に教えられるものなのだ。[註10]

は、こうした親しみのこもった、具体的でささいな出来事なのであり、こういうことは、野生

の、とっておきの声なのだ。……友情の絆を築きあげ、共感と互いの理解を促してくれるの

が聞こえるのは、すぐそばにいる時に限る。この声は、内輪《うちわ》の、親しい間柄にある相手のため

飼いならすことができないとされている、獰猛で捕食性をもつ鳥とひとりの研究教授との間に、親しみのこもった遊びや喜び、愛撫、微妙な非言語的コミュニケーションをともなった、このような親密な関係が成り立つという事実は、人と鳥との交流が可能かどうかについて、これまで認められてきた考えかたと矛盾する。大学教授とワシミミズクの関係が教えてくれるのは、私たちのまわりにいる鳥たちの本当の姿がまだよくわかっていないということであり、私たちが鳥たちの知能や意識や人間的な特性を著しく過小評価しているということだ。

◆〝人〟格をもつインコ

一部の行動科学者は、自宅や研究室で放し飼いにしている鳥たちと、互いに相手を尊重し合う個人的関係を築きあげることに成功している。アレックスというオウムを対象にした、アイリーン・M・ペッパーバーグ教授の研究を、第1章で紹介しておいた。このオウムは、わが家になっている研究室で自由に生活しており、鳥ではなく人間のように、そこにいる人たちと交流しているのだ。

本節では、シェリル・Ｃ・ウィルソンという、もうひとりの行動科学者が、別の鳥で観察した事柄をまとめて紹介することにしよう。

ウィルソンは、学生時代に、自宅で放し飼いにしていた三羽のインコ（セキセイインコ）を丹念に観察していた。[註11] この三羽の行動も、鳥よりは人間の行動にはるかに似ていた。

◆セキセイインコのブルーバード

ブルーバードという名前のオスのセキセイインコは、一〇年の全生涯を通して、くわしく観察された。ブルーバードに目立って見られた特徴は、生きる喜びにあふれていたことと、器用だったことだ。非常に活動的だった日常生活のあらゆる側面で、喜びと器用さとを顕著に示した。とくに、楽しそうに歌い、飛び、遊び、テレビを観て、つれあいとのエロティックな結びつきを強く示し、ウィルソンとは個人的な友人として親しく接していた。その喜びや能力や知能は、幼時に幸運が続いたことからきているように思われた。

ブルーバードは、自宅で放し飼いのまま、〝かわいがって、だいじに〟育ててきたという一家から購入された。この時点で生後五週半になっていたブルーバードは、その大きな家にいたセキセイインコのひなの中では、いちばん活発に遊んでいた。すでに親鳥から離れてもだいじょうぶな大きさにまで育っており、適応が容易で新しいことを身につけやすい週齢に達していたのだ。[註12]

新しい環境の住人たちに、またその環境のすみずみにまで、二、三週間かけてしだいに慣れてくると、ブルーバードは、その家の中ならどこであれ、不安がることなく自由に飛んで行き、自由に出入りできるケージに自分で戻って来るようになった。そのケージが、ブルーバードの根城《ねじろ》になった。（夜間と、家に誰もいなくなる時だけは、保護のため、ブルーバードをケージに入れて鍵をかけた。）

ブルーバードが、速やかに、しかもみごとなまでに巧みにその環境に適応したのは、人間と一緒に過ごすという経験を幼い時に数多く積んでいたためなのだろう。ブルーバードは、健康的で危険のない環境（巻末の付録B参照）を提供してくれる、新しい家の住人たち（ウィルソンとその両親）から、敬意と思いやりとをもって、温かく迎え入れられた。

二、三カ月後にはブルーバードは、その時の状況にふさわしい英語の単語を正しく並べて、意味のあるコミュニケーションをするようになり、ウィルソンを驚かせた。たとえば、（自分のケージや他のドアを明らかに開けてほしがっている時に）「ドアを開けて」とか、（何であれ人が食べているものを、自分でも口に入れてみたい時に）「ちょっともらっていい？」とか、（シャワーが浴びられるように蛇口をひねってほしい時に）「シャワー浴びる」とかの、自分がしたいことを、はっきりわかる言葉で頼むようになったのだ。

ブルーバードは、きちんとした形で直接に言葉を教わったことはない。とはいえウィルソンは、ブルーバードと交流している時に、ブルーバードがあたかも言葉を理解しているかのように、たとえば、「ドアを開けます」と言いながらケージのドアを開けるなど、その時の状況にかなった言葉を、ブルーバードに向かってゆっくりと発していた。それに対してブルーバードは、まるで特定の言葉を知りたいかのようにふるまった。最初にウィルソンの口を注意深く見てから、自分でその言葉を言おうとしていたからだ。単語や言いまわしをくりかえし聞き、自分でその言葉をまねようと努力するにつれて、その発音はどんどん英語に近づいてきた。

まもなくブルーバードは、「ごきげんいかが」、「何してるの」、「どこへ行くの」、「こんにちは」、「さよなら」、「おはよう」、「おやすみ」、「すごく眠たそうな小鳥さん」といった単語や言いまわしを、それにふさわしい状況で発するようになった。また、「おすわり」とか「あなたのケージに入ってね」、「キスしてちょうだい」、「だめ」などのウィルソンの要求を理解して、それに従ったし、ウィルソンが名前を呼ぶと飛んできた。

その後、三歳でブロンディーというメスとつがいになった時、「キスして」とか「かわいいブロンディーちゃん」、「ブロンディーはとってもすてき」などという言葉を、それにふさわしい状況でブロンディーに向かって発するようになった。その生涯を通じてブルーバードが使っていた、以上のような基本語彙に加えて、長い間には、学習の程度に波はあったものの、新しい言いまわしも身につけ、数カ月から数年にわたって使っていた。それから、また別の事柄に関心をもつようになり、それにともなってそれまで知らなかった単語や言いまわしを身につけるようになると、それまで使っていた言葉を口にしなくなった。

ブルーバードは、習熟した自らの日常的な活動を、いかにも幸福そうに喜んでしていたが、その様子は、ブルーバードの歌や性的行動、多種多様な遊び、驚異的な飛翔能力を具体的に説明するとわかりやすい。

創造的歌唱――ブルーバードは、自分で作曲した歌や、人間が歌うのを直接に（あるいはレコードやラジオやテレビを通じて）耳にした歌を歌うのを、まちがいなく喜んだ。とても上手に歌い、その節まわしを聴けば、ブルーバードが歌うのを聴いたことのある者なら誰であれ、曲を簡単に聴き分けることができた。セキセイインコの声で歌ったが、リズムとメロディーとテンポは、それまでブルーバードが耳にしたものと同じだった。

ブルーバードが人間の音楽に目覚めたのは、生後四カ月の頃に、「ミスター・ブルーバード」という歌詞の入った（自分の名前と同じだと認識し、自分のことを言っていると解釈したらしい）曲（「ジッパ・ディー・ドゥーダー」）を聴いた時だった。それは、「まあ、何てすてきな日なんだろ……青い鳥〔ミスター・ブルーバード〕が肩に乗り……」という歌詞が、ブルーバードの個性にぴったり合った、楽しい曲だった。このレコードがかかると、時おり、曲の中に出てくる自分の名前に反応して、大きな声を出しながら、いかにも幸福そうにあたりを飛びまわった。また、「青い鳥が肩に乗り」の部分にくると、曲に合わせてその歌詞を口ずさむこともあった。

他の楽しそうな曲をウィルソンがピアノで演奏し、時々その一部を伴奏に合わせて歌うと、ブルーバードは、耳を傾け、ウィルソンを見ていた。

ブルーバードは、自分で作曲することもあった。それらは、メロディー豊かで、楽しく、朗らかなものだった。ブルーバードは、昼間、つれあいのブロンディーと休息している時、ブロンディーに向かって、主として、「かわいいブロンディーちゃん」のような歌詞の、柔らかなさえずりからなる、豊かなメロディーの〝セレナーデ〟を奏でることもよくあった。

性的行動——ブロンディーが、この家族のもとへ連れて来られた時、ブルーバードは生後三カ月だった。その時、ブルーバードは別室にいたため、ブロンディーは、ブルーバードのケージに入れられた。ブルーバードは、ブロンディーのいる部屋に飛んで来てその姿を初めて見た時、ケージの上に止まって、びっくりしているように見えた。ブロンディーの姿がもっとよく見えるように、首をあちこちにすばやく動かしていたからだ。それから、（ケージがやけどするほど熱くなったみたいに）突然ケージから飛び上がると、輪を描くような形でアクロバット飛行をしながら、興奮して大声で鳴き始めた。そして、ようやくケージに降り立つと、朗らかな調子で、ブロンディーに向かってピチュピチュ、キキキッ、ガガガッといった鳴き声を一気に浴びせかけた。まるで、興奮しながらブロンディーに話しかけているかのようだった。ブルーバードの行動は、〝ひと目惚《ぼ》れ〟を思わせるものだ。これは、人間の場合と同じく、セキセイインコの場合にも、どうやら稀《まれ》なことらしい。[註13]

ブルーバードとブロンディーは、陽気で喜びに満ちあふれ、満足そうに見える自然な性的関係を、速やかに発展させた。いつもは一時間ほど続く、長々しい前戯の間、ブルーバードはブロンディーに歌を聞かせ、セキセイインコの身体言語はもちろん、英語の言いまわしも使って話しかける。二羽は、〝愛の語らい〟らしきものにふけった。これは、会話のように、にぎやかに声を発し合うもので、ブルーバードは、「かわいいブロンディーちゃん。キスして」などの英語の言いまわしを、しばしばその間にはさんだ。ブルーバードが、「キスして」と声に出して言った時には、まさにその通りのことを意味していた。いつも、そのすぐ後に、一種類か二種類のキスが続いたからだ。二羽は、くちばしを一回以上ぶつけ合うか、双方の頭を横に向けてから、くちばしを開いたまま近づけ、舌をからませた（これは、人間が口を開いたまま行なう〝フレンチ・キス〟に似ている）。

ブルーバードとブロンディーの前戯が始まるのはたいてい、開いたドアの上にじっと座っていた二羽が、きわめて愛情深そうに寄りそった時だ。ブルーバードが楽しい歌を歌うと、ブロンディーは熱心に耳を傾けた。続いてブルーバードは、「かわいいブロンディー、キスしてよ」と言ってキスすると、その直後に、ブロンディーのまわりをジグザグに急旋回するアクロバット飛行を演じて見せる。それから、ドアの上にいるブロンディーのとなりに舞い降りると、ブロンディーがブルーバードににじり寄り、ドアの端まで逃げて行くブルーバードを追いかける。ブルーバードは、ブロンディーに口移しで餌をあげ、もう一度キスしてから、興奮した様子で飛びまわる。（瞳孔が収縮して）白目の部分が大きくなることに加えて、顔面と頭部の羽毛をふくまらせ、頭をすばやく上下させ、ひっきりなしに跳び上がり、ピチュピチュ、キキキッ、ガガガッといった鳴き声をあげる。楽しんでいるように見えることに加えてそれらも目安にすると、ブルーバードにはかなりの興奮が見られた。こうした一連の行動の多くが、バリエーションを変えながら数回くりかえされ、最後に交尾が行なわれるのがふつうだった。

交尾の際、ブルーバードはブロンディーの上に乗り、一方の翼で包み込むようにしてブロンディーを〝抱きしめた〟。ブロンディーが首を一八〇度回転させてブルーバードを見た後、二羽は交尾しながらキスし、顔と顔を向き合わせた状態のままでいた。交尾が頂点に達すると、二羽は、オルガスムに似た極度の興奮を示した。実際に、ブルーバードとブロンディーは、前戯と交尾に長い時間をかけていたことからすると、それらがかなりの快楽になっているように見えた。二羽は、毎日、前戯と交尾にふけっており、時には一日に二、三回もくりかえしていた。（セキセイインコのメスが抱卵するには、暗い巣穴や巣箱で一定の期間を過ごさなければならないが、ブロンディーには巣箱が与えられていなかったため、このように数え切れないくらい交尾したにもかかわらず、ひなは一羽も誕生しなかった。）

他にも、やはり驚くべき性的関係を示した仲のよいセキセイインコのつがいが、信頼のおける研究者によって観察されている。イマニュエル・バーメリンは、『新・セキセイインコの手引き *The New Parakeet Handbook*』という本の中で、説得力ある発言をしている。

求愛行動を見れば、二羽の鳥が互いに相手を受け入れた時点がわかる。……セキセイインコは魅力的なつがいを形成する。しばしば一緒に座り、羽づくろいし合い、くちばしをこすり合わせる。二羽は寄りそって座り、オスが、愛するメスに向かって歌い始める。……歌いながら、メスから五センチほど離れ、それからもう一度近寄ると、メスのくちばしを自分のくちばしで数回続けて軽く叩く。この行動は数回くりかえされ、そのたびに興奮が高まってくる。そのことは、頭をすばやく上げ下げすることからわかる。瞳孔が縮小し、頭とのどの羽毛がふくらんでいる。……もしオスの求愛が成功すれば、メスは交尾の姿勢をとる。……その場合、メスは、その場に釘づけになっているように見える。……すると、オスが片方の翼をメスを抱えるような形で広げて、交尾の動作をする。[註14]

ついでながらふれておくと、仲のよいセキセイインコのつがいできちんと観察されてきた、以上のような驚くべき性的興奮は、別種の鳥でも見出されている。しかしながら、こうした事実はこれまで一度も公表されたためしがなく、ジョゼフ・カストナーら、少数の人たちにしか知られていない。カストナーは、自らの鳥類観察史を紹介する自著の中で、次のように述べている。「ひとりの鳥類観察者は、〔イエスズメの〕つがいが、五秒の休憩をはさんで一四回も続けて交尾するのを数えあげた後、そのつがいを、不道徳なまでに性的関心が高く、〝愛欲に溺れており、オスは異常な性欲過多、メスは色情症〟にとりつかれているとして非難した」[註15]

鳥類学のどの教科書を見ても、鳥の前戯と交尾は機械的な行動であるかのように書かれている。たとえば、鳥はくちばしをぶつけ（あるいは、こすり）合い（キスではない）、排出腔を互いにこすり合わせ（性交ではない）、餌をあげるまねをする（口を開けたキスではない）と記されているのだ。しかしながら、ウィルソンが提供しているデータは、バーメリンらの総説で裏打ちされると、セキセイインコが、[註16]異国の人間社会で見つかりそうなものと驚くほど似かよった性生活をしていることが明らかになる。

セキセイインコが性的に早熟なこと——三、四カ月で性的に成熟することや、いつでも交尾できる態勢が整っていること——は、まさにオーストラリア内陸部のすみかで、種の存続をはかるのに必要とされる条件だ。気候条件が砂漠のように過酷なその地域では、きわめて幼い頃であっても、また一年のどの時点であっても、予測できない雨が降り注いで、得られる食料や水に、ひなを育てるのに必要なだけの余裕ができた時にはいつでも、鳥たちに交尾できる準備が整っていることが、絶対に必要な条件なのだ。

遊び――ブルーバードは、自分の遊び場で――ひとつのブランコからもうひとつのブランコへと巧みに飛び移り、はしごを昇り、おもちゃの手押し車をくちばしで押して――遊ぶのを喜んだ。また、ウィルソンが読んでいる新聞を、膝の上にすべり落とすといういたずらも好んで行なった。ウィルソンが書きものをしていると、ブルーバードは、しばしば鉛筆や紙やペンで遊んだ――紙の隅を齧《かじ》んだり、ペンをくわえて机の端まで走って、そこから床に落とし、ペンが落ちるのを眺めたりしていたのだ。

ブルーバードとブロンディーは、ウィルソンがベッドを整えている時にはいつでも、ベッドのシーツと毛布の間を、トンネルのようにくぐり抜ける遊びを喜んでしていた。ブルーバードが、テレビの〝アクション〟番組――とくに、複数の馬が全速力で駆け抜ける場面とか、牛の大群が押し寄せる場面、人間が闘っている場面――を熱心に観ている時には、頭と顔の羽毛を立てることをはじめ、まぎれもない興奮のしるしが見えた。

ブルーバードは、ブロンディーとウィルソンを羽づくろいすることも、好んでしていた。ブロンディーの頭と首の羽毛を、くちばしと舌を使ってつくろうのと同じ方法で、ウィルソンの眉毛と髪の毛をくしけずったのだ。またブルーバードは、ウィルソンに自分の羽毛をつくろってほしい時には、ブロンディーに頼む時と同じように――自分の羽毛をわずかに立て、頭を決まった角度に傾けることで――ウィルソンに頼んだ。

飛ぶのを喜ぶ――ブルーバードはいつも、まるで飛翔のあらゆる側面――その動き、練習、感覚、高度の飛翔能力にともなう最高度の性的興奮――が喜びであるかのようにふるまった。ブルーバードは、飛ぶことにかけては、非常に忍耐強く有能で、家中を――メインフロア、階段の昇り降り、屋根裏部屋、地下室を――毎日、猛スピードで飛びまわりながら、すぐれた曲乗りパイロットのように複雑な曲芸飛行を敢行したり、閉じたドアやフロアランプなどの障害物を避けるために急降下や急角度の転回《ターン》を行なったりして興奮を高めていた。喜びを表わすのに、猛スピードでジグザグ飛行をし、それから、スリル満点のアクロバット飛行で急降下や急角度の転回に入るという、独特な表現法を使った。

要するに、ブルーバードは、活動性やはちきれんばかりの喜びや能力を相当に高く示したという点で、独特な性格特徴をもっていた。自分の日課――飛ぶことや歌うこと、羽づくろいすること、遊ぶこと、愛すること、交尾すること、食べること、眠ること――に完全に没頭し、喜びつつ、それらを上手にこなした。つれあいにとってはすばらしい夫であり、ウィルソンにとっては愉快な仲間だった。ウィルソンに対しては、鳥というよりむしろ、人間の場合にこそありそうな姿勢で接したのだ。

ブロンディー

ブロンディーは、いつも、ブルーバードが聴かせてくれる歌にあたかも喜んで耳を傾けているかのように、また、ブルーバードを賛美し、常に一緒にいることを望んでいるかのようにふるまった。また、前戯や交尾に対しても、明らかに積極的だった。メスのセキセイインコは、言葉を身につけるという点ではオスのセキセイインコと同程度の能力をもっているが、ブロンディーは言葉を話すことはなかった。とはいえ、ブルーバードとウィルソンが自分に話しかけた英語の言いまわしは理解しているように見えた。メスのセキセイインコの中には、歌の上手な個体も一部にあるが、ブロンディーは歌が不得手で、ブルーバードが一緒に歌おうと誘った時にしか歌わなかった。また、飛ぶことに対してブルーバードが示す熱意にも、われ関せずという姿勢をとっていた。ブロンディーは、自分が行きたいところに飛んで行くだけだったのだ。

ブルーバードが死んだ時、ブロンディーが落ち込んだのはまちがいない。すぐに不機嫌になった（接触しようとしたウィルソンを叱りつけた）し、日常の活動を始めようともせず、何もしたがらないように見えたうえに、いつもよりたくさん食べ、眠ってばかりいたからだ。

ブロンディーの落ち込みを和《やわ》らげようとして、ウィルソンは、三歳になる、ラヴァーという名前のセキセイインコの成鳥を買い、自宅に連れて来た。最初ブロンディーは、このオスを完全に拒絶した――文字通り背を向け、何カ月もの間、相手のほうを見向きもしなかった――が、それ以降は、ラヴァーの存在をかろうじて黙認するようになった。「あなたじゃ、ブルーバードの代わりにならないのよ」とでも言っているかのようだった。ラヴァーとかかわりをもたなかったとはいえ、ブロンディーは結局、落ち込みから抜け出して、ウィルソンとそれまでよりも親しくなり、今や、いろいろな時にウィルソンとかかわるようになった。ウィルソンが勉強していると、机で遊び、首に体をくっつけてきて、膝に座り、愛撫されるのを喜んだ。

ラヴァー

ラヴァーは、ブロンディーに拒絶されると、すぐに驚くべきふるまいを見せ、毎日、この家にあるすべての鏡の前に飛んで行くという行動に、かなりの時間を費やすようになった。鏡の中の自分の姿が、あたかもメスの鳥ででもあるかのように行動し、鏡の映像を相手に、性的な遊びを楽しんだのだ。次の三点を考え合わせると、ラヴァーが鏡の中の自分の姿を、あえてすばらしいメスに見立てようとしていたことがわかる。ひとつは、オスとメスの顔には、見まちがいようのないはっきりした違いがある――オスだけが、あざやかな青色の蠟膜《ろう》〔上くちばしの根元を覆う肉質の膜〕をもっている――ことを、どのセキセイインコも完全に承知していることだ。第二点としては、鏡に突っ込むことは絶対になかったので、反射の特性に気づいていたという事実があげられる。第三点は、当然その鏡像がいつも不自然に反応していた――つまり、いつもラヴァーと同じ行動でしか反応しなかった――ことだ。

ラヴァーは、それが魅力的なメスででもあるかのように、たとえば、「やあ、かわい子ちゃん。こっちに来て、キスしてよ」(こうした言葉は、前に飼われていた家で教わっていた)などと、鏡に向かって話しかけた。鏡像との〝愛の語らい〟の合間に、〝彼女〟とキスし（くちばしを鏡にぶつけ）、時おりは〝彼女〟に餌をあげた（吐き戻した食物を〝彼女〟の口に入れた）。

孤独なセキセイインコが、鏡に映った自分の姿を性的対象にする場面を目撃した研究者は、他にもいる。『新・セキセイインコの手引き』の中で、アネット・ウォルターは、「鏡に映った鳥の姿は、孤独な時間を慰めてくれるばかりでなく、社会的欲求を満足させる機会も与えてくれる。たしかに鏡は性的衝動を呼びさますが、健康なセキセイインコなら、鏡がなくても性的に活発であるし、同じ目的なら、別のものを代用する」[註17]と述べている。また、同じ本の中でイマニュエル・バーメリンは、次のように書いている。

セキセイインコのつがいの間で、心のこもった愛のささやきが交わされる場面や、相互の愛情が育まれるようになるまでに、辛抱強い努力が重ねられる経過や、求愛の儀式や交尾が行なわれる場面を見たことのある者でなければ、満たされない本能を行為に表わすすべを、独身の鳥がどれほど必死に探し求めるものかは、本当の意味でわかるはずがない。……何千羽というセキセイインコのオスが、ぴかぴか光る物体に向かって必死に求愛を始める。……しかし、鏡では本当の慰めは得られない。自然の求愛行動では、二羽の間の行為は交互に起こり、ふつうは最後に交尾にいたるからである。[註18]

まもなくラヴァーは、自慰行為に使うための格好の材料を家の中で見つけ出した。それは、高さ四五センチほどのプードルのぬいぐるみだった。ラヴァーは、そのぬいぐるみの犬の（輪郭や大きさがセキセイインコのメスの背部によく似ている）鼻先の上にかがみ込み、鼻先を片翼で（セキセイインコのオスが、交尾の時に片翼でメスを抱くのと同じやりかたで）包み、ぬいぐるみの（メスの排出腔によく似ている）ボタンのような鼻の上で排出腔をぐるぐる回した。ラヴァーは、〝自慰的性交〟の間、いつも満足そうで興奮しているように見えた。大きな声を出し、ピチュピチュとかガガッと鳴いて、いかにも相手がメス鳥であるかのようにふるまったからだ。このような性的行動は、ラヴァーの一日のかなりの部分を占めた。一日に一〇―一二回ほど自分の鏡像に対して性的行為におよんだり、ふだんは少なくとも一日に一回、プードルのぬいぐるみを相手に〝自慰的性交〟をしていた。

ラヴァーは、毎朝、興奮しながら一日を始めた。ケージから出してほしいという合図に、必ず早朝に自分のベルを鳴らし、すぐに反応が返ってこなければ、「ドアを開けて。……急いで。……待たせないで」と叫び始めた。ラヴァーはいつも、鏡の前へ行き、それからぬいぐるみのプードルのところへ飛んで行くという自らの日課を、いそいそと始めた。ラヴァーは、ブロンディーやウィルソンやそれ以外の人たちと、かろうじてつきあっていたものの、代償的な性行為や交尾で満足しているように見えたし、落ち込んだり、怒ったり、機嫌が悪くなったりするようなことも一切ないらしかった。

ラヴァーはブロンディーに話しかけることはなかったし、それまでブロンディーの名前を呼ぶのを聞いた者もいなかったが、驚いたことに、ブロンディーが死んだ当日には、ブロンディーに対する気づかいや思いやりを表明したという。鏡とプードルのところへ行くのをやめて、まる一日、ブロンディーの遺体と一緒に過ごし、テーブルの上に置かれた遺体のまわりをまわりながら、「かわいそうなブロンディーちゃん。かわいいブロンディーちゃん」と、ブロンディーを思いやる言葉を発したのだ。

◆たくさんの野鳥との間に育まれた親密な友情

音楽学者のレン・ハワードは、自分の小屋のまわりの果樹園に棲む野鳥たちの日常生活を、一一年もの間、個人的に関与しながら観察していた。〔註19〕当然のことながら野鳥たちは、初めはハワードをこわがっていたが、その恐怖心を乗り越えさせるため、ハワードは、鳥たちに対して三通りの接触をした。

ひとつは、巣作りや水浴びにも使えるし、食べものがたくさん載せられて大きな食卓としても使える箱を、たくさん提供したことであり、もうひとつは、ナッツやチーズなどのごちそうを、手から直接に与えたことだ。残るひとつは、自分の小屋を鳥たちのために開放した――ドアや窓を開け放ち、食料と巣箱を室内に置いて、自由に出入りすることもできれば、そこで暮らすこともできるようにした――ことだ。

ハワードが手を差しのべ、友好的な態度をとった結果、鳥たちはハワードをこわがって逃げるようなことがなくなり、鳥というよりはむしろ人間のようなふるまいを見せるようになった。

この方法を採用してから三カ月ほどたった時、一羽の鳥が初めて小屋に入ってきた。ハワードが開け放ったドアの近くにいると、驚いたことに、アオガラが飛び込んできて、興奮してハワードの顔の前を飛びまわりながら、視線をハワードからそらさず、明らかに大きな問題を抱えていることを示す鳴き声をあげた。その時ハワードは、ドアのすぐ外側に、この鳥のつれあいがいて、自分のほうを見つめていることに気がついた。このつがいが助けを求めていると感じたハワードは、戸口から外に出た。

二羽の鳥は、ハワードの前方を飛び、自分たちの巣箱のほうへ導き、途中で何度も小枝に止まりながら、ハワードがついて来るかどうかを振り返って確認した。つがいが営巣している近くまで行くと、たぶんその周囲を荒らしまわっているネコのせいで、あたり一面に巣の一部が散乱しているのが目に入った。それを見たハワードは、巣箱に残っている巣の形を整え、卵を置き直してあげた。つがいは、すぐそばから、その様子を黙って見ていた。その一〇日後、ひなが誕生した。

この出来事からハワードは、ふたつの重要な認識を得た。ひとつは、この鳥たちが、人間をこわがるという自然な感情と、すぐに人間から逃げ去ろうとする自動的な姿勢とを抑制したのは、自分のことを、助けを求められる友人と判断してくれたおかげだという認識であり、もうひとつは、鳥たちの恐怖心がなくなるように人間のほうが心を開いて近づいて行けば、野性の鳥たちも、驚くほど人間的なやりかたで人間を理解し、人間と意志を通わせることができるという認識だ。[註20]

その後、ハワードは、数十羽ものさまざまな種類の鳥を、それぞれ全生涯にわたって――羽が生えそろい、自力で食物を手に入れ、飛びまわり、さえずり、つがいを形成し、子どもたちを育て、意志を伝え合い、互いに社会的関係をもつまでの経過を――ほぼ毎日観察していた。鳥たちとの関係がますます親密になったおかげで、観察の範囲が広がり、その結果として次の三通りの発見をするにいたった。

- それぞれの鳥は、はっきりした個性をもつ独自の個体であること。
- これまでまったく同じと考えられていた、同性同年で同種の鳥であっても、知能、力量、好き嫌い、行動のしかたや他者との交流のしかたなどの点で、各個体間には、とほうもなく大きな違いがあること。
- 巣を作ったり、交尾したり、卵を抱いたり、子どもを育てたりなどの、鳥類の専門家が自動的で型にはまった、完全に本能的なものと見なしている行動は、実際には臨機応変で変更可能なものであること。

ハワードが、親密な間柄という立場から、鳥を複数の世代にわたって連続的に観察してきた実例として、次に、三羽のシジュウカラ——母鳥（ジェーン）と二羽の娘鳥（カーリーおよびツイスト）——の生活史を要約して紹介することにしよう。

ジェーン

ジェーンは、非常に有能だった。何よりも、並外れた賢母だった。果樹園に棲む他のシジュウカラのメスの場合、ひと夏に二回も子育てできることはまれにしかないが、ジェーンにはそれが毎年できていた。ジェーンは、ふつうのシジュウカラの母親よりも、子どもたちの巣立ちに時間をかけていた。それによって、体をできる限り発育させ、巣立ち後に生き延びられる可能性を高めようとしたのだ。

ジェーンの最初のつれあいは、つがいを形成して四年目に、脚のけががもとで死亡した。その後、新しい相手を得たが、そのつれあいは、八羽のひなが巣立つ前にネコに殺されてしまった。そのためジェーンは、ひなたちを苦労して独力で育てあげた。

メスのシジュウカラがさえずることは、一般には知られていないが、ジェーンは、さえずりをしたばかりか、ハワードが一一年にわたって観察した、どのシジュウカラのオスよりも、信じられないほど歌が上手だった。ハワードは次のように述べている。ジェーンの「歌は、陽気で鈴を転がすような調子で始まり、それから調子を低くしてゆくが、それにつれて、しだいに柔らかく甘くなった。それは、風に乗って消えてゆく鐘の音を思わせた」[註21]

ジェーンと最初のつれあいは、互いに献身的に（あるいは、愛し合っているように）ふるまい、いつもそばにいて、どこへでも一緒に行き、ハワードの小屋にも連れ立って出入りしたし、しばしば互いに挑発的なしぐさで求愛ディスプレイをしていたという点で、多くのシジュウカラのつがいとは違っていた。

ジェーンは、六歳の年に、二回目の子育てを終えた後、疲れ果てているように見えたが、換羽後に体力の回復をみないまま、二、三カ月後に死亡した。

カーリー

ジェーンの娘のカーリーは、目立って臆病かつ優柔不断で、全般的な能力や性格という点で、母親のジェーンとは著しく異なっていた。

カーリーは、飛べるようになるとすぐに、母親のジェーンについてハワードの小屋を訪れた。最初から、カーリーは、ハワードをこわがらず、親密で個人的な関係を築いた。若鳥の時以来、ハワードの手から餌を食べており、ハワードのそばにいて、夜はベッドの手すりで眠るなど、ハワードが大好きになった。ハワードが別の鳥に餌をあげていると、カーリーはその椅子の下に隠れた。他の鳥がいなくなると、ハワードのふくらはぎを軽く齧《か》んで、注意を引こうとした。カーリーは、ハワードに名前を呼ばれた時にはいつでも、ハワードのもとへ飛んでいった。

カーリーは、ほとんどすべての鳥をこわがって避けた。その原因は、他の鳥と出会いざまに頭頂部の羽毛がむしり取られたという、巣立ちしたばかりの頃に起こった外傷的事件にまでさかのぼることができるかもしれない。自意識と劣等感の存在を強くうかがわせるカーリーの態度は、シジュウカラは自分の身を守るのに両足を使わなければならないにもかかわらず、カーリーの足は非常に小さいという事実に関係していた。カーリーに見られたきわめて顕著な特徴は、自分の両足やゆびを、自信なさそうにじっと見つめ、念入りに調べることだった。

他の鳥との関係に深刻な問題を抱えていたにもかかわらず、カーリーは、前後三回の巣作り期に、連続して三回つがいを形成した。しかしながら、三回とも悲惨な結末に終わっている。まず、最初の巣作り期には、一度も卵を産まなかった。また、ハワードが自分の目で見て推測できることから総合的に判断すると、カーリーは、どのつれあいとも交尾を避けてきたらしい。極端に煮え切らない性格のため、自分がどの巣箱で巣作りするかを考えている間、同種の他のオスがなわばりを求めて入り込んで来ないように、最初のつがいの相手には、結果的に四カ所もの巣箱を守らせることになった。

翌年には、新しいつれあいを相手に、同じような優柔不断がくりかえされた。そのオスは、しだいにがまんしきれなくなって怒り出し、結局はカーリーを見捨てて出て行った。

三番目のつれあいとは、実際に巣箱を決めるところまではいったものの、〝巣作りごっこ〟に終始してしまった。きちんとした巣を作ることもなければ、卵を産むこともなかったし、オスが交尾を求めると、いつも回避し、「一度として許さなかった」からだ。このオスも、やはり離れていった。翌年の一二月末、「カーリーはかわいそうに、近所のネコに殺され、その亡骸《なきがら》の一部は巣箱のそばで見つかった[註22]」。

ツイスト

ジェーンは、ハワードに二羽の娘――カーリーとツイスト――を同時に引き合わせた。ツイストは、カーリーと同じく、ハワードをこわがることは一度もなかった。巣立ち後まもなく、ハワードの膝に止まって居眠りをするようになったし、ハワードの手や肩に止まることもよくあった。ツイストは、ハワードにやさしくなでられるのを明らかに喜んでいるように見えた。ハワードは、ツイストが肩に止まっている時に、ツイストの背中越しに自分の頬を軽くかいたことがあったが、ツイストは、そこから動かずに、顔を上げてハワードの眼を覗《のぞ》きこんだ。

ハワードとツイストは、互いに意味のあるやりとりをしていることをはっきり理解していた。ツイストが肩に止まって、訴えるような表情で自分の顔を見上げた時にはいつでも、食べものを求めているということが、ハワードにははっきりわかった。また、ツイストがチーズとナッツ以外のものをほしがっていないこともわかった。それは、他のものを与えると、「部屋の向こう端に投げ飛ばして」しまい、それに背を向けて、もう一度、訴えるような表情でハワードの顔を見上げたからだ。

ツイストは、「私にキスして」というハワードの要求を理解していたようだ。それは、その要求をした時にはいつでも、しかもその時に限ってハワードにキスしたからだ。ツイストは、「少しチーズ〔あるいはナッツ〕をもらうよ」といった表現も理解していた。それらが保管されているところへ、期待に満ちた表情でまっすぐ飛んで行ったからだ。その行動が示しているように、たとえば、「〔食べるものが〕何もない」というような、それと同種の表現も理解していた。そのような時には、すぐにいらいらしたように見え、ハワードがいるのとは逆の方向にある止まり木に飛んで行き、ハワードをじっと見ていた。

同い年の姉妹のカーリーとは対照的に、ツイストは、まさに良妻賢母だった。毎年、少なくとも一度は子育てをした。ハワードが巣を訪ねる時にはいつでも、ツイストは、遠くからハワードの姿を認め、つれあいと一緒にハワードのところまで飛んで来て、肩や頭に止まり、ハワードがもってきたチーズやナッツを食べた。ツイストは、冬になると、ある程度の時間をハワードとともに室内で過ごしたが、四歳になる年、屋外で凍死してしまった。[註23]

鳥の個別性と個性

同じ種類の鳥でも、それぞれの個体を見分けるのは簡単だと昔から言われてきたが、一一年間にたくさんの野鳥と親密なつきあいを続けてきたハワードは、自分の眼で観察してきた経験から、そのことは本当だとくりかえし主張している。同種の鳥であっても、人間と同じように、動作や姿勢、感情、行動、個性といった点で、互いにはっきりと区別できる違いを、それぞれがもっているからだ。同性同年で同種の鳥であっても、食べものの好き嫌い、嫉妬深さや怒りや不安や幸福感、さらにはそれ以外の感情や情動を表出する傾向、遊びへの欲求、音楽的能力、賢明な方法で食物を得る能力といった点で、それぞれ異なっている。

ハワードはまた、何年もの間、たくさんの鳥たちが、小屋の中に置かれた巣箱で眠っているのを観察することができたが、そのおかげで、どれくらい眠るか、ぐっすり眠るか、安眠しにくいかという点でも個体差が大きいことを報告できた。知能という点でも、同種の鳥の間にも大きな違いがある。小箱を開けることについて最も賢い鳥たちは、それ以外の知覚運動的な問題を解決したり、「そんなことやめなさい」、「ベッドから離れなさい」、「おいで」などの言葉の意味を理解したりすることでも、最も賢かった。

他に例を見ないハワードの観察から、同種の鳥が生涯のあらゆる段階で、それぞれの行動に大きな違いのあることがわかった。たとえば、巣立ちを迎えたひなは、巣から初めて飛ぶ時に、自分のやりかたで生きてゆくという難題に直面する。どこに止まるかを判断し、どのようにして舞い降りるかを決め、食べものや夜を過ごすための隠れ家を探し、捕食性の鳥やネコのような危険を避け、上手に飛んで、またどこかに止まるという難業を次々とこなしてゆかなければならないのだ。

あるズアオアトリの両親は、羽が生えそろった五羽のひなに餌を与えるのをやめ、巣から離れるようひなたちを促した。四羽は上手に飛び立ち、すぐ隣の開けた場所を越えて、木の上に止まった。ところが、（後でわかったのだが）もう一羽は、たくましく、力強い羽ばたきができたのに、巣から離れず、「思い切って飛び出すのをこわがっている」兆候をいくつか示した。——身をかがめ、「顔を恐怖にゆがめていた」のだ。それから、

へなへなと巣の縁に崩れ、そのしぐさにも表情にも哀れさが漂っていた。……ようやく、このひなは、意を決した表情で身を立て直すと、翼を羽ばたかせて巣を離れ、長い距離を飛んで、［近所の家の］寝室に舞い降りた。……この幼鳥は、どんどん飛んで行き、［どうやら］いったん飛び始めてしまうと、今度はどこかに止まるという課題に直面することができなかったため、茂みや林を越えて、ついにその寝室まで行ってしまったのである。［註24］

ほとんどの鳥類の生活は、非常にペースが速く、危険と隣り合わせなほどに刺激的なため、鳥は、二、三年で、人間の一生に匹敵するほどの経験をする。脈が速く、体温も高く、視覚と聴覚

も鋭くて〝興奮気味〟で、その動きは、しばしば人間が目で追えないほどすばやい。鳥たちの生活が急速に展開し、かつ豊かなものであることは、ボールドヘッド《ハゲアタマ》という呼び名のオスのシジュウカラを見るとはっきりする。ボールドヘッドは、最初の交尾期に、同時に二羽のつれあいを得た。ところが、二番目のつれあいとひなたち（すべて死去）を見捨て、最初のつれあい（その年の冬に死去）と、もう一度子育てをしているのだ。

二年目には、新しいつれあいと二回の――最初は自分たちの八羽のひなの、続いては自分たちが助けた孤児たちの――子育てをした。三年目には、最初はつれあいと、二回目は単独で子育てをしている。（つれあいは、二回目のひなをかえした後、子育てに関心を失ってしまったらしい。林の中に飛んで行ってしまい、そこで食餌《しょくじ》や寝泊りをするようになったからだ。）四年目には、自分のなわばりに侵入して来た有力なオスとの闘いに敗れて重傷を負い、それ以来、片脚が不自由になってしまった。

五年目の初めには、新たに得た、活動的なつれあいによる引き立てとディスプレイとに力を得て、奇妙な叫び声をあげながら、さかさまにぶら下がって不自由な脚を空中でぶらつかせたりしたかと思えば、突然おそるべきスピードで競争相手に突っかかって行くという、奇想天外で独創的な攪乱《かくらん》戦法を使って、前年に失ったなわばりを取り戻した。

鳥類学の教科書には、ある種の若いオスは、年長のオスからさえずりを教わると書かれているが、その記述を見ただけでは、こうした授業の間に、驚くほど人間的な交流が見られることまではわからない。ハワードは、クロウタドリの成鳥が美しくさえずっている木に若オスが飛んで行き、となりに止まってそのオスを見つめながら、そのさえずりに耳を傾ける様子を報告している。若オスが近くまで来ると、成鳥はさえずりをやめる。若オスは、明らかに、いても立ってもいられないというそぶりを見せ、（クロウタドリが何かを望んでいる時にするように）くちばしを閉じたり開いたりしながら、自分（若オス）のほうをじっと見てさえずってほしいことを成鳥に伝える。成鳥が再びさえずり始めると、若オスは、じわじわと成鳥に接近し、顔を同じ方向に向け、さえずりに耳を傾けているという表情になって、成鳥の格好そっくりに羽毛をふくらませ、姿勢のわずかな変化をひとつひとつまねる。

さえずりは三〇分ほど続く。時々さえずりながら頭をわずかに回し、聞き入っている若鳥に目をやることを除けば、二羽はほとんど体を動かさずにいる。若鳥は、この音楽の達人から目を離そうとしない。二羽の鳥の顔には、深い満足感と熱意とが漂う。……ようやく［成鳥が］さえずりをやめ、体を伸ばし、跳びはねて枝の端に移る。若鳥は、成鳥が体を伸ばしたさまを正確に、細部にいたるまでそっくりまね、次いで成鳥にならってゆっくり跳びはねる。［註25］

野鳥の性的な行動も、鳥類学の公式文献に記述されている無味乾燥な経過とは驚くほど異なることが時おりある。ハワードは、そのひとつの実例を紹介している。クロウタドリのオスが、数週間もの間、クロウタドリのメスにつきまとい、開けた場所で上へ下へと追いまわす。それから、突然このオスは、クロウタドリのさえずりとされるものとは感動的なほど異なる、意外なさえずりを始めた。ハワードの証言によれば、それは、まるである種の苦悩から発せられたもののように、〝ヒステリック〟でおびえた感じに聞こえたという。オスは、この「ごたまぜのさえずり」をがなり立てながら、薪《まき》小屋の屋根の上で、小さな輪を描きつつメスを追いかけた。ハワードは次のように述べる。

> 追いかけっこのスピードが速くなればなるほど、オスはますます興奮してきた。首をまっすぐ伸ばし、頭の羽毛を立て、両眼をきらきら光らせ、くちばしを開けて、このように爆発的に聞こえる歌の一斉射撃をした。それに対して［メスは］、肩越しにちらりと見やりながら、オスをリードすることがよくあった。……いきなり、小屋のそばの枝に止まると、そこで交尾が行なわれた。[註26]

同じように爆発的でヒステリックな〝愛の歌〟が（小さな輪を描くダンスをすることのないまま）、クロウタドリが交尾する直前に歌われたことは、他にも二、三回あった。

ハワードは、鳥たちが細かい事柄を正確に伝え合うことを示す印象的な実例も示している。ハワードは、巣箱の屋根をうっかり持ち上げ、すぐに戻したことがあった。その巣箱で抱卵していたアオガラの母鳥は、それに驚いて巣箱を飛び出し、まもなく父鳥を連れて戻って来た。それから、この二羽は、人間の母親が父親のところへ走って行き、自宅の屋根に起こった出来事を話した時にとりそうな行動をとった。アオガラのオスは、巣箱に止まるとすぐに、その屋根を点検し、巣箱全体

を調べ、中を覗き、巣箱に戻って卵を抱いていたつれあいが安心を取り戻すまで、外で腰をすえて警戒していた。[註27]

一九五三年にハワードが、著名な生物学者のジュリアン・ハクスレーによる序文を得て、自著『小鳥との語らい *Birds as Individuals*』（邦訳、思索社）を出版した時、鳥類学者たちは、擬人的だとして、この本を明らかに無視した。同書は、鳥は機械的なクローンか、さもなければ自動機械同然のものにすぎない、という公式見解に反していたため、公式の教科書でとりあげられることはなかった。しかしながら、最近になって集められた科学的データの多くは、野鳥は人間に似ているというハワードの基本的結論と、それまで誰ひとり考えなかったほどみごとに一致するのだ。

科学的データが、ハワードの集中的、個人的、自然主義的な観察事実にようやく追いついた今、ハワードのひとつひとつの主張を、きわめて真剣に受け止め、今後の研究で検証しなければならない。新しい世代の科学者なら、たとえば、鳥たちは、体の動きや姿勢、身ぶりないしパントマイム、まなざし、微妙なくちばしの動き、大きな声や抑えた声、さらには一風変わった巧妙な方法によって、特定の事柄を細部にわたって互いに伝え合う、というハワードの主張を検証することによって、自らの自然観を根本から変革することができるだろう。[註28]

本書で伝えようとしている内容が世の中に広まってゆくにつれ、人類は新規まき直しをして、鳥や他の生きものたちとますます仲よく暮らすようになるだろう。鳥たちと親密な個人的関係を築きあげたレン・ハワード、ベルンド・ハインリッチ、シェリル・C・ウィルソンをはじめとする、これまで紹介してきた人たちは、そうした人類の先駆者なのだ。また、鳥たちと友だちになり、人間どうしのつながりと本質的に同じつながりを築きあげることに成功したこれらの人々は、人と鳥との間に親密なきずなを結んだ歴史上の人物の現代版とも言える。たとえば、アッシジの聖フランチエスコは、「多くの鳥たちを馴《な》らして、ペットというよりはむしろ友人にした。――ラヴェルナ山[註29]で親しくしたタカ、忠実なバン、コマドリの一家……犬のように従うヤマドリ……手飼いのカラス……」。

同様に鳥たちは、かつてリマの聖ローザ（一五八六―一六一七）のもとへ集い、その手や肩に止まった。また、うっとりするほどの声をもつある鳥は、日が沈むと聖ローザの窓辺に来て止まり、聖ローザとともに二重唱を奏でた。最初に鳥が、続いてローザが歌う。交代で一時間ほど歌ったが、「鳥が歌う時には、ローザは歌わず、ローザが歌う時には、鳥は声を出さず、全身を耳にしてその歌を謹聴していた[註30]」という。

第9章　鳥の知能の全体像

前章まで検討してきた数多くの研究成果は、次のような、七項目の非常に重要な結論にまとめることができる。

第一点は、「人間は高い知能をもっているのに対して、鳥は本能に支配されている」という思い込みの誤りが明らかにされたことだ。鳥類も人類も、種の特質が表われるように生まれながらにプログラムされていることが、最近の科学的発見によってわかっている。人間に、いかにも人間らしい行動をとらせるそれぞれの本能的なプログラム（たとえば、言葉を話し、直立二足歩行をし、人間と連れ添うようにさせる実行計画）も、鳥に、いかにも鳥らしい行動をとらせるそれぞれの本能的なプログラム（空を飛び、特定の巣を作り、同種の鳥とつがいを形成するようにさせる実行計画）も、知能や新たな学習による裏打ちが必要な、その場その場の判断を通じて実現される。

人間の子どもは、自らが置かれた環境から発せられる特定の（人間的な）音に注意を向け、知的に学習し、それをまとめあげることで、自らの言語本能の不足を埋めるが、本質的にはそれとまったく同じく、幼い鳥は、太陽や星、風、地磁気などの自然現象を通じて得られる情報に注意を集中し、知的な学習を重ね、それをまとめあげることで、自らの渡り・航行本能の不足を埋めるのだ。

第二点は、鳥の認知能力がひどく過小評価されてきたことだ。鳥も、人間のように、ものごとを一般化し、抽象的な概念や非言語的な概念を形づくり、多くの情報源をより分け、まとめあげることができる。一般に鳥たちは、過去の情報を、人間と同じように的確に記憶する（あるいは〝蓄える〟）。自らが置かれた生態的地位の中で役立つ場合には、鳥は、おおかたの人間よりも優れた長期的な記憶能力を発揮することもある。

第三点は、鳴き声やさえずり、さらには眼や鳥冠、くちばし、羽毛、翼その他の、鳥の体に発生するあらゆる微妙な変化などの複雑な身体言語を使って、鳥が群れの仲間たちに伝えるべき事柄を伝える（あるいは〝話す〟）ことだ。鳥たちは、自分の群れの仲間に、自他に関係のあることや関心のあることは何でも伝える。

研究が進展して鳥類の行なうコミュニケーションの解明が進むにつれ、鳥たちが自分の体や声を通じて、生活するうえで重要な事柄をすべて〝話し〟合っていることが、ますますはっきりしてきている。野外環境で生活する原始的な人間のように、鳥も、日常生活で大切な事柄――雨、動物、食物、水、つがいの形成、子どもなど――について互いに〝話し〟合う。

オウムやインコやムクドリのように、人間が使う音声が発音できる器官をそなえた鳥たちは、人間にとって意味のある言葉で話すこともできる。鳥たちが意味ある言葉をどこまで話せるようになるかは、まず何よりも、人間が鳥と深くかかわって、鳥との間にきずなを結び、鳥に向かって、その場面に応じた語りかけを意図的にくりかえしつつ、単語や言いまわしを教えようとする努力を、どこまで辛抱強く重ねるかという点にかかっている。証拠が示すところによれば、人間が鳥の発声や身体言語を理解できるようになるのとまったく同じように、鳥も、人間の発声や身体言語の意味を理解できるようになる。

第四点は、「鳥は本能に操られる機械だ」という思い込みのおかげで、従来の研究者が鳥たちの行動に柔軟性のあることを見落としてきたという事実が、今やはっきりしてきたことだ。これまで集められた証拠からすると、鳥たちの行動は柔軟性をもっていることが、すでに明らかになっている。冬と夏のすみかで、自らの行動の事実上すべての側面を、賢明かつ臨機応変に変更するところに、その柔軟性を見ることができる。たとえば北のすみかでは、それぞれ孤立した生活を送り、日中に活動し、昆虫をとらえて食べるのに対して、南のすみかでは、社交性をもち、夕暮れ時に活動し、果実を食べるというふうに、その生活パターンを変えるのだ。

鳥たちの柔軟性は、食物の入手しやすさにともなって、その行動が根本的に変化するという事実に見ることもできる。――すなわち、食物が不十分な時には産卵も抱卵もせず（鳥の〝産児制限〟）、食料が十分な時には、平年よりもたくさんの子どもを育て、親鳥とひな全員にゆきわたるほどの食料がない時には、一番虚弱なひなに餌を与えないのだ。鳥たちの柔軟性は、同じ種類の鳥でも、その地域にどのような捕食者が棲んでいるかによって、巣の作りかたが違うという点にも表われる。

第五点は、自然環境の中で鳥類は、人間の子どもの遊びに似た、さまざまな遊びを楽しんでいることだ。いつの日か、人間の子どもが、鳥と一緒に楽しく遊べるようになる時が来るかもしれない。また、一羽一羽の鳥は、ひとりひとりの人間と同じく、それぞれ唯一無二の存在なので、人間の子どもは新たに鳥と知り合うたびに、まったく異なる文化圏から来た人と知り合いになるのと同じくらい、興味深く思うかもしれない。次世代の人間は、アフリカのピグミー民族やオーストラリアのアボリジニー、アメリカのホピ民族、サモア諸島の人々と初めて親しく交わった、一〇〇年前の文化人類学者が、実地調査のさいに経験したのと同種の、わくわくするような喜びを味わうことになるかもしれない。

第六点は、鳥が、人間と同じ基本的な感情や情緒を経験していることだ。——鳥は、満足することもあれば幸福感を感じることも、さらには恍惚とした状態になることもあるが、その一方で、悲しみや絶望感やみじめな思いを味わうこともある。また、親としての情や親密な友情、エロティックな愛情を表出することもある。鳥は、つれあいに対しても、子どもに対しても、兄弟姉妹に対しても、病気や傷害を抱えている群れの仲間に対しても、さらには、他の種に属する（ホモ・サピエンスも含む）相手に対してすら、気づかいややさしい思いやりを示すこともある。（親しい間柄になった鳥たちは、人間の子どもと友だちになるばかりか、子どもたちを思いやり、子どもたちに対して好意と愛情を示すこともある。）

第七点は、鳥たちには、人間とまったく同じように、美しいものに対する感覚、すなわちあらゆる点に対して美的感覚があることだ。鳥は、自分で歌を作曲して歌うこともできれば、二重唱や三重唱や四重唱、さらには交唱ないし多声で五重唱を行なうこともできる。

◆鳥たちが人間よりもすぐれている点

鳥は、先進工業社会に住む教育ある人間よりもすぐれた能力をいくつかの方面でもっている（部族社会や非工業社会に住む、書き言葉をもたない人間のほうがすぐれている点もあるが）。この場合のすぐれた能力には、たとえば次のようなものが含まれる。

鳥は、特別の補助具や道具類がなくても、屋外で生活の糧を得て、家族を育てることができる。自然環境から、巣作りのためのさまざまな材料や十分な飲料水を、また食欲旺盛で成長の早いひなたちと自分自身を養ううえで、適度な大きさで適切な種類の食料を調達することができる。家作りに適した材料を探し、寸分の狂いもなくそれを組み合わせるという工程に相当な時間をかけ、かなりの労力を注いで、安全で安定した家を建造することができる。自分のすみかを造るさいに、鳥たちは、特別の道具も必要とせず、仕立て屋や石工《いしく》その他、人間の職人がもつ技術を発揮することができる。

渡りや帰巣をする鳥は、自然環境で見つかる情報を使って、正確な方角と正確な時間経過を知ることができる（〝鳥類コンパス〟と〝鳥類時計〟）。鳥は、自然界の情報を使って、気圧や風のパターン、地磁気、偏光のパターン、かすかなにおい、太陽の動き、星の配列と動き、超低周波音、とらえにくい地上の目標物などを〝読む〟ことができる。こうした自然の手がかりを使って、非常に原始的な部族生活を送る人々や現代人よりも、はるかに的確に飛行経路を見つけ出すことができる。

全体として鳥は、人間よりも敏捷《びんしょう》で、上方や下方、あるいは側方から近づいてくる危険に対して、人間よりもすばやく反応する。その生活のテンポは、速いというか加速されている。多くの種類の鳥たちは、人間よりもかなり速いペースで生涯を駆け抜けるのだ。また、人間よりもはるかにたくさんのことを、短い生涯の中に詰め込んでいる――人間よりも速く成長、代謝、成熟し、(時には生後わずか二、三カ月で)交尾、繁殖し、人間よりもはるかに早く死ぬ。このような時間的な高速性のために、ほとんどの種類の鳥は、短い生涯の中で、もっとペースが遅くもっと長い生涯の中で人間が経験するのと同じくらい、たくさんの経験をするのだ。[註1]

◆人間が鳥たちよりもすぐれている点

鳥は、さまざまな点で人間よりもすぐれているが、人間も、すぐれた能力をもっている。それはとくに、道具の作製と言葉だ。

鳥は、特定の生態的地位の中で役立つ場合には、簡単な道具を作ることがある。しかしながら、〝原始的〟な、あるいは部族生活を送る人間は、巧みに操れる高度に発達した手や、考えをめぐらすというすぐれた能力、脳・眼・手のすぐれた協調のおかげで、鳥が作るよりもはるかに手の込んだ複雑な道具を作り出すことができる。また、〝洗練された〟現代人は、高度に発達した道具を作り出す能力と、同じく高度な発達をとげた、思考し象徴化する能力とを組み合わせることによって、鳥の能力をはるかにしのぐ、今日の科学技術の高度な道具を作製してきた。

部族生活をしている文字をもたない人間は、話し言葉の単語を、考えや出来事や物品を表わしたりその〝代わりになる〟象徴《シンボル》として用いる、複雑な言葉をもっている。口から発せられるこれらの象徴によって、抽象的な観念や微妙な考えや情報を、人から人へと速やかに、しかも的確に伝えることができる。鳥も、自分の意図や考えを鳴き声や身体言語を通じて伝えるが、鳥たちの言葉は、部族生活を送る人間の言葉よりもはるかに具体的であり、抽象度は低いように見える。

象徴化という特性は、科学技術社会において極端なまでに発達した。現代人は、大量の抽象的な概念を的確に表現したり伝達したりするために、話し言葉、聴覚障害者の手話、書き言葉、モールス信号、点字、テレビ画像、コンピュータ画像などの多種多様な象徴を使う。このように象徴的な情報を後の世代に伝えることは、人類文化の礎《いしずえ》だ。象徴を基盤とした社会システムには、宗教、芸術、教育、法律、社会経済的な政治体制などがある。文化人類学者が一〇〇年近く前から強調してきたように、書物や文書、彫刻、民話、論文その他の媒体に思想を「記録」し、それを文化的知識の蓄積として未来の世代に伝えるという点で、人間は他の種と違っている。他の動物たちは、記録した知識を世代を超えて伝えることはしないので、過去の考えは失われる。そのため人間は、動物たちが何も考えていないと思い込んでしまうのだ。[註2]

第10章　なぜ鳥は完全に誤解されてきたのか

なぜ人間は、鳥の基本的な性質を誤って判断してきたのだろうか。事実上すべての人間が、鳥は人間よりも、はるかに機械に似ていると誤って信じてきたのは、なぜなのだろうか。最も進歩的な思想家たちが、「われわれは、宇宙で唯一の知的生命体なのか」と、何とも能天気に問うている時、その思想家たちに存在を気づかれることなく窓の外で営巣している鳥たちのほうが、むしろその人たちの存在に完全に気づいているうえに、厳しい自然界で知的に行動できているのは、どうしてなのだろうか。このような完全な誤解が起こっていることには、驚くべき理由がたくさんある。本章では、その理由を公平な目で眺めてみることにしよう。

◆個としての鳥を知らないこと

自然界に棲む特定の鳥と個人的レベルで親しくなるような人は、非常に限られている。人間が野生の鳥と交流しないのは、事実上すべての鳥が人間を恐れているために、人間をあまり寄せつけないからだ。主として一七〇〇年代に見られたまれな例外は、人間が足を踏み入れたことのない太平洋の孤島に棲む鳥たちだった。初めて人間が近づいた時、逃げることをしなかったのだ。人間と環境を共有する野鳥は、今では、人間が近づくとすべてすぐに逃げてしまうことからすると、人間は自分たちを傷つける可能性があるという、一般的な現実を知っているに違いないし、人間は自分たちを殺して食べてしまうだけで、自分たちのことなど何とも思っていないという、具体的な現実を知っているのかもしれない。

偉大な生物学者ジュリアン・ハクスレーは、深い思索の末、「鳥がその恐怖心を捨て去るようになった時に初めて、人間の観察者が鳥の生活の秘密に分け入って、その知能の度合を明らかにすることが真の意味で許される。生物学の専門家は、この点を十分に心しておくべきである」[註1]と強調している。ハクスレーの忠告を心に刻んだ鳥類生物学者や鳥類学者、比較行動学者、比較心理学者は、どれほどいるものだろうか。人間を恐れない特定の鳥の生活や行動について報告した者は、実際にはほとんどいないのだ。（その例外については、第1、5、8章で紹介しておいた。）

今日にいたるまで、鳥類科学は、鳥類種の行動や習性について集めた膨大なデータを提出しているが、個々の鳥の生活に関するデータは、事実上存在しない。鳥類科学者が特定の鳥の行動についてくわしく説明する場合、あくまで種の一員としてとらえているのであって、時間の流れの中で生活する個体としてとらえているわけではない。このような誤ったとらえかたは、鳥はプログラムされたロボットのようなもので、同性同年で同種の鳥の行動は大同小異であり、「一を知れば、十がわかる」という、まちがった思い込みから生じたものだ。

個々の鳥についてまったく知らないのは、何も科学者だけではない。さまざまな点から判断して、〝文明国〟に住む人々の事実上全員が、鳥を個別に考える価値がないと思い込んでいるのだ。その重要な理由のひとつは、「科学がそう言っている」というものだ。科学は、かつての宗教のように、現代人の考えかたに影響を与えているが、その結果として、科学者以外の人たちは、「鳥はとるに足らないものだ」と当然のごとくに思い込んでしまう。それは、鳥は機械のようなものだと公認の科学が公言しているのを、現代文化圏に住む一員として知っているためなのだ。

ここで、現代科学が抱える大きなパラドックスのひとつに突き当たる。鳥に関する科学的データは、鳥綱《ちょうこう》〔鳥類全体を含む脊椎動物門の下位区分〕の一員としての、あるいは特定の種の一員としての鳥を対象にしたものだ。そうしたデータから、鳥類一般の特徴や、特定の種の本能や習性に関する有益な知識を得ることはできる。

しかし、オウムのアレックスを対象とした研究のように、注目に値する数少ない例外を除けば、〝ハード〟な科学的データが、独自の個性と生活経験を合わせもつ個々の鳥の理解に役立つことはない。それは、別の惑星から来た知的生命体が、地球上の人類を研究し、人類一般について妥当な結論——たとえば、人類は一般に、狩猟や漁業に従事し、野生の植物を採取して、家畜を飼い、農業を営むことによって、どのように食料を得ているか、あるいは、戦争でどのように殺し合いをするのかという結論——を導き出しながら、ひとりの人間の個性や独自の経験にはひと言もふれないのと同じようなものだ。

（第8章に紹介したS・C・ウィルソンの報告のような）ごく少数の例外を除けば、人間と飼い鳥の間にも個人的関係は成立しないか、成立したとしても、きわめて表面的なものにすぎない。飼い鳥は、ふたつの明確なカテゴリーに分けられる。人間の食材として飼育されるニワトリやシチメンチョウと、鳥かごや大型の鳥小屋で飼われるペットとしての鳥だ。まず最初に、人間は家禽《かきん》とどのような形でかかわっているのかを、続いて、人間はかごに閉じ込めたペットの鳥について、どのように感じているのかを見てゆくことにしよう。

◆飼育される鳥たち

家禽――食肉と卵を得る目的で農家で育てられるニワトリやシチメンチョウは、いくつかの理由から個体と見なされていない。まず第一に、飼い主や取り扱い業者は、そうした家禽を、意識をほとんどもたない存在と見なすよう強く迫られる。食肉にする目的でこれらの鳥をつぶして販売しなければならないので、この鳥たちが感情や意識をもっていると考えるのは、非常にわずらわしいことだろう。

第二点は、科学者を含むあらゆる人たちから聞かされてきたおかげで、養禽《ようきん》農家を営む人たちは、鳥はロボットのようなものだということを〝知っている〟ことだ。

第三点としては、飼育されるニワトリやシチメンチョウは、〝身体障害〟を抱える鳥だという事実があげられる。数千年の昔から、人間は、こうした鳥たちの食料供給やなわばり権や交配を筆頭として、その生活のあらゆる側面を管理してきた。そして、早く大きく成長し、肉が多く、骨が軽量で扱いやすく、最低限の知能しかもたないように品種改良されてきた。その結果、鳥として本来もっていた重要な部分が失われ、セキショクヤケイや野生シチメンチョウ（ニワトリとシチメンチョウのそれぞれの原種）とは著しく異なってしまっているのだ。長らく奴隷状態に置かれてきた、言いかえれば〝家畜化された〟ニワトリやシチメンチョウは、もはや野鳥のようには行動しない。性的能力を奪われているも同然で、人間の手助けがなければ生活できないし、自然に帰されれば、すぐに死んでしまう。[註2]

ニワトリとシチメンチョウは、生存能力と本能的な知能の重要な部分を奪われてしまってはいるが、いぜんとして驚異的な心理的能力をそなえている。たとえば、〝学習のための学習〟（目の前の課題のためばかりでなく、後に直面することになる課題にも効率よく対応できるようにするための学習）の公式実験で、予期しなかったほど高い（霊長類を除く哺乳類と変わらないほどの）知的水準を示しているのだ。この実験では、最初に問題解決のための一般原則を学習し、次にそれを利用して別の形で示される同種の問題を解かなければならない。[註3]

また、どの群れにいるどの雌鶏《めんどり》でも、その群れがいかに大きくても、他の個体をすべて知っており、他のすべての個体との間で優劣の関係が、互いに合意のうえで成立している〝つつきの順位〟をもっている。この順位は、ふつうは実際の闘いで決まるが、闘いの脅しだけで簡単に決まることも時おりある。その場合には、より攻撃的で自信に満ちたメスが勝者となる。

身分的な階層性は、きわめて実用的な目的にかなっている。群れの中で、いつも闘いが起こるのを未然に防ぐことができる。どの個体も、飼料樋《ひ》や砂浴び場での自分の順番や、鶏舎《けいしゃ》での居場所がわかるからだ。（雄鶏《おんどり》も、独自の身分的階層性をもっている。これも、同じように個体どうしの闘いで決し、順位の高いオスは、下位のオスたちよりも交尾の回数が多い。[註4]）

かごの中のペット――かごで飼われているペットの鳥も、それぞれの個性が認められているわけではない。本来は自由であるべき鳥が、自分の二〇倍ほども背が高く、容積も一〇〇〇倍ほどある巨人に身柄を拘束されているのだ。鳥をかごの中に永久に閉じ込めている人間は、世間一般の人たちと同じく、鳥は本当の（自由になりたいなどの）感情をもたない、刺激に対して反応する機械にすぎないと、当然のごとく思い込んでいる。

飼育魚が水槽にいるのと同じように、鳥はかごに入っているものだと最初から決めてかかるのも妙だが、鳥をかごに入れて飼っている、教養ある人物が、「これは飼いならしたかごの鳥であり、野鳥ではないので、かごの中のほうが居心地がいいし、鳥はこの居場所に慣れている」と語ったことからもわかるように、これは、広く一般に見られる態度なのだ。

「私を、何の感情も意識もない機械のようなものと見なして、かごに閉じ込めている巨人は、どれくらい私のことを理解しているのだろうか」という、鳥の側からすればもっともな疑問をまともにとりあげる人間は、誰ひとりいない。（本書巻末の付録Bに目を通して、最小限の危険で鳥を自宅で放し飼いにする方法をあらかじめ頭に入れておいたうえで、ペットの鳥をかごから出して自由に飛ばせてあげてほしい。）

◆大きさにまつわる虚偽

大多数の人には、小さなものに知能や意識があるはずがないという思い込みが、深く浸透している。人間と同じくらいの、あるいは人間よりも大きい哺乳類――チンパンジー、イルカ、クジラ、ゾウ――なら、ある程度は知的な意識をもっていると思うかもしれないが、鳴禽類のように小さな生物が知的意識をもっていると考えるのは、非常に難しい。

知能をもつためには、最低でもある程度の大きさが必要だ、という一般通念はまちがっている。生体の各器官の間に適切な関係が保たれていれば、体が小さくても、その知能や意識に影響がおよぶことはない。身長約四五センチという、これまでの最小記録をもつ成人は、身長三メートルという最大の成人と、知的意識という点では変わらなかった。開張（羽わたり）五センチほどの、現代最小のトンボが、〔三億四五〇〇万年前から二億八〇〇〇万年前までの〕石炭紀に棲息していた、開張が六〇センチを超える巨大トンボよりも、活動性が劣っていることを示す証拠は存在しない。

また、動物分類学上の門のレベルで比較すると、鳴禽より体が小さい種も少なくない、最小の哺乳類であるトガリネズミ属は、最大の軟骨魚であるサメと比べても、同等以上の知能をもっている。昆虫の中には、一部の原生動物より小さいものもあるし、脊椎動物の中にも、一部の昆虫より小さいものがある。また、ダイオウイカ属をはじめとする無脊椎動物の中には、ほとんどの脊椎動物よりもはるかに大きいものもある。[註5] どれほど小さな、あるいはどれほど大きな動物なら、意識や知能をもつのかもたないのかという問題は、明らかに、思い込みや信念によってではなく、証拠によって決着をつけるべき問題なのだ。

◆「小さな脳」にまつわる虚偽

鳥についての誤解は、大手を振ってまかり通っている〝「小さな脳」にまつわる虚偽〟や、それと同様の〝「小さな大脳皮質」にまつわる虚偽〟にも起因している。後者は、次のような三段論法に基づいている。

大脳皮質は知能の座だ。
しかし、鳥の大脳皮質は非常に小さい。
したがって、鳥にはごくわずかな知能しかない。

大脳皮質は人間の特殊化した知能の一部の座であって、必ずしも他の動物種の知能の座ではないという事実からすると、この論法はまちがっている。人間は、大脳皮質を発達させ、それは手による道具の操作や象徴化のような特殊化を生み出した。鳥は、高線条体という脳の別の部位を発達させて、道具を使わない航行をはじめとする特殊能力を生み出した。鳥の場合、高線条体が大きくなったのは、人間の場合、大脳皮質が大きくなったのとまさに同じことなのだ。[註6]

かなり研究されてきたカナリアのような一部の鳥の脳は、人間の脳にはない驚くべき能力をもっている。これらの鳥の脳は、ある行動が必要な時に大きくなる。毎春、オスのカナリアが、まったく新しい歌を作曲して自分のレパートリーに加える時に、〝最高位の発声中枢〟がものすごく肥大することが、最近明らかになった。脳のこの部分は、歌を作曲する役割と、歌を奏でる筋肉を制御する役割とを担っている。秋になり、作曲と歌唱が翌春まで中断されると、肥大していた最高位の発声中枢は、半分ほどの大きさにまで縮小し、翌春に、再び二倍ほどの大きさにふくれあがるのだ。[註7]

要するに、鳥の脳は知能をもつには小さすぎる、あるいは知能をもつのに必要な特定の構造をそなえていないという古めかしい主張は、脳一般に関する、とくに鳥の脳に関する無知によるものなのだ。また、たとえ鳥の高線条体が肥大せず、必要な時に鳥の脳がふくらむことがなかったとしても、小さな脳や小さな体のために、鳥が、大きな脳や大きな体をもつ動物よりも、知的意識をともなう行動ができにくいと主張することは、やはり不当だろう。それは、リヒテンシュタインのような小さな政府の小国は、巨大な政府をもつ中国のような大国よりも、国際舞台で、知的意識をともなう行動ができにくい、と強弁するのと同じように不当なことなのだ。

◆本能にまつわる誤解

鳥の本質を誤解することは、本能というものの本質を誤解することにつながる。第3章でくわしく紹介しておいたように、この三〇年ほどの間に蓄積されたデータは、鳥が本能的な存在であるのに対して、人間は知的な存在だという考えかたがまちがっていることをはっきりと示している。では次に、鳥と人間の本能と知能をもっとくわしく見てゆくことにしよう。

人間を含めたすべての動物は、命をながらえ、自らの生態的地位の中で子孫を残し、自らの種に特徴的な行動をすべて実行するために必要な本能を、数多くそなえている。鳥は、空を飛び、鳥類の流儀に従ってつがいを形成し、それぞれの種に特徴的な鳴き声と身体言語を使って自らの意志を伝える本能をもっている。人間は、二足歩行をして、人間の流儀に従ってつがいを形成し、人間の音声言語と身体言語を使って自らの意志を伝える本能をもっている。

人間を含めたすべての動物は、複雑で次々と変化してゆく環境に本能を適合させる、その場その場の知的判断によって、それぞれの本能の不足が補われるのだ。鳥は空を飛ぶための、人間は歩くための本能をもっているが、どちらの場合も、それぞれの本能が、その場その場の判断や長期にわたる訓練によってその不足を補われ、研《と》ぎすまされる。（しかしながら、本能を環境に適合させるという点では、ある程度の例外がある。人間を含むすべての動物では、食物を得ようとする本能は、ほとんど練習しなくとも、生誕時にきちんと働かなければならない。誕生のほぼ直後には、早熟性の鳥は餌をつつくことができるし、晩熟性の鳥は口を大きく開けて餌をねだることができるし、人間の赤ちゃんは乳を吸うことができる。もちろん、食物を得るためのこうした三通りの方法は、練習を重ねることによって、さらに磨きがかけられる。）

人類が誇る言語・象徴的な知能は、じつは本能的なものだという、きわめて重要な発見によって、本能の本質は、非常に明らかになった。皮肉なことに、この特殊化した本能的な知能は、人間の読み書き話す能力の、さらには、人間のすべての文化的システム――科学、宗教、哲学、数学、美術、文学、社会経済的・政治的構造など――の基盤になっている。他の動物との違いをきわ立たせる、人間特有の事実上すべてのものが、特殊化した本能的な知能――言語・象徴的な知能と手工具を用いる知能――の産物なのだ。他種との違いをきわ立たせる、こうした種に特有のすべてのものが、事実上どの種の場合でも、その本能的な知能によって生み出されるということには、深い意味がある。

ここで、ビーバーについて考えてみよう。ビーバーは、水中工学的な知能を本能的にもっているという点で、他のすべての動物と違っている。その知能は、すぐれた設計のダムを造ることを通じて、環境を自分に都合よく作り変えることのできる能力の基盤になっている。ビーバーは、せき止めた水を利用することによって、食料供給地まで掘割《ほりわり》を通し、冬季には氷の下に食料を貯蔵する空間を確保できるうえに、四方が水面に囲まれているため、捕食者からの二重の安全が約束される、自分たち一家が住むための丈夫な家をつくる。

人間の幼児は、自分が耳にする単語や文法に注意を向け、それらを学び、練習し、使うことで、自らの言語本能の不足を補う。本質的にはそれと同じように、幼鳥も、自然界に存在する情報に注意を集中し、それらを学び、練習し、使うことで、自らの航行本能の不足を補う。また、赤ん坊を育てる人間の母親は、大きな口を開けている孵化したばかりのひなに餌を与える鳥の母親と同じように、自分の行動には本能的な基盤があるということに気づかない。

第3章で示しておいた、考慮すべき点と以上の点を考え合わせると、人間は、自らの隣人である鳥と同じように本能的で、同じように知的でありながら、両者はそれぞれ独自の特殊な知能をもっているという、意外な結論が浮かび上がる。

◆知能にまつわる誤解

人間は、知能と言えば、自らの特殊化した言語的・象徴的な知能と手工具を用いる知能のことだと思い込んでいる。他にも多くの種類の知能が存在することが、よくわかっていないのだ。その中には、音楽的、社会的、身体・筋肉的、空間的な知能など、人間と鳥に共通して見られるものもある。[註8]人間は、自分たちが実際的な知能――原因を突き止め、それを利用して、自分が望んでいる結果を得るのに必要な知能――をもっていることも知っている。しかし、鳥も原因と結果の関係というものを認めていることや、したがって実際的な知能ももっていることは、理解できないのだ。要するに、知能にはさまざまな種類があり、その一部は、人間にも鳥にも見られるが、それでいながら、人間特有のものもあれば、鳥特有のものもあるということだ。

◆人間の自己中心性

現代の科学技術文化につかっている人々は一般に、人類は知能のすべての側面ばかりでなく、他者の感情に共感したり、喜びを味わったり、性的関係を結んだりする能力など、あらゆる積極的特性においても最高にすぐれた存在だと、当然のように考えている。ところが、本書で紹介しているデータから総合的に判断すると、人間は、象徴《シンボル》の使用と道具の作製に特化した(読み書きできる人間の文化や現代の科学技術では、かなり細分化されている)知能という点では最高位に位置する存在に違いないが、他の種類の知能や、共感や喜びや性的表現といった積極的な特性については、必ずしも優位に立っているわけではない、という結論にいたる。

鳥は、天空をまちがいなく〝わがもの〟と感じているだろうから、人間よりも感覚がすぐれているかもしれない、という結論を受け入れることに対しては、人間の根深い自己中心性《ナルシシズム》が大きな障害になる。鳥は、望むところへ即座に飛んで行くし、文字通り上から人間を見下ろしているし、自然界で利用できる情報を使って渡りをするうえに、あちこちの豊かな食料供給源を飛びまわるし、道具を必要とすることなく食物を調達し、子どもを育て、人間が住むのに適さないたくさんのすみかを含め、地球上のあらゆる場所に安全なすみかを造る。

◆人間の利得

西洋の科学技術文化に明らかに見られる特徴は、人間の利得のため、地球と地球上に棲む人間以外の生物種をきわめて効率よく、破壊的なまでに利己的に利用しているという点にある。産業革命以前にはなかった、このような人間と他の生物種との異常な関係は、数億年もの間、地球上の生態学的バランスを保ってきた、正常な捕食者–被捕食者の関係とも、狩る者–狩られる者の関係とも、根本から違っている。人間と鳥の間の、また人間と他の全動物との間のこうした異常な搾取《さくしゅ》的関係も、鳥たちが完全に誤解されてきた非常に重要な理由なのだ。人類による鳥の乱獲も、鳥は本能的な機械なのでとるに足らない存在だ、という考えによって合理化され、正当化された。鳥を愚鈍《ぐどん》な劣ったものとすることで、自己批判や罪悪感をなくそうとするこの強力な動機づけは、人類にとって不幸な結果を招いた。人間が自然界の重要性を理解し、地球上の生物圏を構成する、多くの美しい生きものたちと、楽しく共生することができなくなったからだ。本書の第12章では、ホモ・サピエンス以外の動物がもつ知能や意識の意味を検討し、もしヒト（および他の多くの種）が健全な生存を続けるつもりなら、自然との間の、こうした破壊的なまでに搾取的な関係を、敬意をともなう関係へと速やかに変えてゆかなければならない理由を考えてみたい。

◆擬人化することに対する恐怖

鳥やそれ以外の動物が人間的特徴をもっているとする見かたは擬人的だ（したがって、たぶん非科学的だ）という、公認の科学の定説のおかげで、現代人も、鳥類が知能や個性をもっているという事実が見えなくなっている。「なんじ、擬人化するなかれ！」という独断的なおきての背景には、驚くほど興味深く、ほとんど知られていない歴史がある。かの有名なチャールズ・ダーウィンと、その近しい盟友《めいゆう》だったジョージ・ローマーネズが、鳥や他の動物の感情や知能について影響力の大きい著作を発表してからもしばらくの間は、このおきてが公認科学の一角を占めることはなかった。
世界を揺るがした『種の起源 *Origin of Species*』[註9]を出版してから一〇年ほど後に刊行された、今では忘れ去られている二点の著書の中で、ダーウィンは、人類が（道具作製の能力と推理能力として表われている）特殊化した知能をもっているとはいえ、人間と動物の間の感情と知能の差は、程度の問題であって質的に異なるものではないことを、豊富な証拠に基づいて結論しているのだ。また、当時入手できたデータ（ナチュラリストや教育あるイングランド人から信頼性を認められた、主として観察に基づく報告）を利用して、ローマーネズは、鳥や他の動物は、多種多様な環境の中で「ふつうの人たち」と同じくらい知的に行動することを、具体的に証明したのだ。[註10]
ダーウィンとローマーネズの著書が出版された後、ふたりに対して、とくにダーウィンよりも若く知名度も低いローマーネズに対して、軽率だとする攻撃が開始された。ふたりは、あてにならない個々人の証言を証拠として無批判に受け入れたばかりでなく、このような〝逸話的〟な（珍しい実例にのみ基づいた）証拠を使って動物を擬人化ないし人間化した——つまり、実際には明らかに違うのに、あたかも動物を人間であるかのように表現した——ことで、この罪を着せられたのだ。
〝批判力に欠ける〟ダーウィンおよびローマーネズと、〝万事に手堅い〟新世代の科学者たちとの間に起こったこの論争は、データの解釈をめぐる意見の不一致というレベルをはるかに超えてしまい、対立するふたつの陣営がもつ対照的な哲学を、主として反映するものになった。〝逸話的〟であり〝擬人化〟であり〝非科学的〟であると批判されたデータが、実際にはどのようなものかを理解し、現在入手できるすべての証拠に照らしてその妥当性を検討するために、ローマーネズが執筆した鳥の知能に関する章から、四件の代表的な報告を眺めてみることにしよう。

自宅の大きな鳥小屋に住むオシドリのつがいについて報告する中で、ある英国紳士は、次のように証言している。オスが鳥小屋から盗み出されると、メスは「つれあいを失ったことで、このうえない絶望の兆候を示し、片隅に引きこもり、飲食物や自分への気づかいを完全に拒絶した。こうした状況の中でメスは、つれあいを亡くした［別の］オスに求愛された。しかし、このオスは、この寡婦《かふ》から色よい応対を受けなかった」

その後、元のつれあいが取り返され、鳥小屋に戻されると、「この愛情深い夫婦は、このうえない喜びを表明したが、それればかりではなかった。自分が戻る直前に、つれあいが求婚されたことを、当のつれあいから知らされたかのように、オスは、自分にとって代わろうとした相手を攻撃し、その両眼を徹底的に突つき、たくさんの傷を負わせて死にいたらしめたのである」［註11］

生物学の話題を記事にしていたある男性は、群れの一羽のアジサシを銃で撃ち、それを回収に行った。その時、

まったく思いがけずも驚いたことに、二羽の無傷のアジサシが、傷ついた仲間を、それぞれがその翼を片方ずつ支えて運んでいるのを目撃した。……五、六メートル運ぶと、そこに静かに降ろし、それまで見守っていた二羽が、傷ついた仲間を同じようにして持ち上げた。こうしてアジサシたちは、交代で傷ついた仲間を運び続け、かなり離れた岩場まで来ると、無事にそこに降ろしたのである。［註12］

「著名な観察家」のフランクリン博士は、『動物学者 *Zoologist*』という科学専門誌で、オウムのオスが、病気のつれあいに餌を運んで口移しに与え、力なく起き上がろうとするのを手助けして、その看病をしたことを報告している。そして、そのメスが死にかけた時、

そのかわいそうなつれあいは、メスの周辺をたえまなく動きまわり、その思いやりと愛情のこもった看護を倍加させた。メスのくちばしを開けて、食べものを少し与えようとまでしたのである。……オスは、間隔を置いて、このうえなく悲しそうな鳴き声をあげた。それから、メスをじっと見つめたまま、悲しげに沈黙を続けた。とうとう、メスは息を引き取った。その瞬間から、オスはやつれ始め、二、三週間のうちに死んだ。[註13]

信頼のおける観察者による三件の報告から、鳥は、自分たちの巣を奪った別種の鳥に仕返しする目的で、同種の仲間の協力を頼むことができるという事実が明らかになっている。[註14]この三件の報告のうち、代表的なのは、英国のナチュラリストによるもので、あるツバメのつがいが、自分たちの巣を乗っ取ったスズメを追い払うのに失敗すると、その場をいったん離れ、まもなく、数羽の仲間を引き連れて戻ってきた。「それぞれが、くちばしに泥の塊をくわえていた。それを使って、巣の穴をふさぐことに成功した。そのため、この乱入者は、真っ暗闇の中に閉じ込められた。それからまもなく、巣が下に降ろされ、数名の人たちに提示された。中を開けると、スズメが一羽死んでいた」

このナチュラリストは、次のように解説している。「この例では、推理能力が働いていたように見えるばかりではない。この鳥たちは、自らの憤りや願望を仲間に伝える能力ももっていたに違いない。仲間たちの助けがなければ、自分たちがこうむった被害に対して、このような形で仕返しすることはできなかったであろう」[註15]

ダーウィンが死去し、続いて、ローマーネズが若くして死ぬとまもなく、〝万事に手堅い〟新しい実証主義的な時代精神の嵐が、西洋思想界を、とくに動物心理学界を吹き抜けた。この現実的で実例に頼ることのない実験的研究法は、一九〇〇年頃には、C・ロイド・モルガン、ジャック・レーブ、エドワード・ソーンダイクといった有力研究者に支持された後、一九二〇年代前半を通して、ジョン・ワトソンによってさらに推し進められ、その後に続いた三世代の行動学者の手で、非の打ちどころのない正統的な学説として神聖化されるにいたった。[註16]

この研究法が主張するところによれば、堅実な科学を逸話的なデータの上に築くことはできないという。人間や動物の行動の科学は、逸話的なデータに代わって、管理された実験によって得られた、信頼のおけるデータを基盤として築かれなければならない。長い間には、この行動主義的、実験主義的な研究法は、次の六通りの手続きを重視することによって、その方法論にますます磨きがかけられた。

その手続きとは、（1）実験対象の無作為的〔ランダムな〕決定、（2）定量化〔数値化〕や正確な測定や確率統計法の利用、（3）実験の反復、（4）実験者による実験への意図しない影響などの、微妙な影響を未然に防止するための実験対照群〔比較の対照とするグループ〕の導入、（5）ますます洗練された（迷路や問題箱〔動物を入れて学習実験を行なうための装置〕やポリグラフ〔呼吸、心拍、血圧などの生理的指標を並行して記録する装置〕から、最新の電子技術にいたるまでの）実験装置の活用、（6）刺激と反応および〝機序《メカニズム》〟を中心にした、結果の節減的、還元的な〔旧来の考えかたに基づく〕解釈だ。[註17] この方法論は、一九七〇年頃までは、比較心理学研究が自由に発展するうえで障害になっていたし、今日ですら、支配的なパラダイム（理論の枠組み）に残っている。

行動主義的・機械論的な刺激―反応パラダイムは、数多くの管理された実験や厳密な観察研究を促した。その多くは、本書の前半で要約、紹介しておいたもので、たとえば、第1章で紹介した、オウムのアレックスを対象にしたペッパーバーグの研究や、ハトを使って研究室で行なわれたハーンスタインの実験、鳥の学習や記憶の研究などがそれに当たる。これまで集積されてきた、行動主義的な実験的研究は、皮肉なことに、人間と鳥（および、その他の動物）の基本的な感情や実際的な知能は、本質的に違うものではないというダーウィンとローマーネズの結論が、基本的に正しかったことを明らかにしている。

初期の〝甘い〟研究とその後の〝手堅い〟研究はどちらも、これまで知られていなかった鳥類の知能を明らかにしているので、注意深く観察された鳥が、機械よりも人間のようにふるまったという科学者の報告に接する時、公認の科学は、動物の知能という問題に対して、真の意味で科学的な（知識探求的な）態度をとり、偏見のない目でデータを眺める必要があるだろう。

第11章　動物はすべて知的なのか

鳥は、人間と同じように、機械的なものではなく知的な存在であり、はっきりした個性と自らの意志とをかねそなえた個体だという、本書で明らかにしてきた発見がもつ革命的な意味に、いよいよ目を向けるべき時が来た。この新しい科学的発見は、何よりも公認の科学が、したがって西洋文化が、現在にいたるまで、現実の本質をとり違えてきたことを意味している。これまで公認の科学は、私たちの最も身近な隣人である鳥たちを誤解してきていることから、自然界の概念をより現実に即したものにする方向に向けて、謙虚な態度で、あらためて一歩ずつ前進しなければならない。

そのためには、まず第一に、人間と鳥の共通の特徴である知的意識が、他の動物にもあるのかどうかを確かめることが欠かせない。この場合、大きな可能性が少なくとも三通りある。（1）人間と鳥だけが、真の意味で知的意識をもつ動物だ。（2）人間と鳥は、すべての生きものの中で、最高度の知的意識をもつ動物だ。（3）すべての動物は、それぞれの生態的地位の中で、同等の意識と知能をもっている。

人間は、自らと自らが置かれた世界をどのように理解すべきかは、また人間はどのように生きるべきかは、次のような、きわめて重要な疑問に対する答えによって決まる。強い意志をそなえた知的意識は、すべての動物にあるのか、一部の動物にだけあるのか、それとも人間と鳥にしかないのか。驚いたことに、その答えは、鳥とホモ・サピエンス以外のたくさんの動物の行動について、この二〇年ほどの間に行なわれてきた大量の研究によって、すでに得られているのだ。

擬人化の罪を着せられ、「公認科学」という名の教会から破門されるのではないか、という現実的な恐怖があるにもかかわらず、多くの勇敢な科学者たちは、トーンをきわめて低く抑えた形ではあるが、自然の中で、あるいは人家の中で自由に生活している鳥を注意深く観察すると、鳥は、意識、実際的な知能、融通性、強い自発的意志、計画性、洞察、配慮をそなえているという点で、本質的には自然の中で生活する人間に似ていることを、ためらうことなく報告している。

本章では、類人猿、クジラ目《もく》、魚類、膜翅《まくし》類という、代表的な四群の動物を対象に行なわれた、私たちの実在概念を変えてしまう驚異的な研究を検討することにしよう。それにより、知能は、動物界を通じてふつうに見られるものかもしれないことがわかるだろう。そして、本書の最終章では、知能が動物界にあまねく存在することの革命的な意味について検討することにしたい。

◆高い知能をもつ類人猿

類人猿を対象にして行なわれたこれまでの研究をまとめると、これらの動物は、意識をもっているばかりか、鋭い感受性をそなえた実際的な知能や、それぞれに特徴のある人間のような個性をもっているという結論が浮かび上がってくる。本節ではまず、驚いたことに自然のままの人間のようにふるまう、人間に育てられたゴリラとチンパンジーを対象に行なわれた二件の長期的な研究を紹介することにしよう。ゴリラもチンパンジーも、人間の話し言葉で使われる音が発音できる身体機能をそなえているわけではないが、アメリカ手話法を学ぶことはでき、手話を使って人間と語り合うことができる。手話言語を身につけた類人猿は、自分たちが意識と自覚をもっていることや、自分たちの立場で意味をもつ事柄はすべて理解できること、人間が類人猿を理解しているのと同じように人間を理解していることを、私たちに教えてくれるのだ。

ゴリラのココ

ココと名づけられたメスのゴリラは、サンフランシスコ動物園で誕生した。ココは、一歳になった頃にアメリカ手話法を習い始めた。この手話言語は、英語やドイツ語や中国語と同じくらい複雑で入り組んでおり、相手に正しく意志を伝えることができるし、文法規則ももっている。これには、たくさんの手まね（サイン）が含まれている。それぞれのサインは、個々の概念にひとつずつ対応し、話し言葉の単語と同じような働きをする。たとえば、太ももを平手で打つしぐさは、「イヌ」の意味になる。この手話言語は、合衆国の聴覚障害者が使っているもので、英語の話し言葉による会話と同じように、意志を的確に伝え合うことができる。[註1]

ココに手話言語を教えたのは、フランシーン・（ペニー・）パターソンという、この研究プロジエクトが開始された時点では博士論文に取り組んでいた、スタンフォード大学の大学院生だった女性だ。[註2] 動物園にいるココのもとを訪れ、ココを対象にした研究をそこで二年間続けた後、学位を取得したパターソンは、ココをまず、スタンフォード大学のキャンパスに設置された移動住宅に、次いで小さな農場に移すことに成功した。現在二〇歳のココは、パターソンの自宅に隣接して置かれた移動住宅で暮らしている。

ココは、アメリカ手話法を驚くほど速やかに使えるようになった。その教えかたは二通りあった。ひとつは、ココが耳を傾け、注目している時に、パターソン（と助手のひとり）が、ひとつの単語を口にしながら、それに対応するサインを示すという方法だ。もうひとつは、ココの両手を取って、教えようとしている単語に対応するサインの形につくってあげるという方法だ。[註3]

驚くべきことに、満一歳のココは、一カ月もたたないうちに、「食べもの」、「飲みもの」、「もっと」、「ちょうだい」、「来る」、「それ」、「外へ」、「上へ」、「イヌ」、「歯ブラシ」にそれぞれ対応するサインを正確に使うことで、相手に意志を伝えるようになった。手話を始めてから二カ月後には、乳飲み子のココは、「食べもの、ちょうだい」、「食べもの、もっと」、「そこの、飲みもの」など、手話で二語からなる文を作っていた。三カ月もたたないうちに、ココは自分のほうから質問するようになった。アメリカ手話法に初めてふれてから三年後には、二〇〇語以上の語彙《ごい》をもつようになっていたし、一〇年後には五〇〇以上のサインを的確に使うようになっていた。その後も、語彙は増え続けている。

ココが、自分に見せられたサインをかなりたくさん使えるようになったこと自体よりすばらしいのは、ココが行なう、単純だが豊かな意味をもつ会話の内容である。次に、ココの発言の代表例を見ることにしよう。その場合、以下の重要なポイントを念頭に置かなければならない。アメリカ手話法は、文法が英語の話し言葉とは異なっており、むだを省いた独自の表現になっているため、英語に一語一語翻訳すると、どうしても電報のような文体になり、文法から外れているように見えてしまう。たとえば、アメリカ手話法では、"to be"という動詞を使わないし、"短語"――"the"や"and"や"to"などの、冠詞や接続詞や前置詞――も使わないのだ。

ココは、四種類の動物の骨格を写した写真の中から、ゴリラの骨格を選ぶよう指示されると、正しい骨格を選び出す。

パターソン（サインと口頭で）　そのゴリラは生きてますか、それとも死んでますか？
ココ（サインで）　死んでる、さよなら。
パターソン　ゴリラは、死ぬ時にはどういう感じになりますか？　幸せですか、悲しいですか、それともこわいですか？
ココ　眠る。
パターソン　ゴリラは、死ぬとどこへ行きますか？
ココ　安らかな、穴、バイバイ。
パターソン　ゴリラは、どういう時に死にますか？

ココ　病気、年。

ある時、研究助手が、定時になっても退出しないことがあった。

ココ　時間、バイバイ、あなた。

助手　何ですって？

ココ　時間、バイバイ、さよなら。

パターソン（サインと口頭で）　昨日は何してましたか？

ココ（サインで）　悪い、悪い。

パターソン　何が悪いんですか？

ココ　噛む。

パターソン　どうして噛むんですか？

ココ　いらいらして、だから。

パターソン　どうしていらいらしたんですか？

ココ　わからない。

助手（サインと口頭で）　ほんとに人を侮辱したい時には、何て言いますか？

ココ　汚い。
助手　じゃあ、他に考えつくことありますか？
ココ　ごめんなさい、ゴリラ、ていねい。
助手　いいから、言ってごらんなさい。
ココ　便所。

パターソンが誤ってココを叱った時、ココはサインで、「あなた、汚い、悪い、便所」と言ったことがあった。目覚まし時計がやっと鳴り止んだ時、ココは、手話で、「聞こえる、静か」と発言した。胸の部分が白いおもちゃの鳥を与えられた時には、サインで、「鳥、ある、おなか、白」、ビロードの帽子にさわった時は、「それ、柔らかい」とサインで言った。罰で閉じ込められた時には、サインで、「あなた、開ける、ドア、外に、今、私、よくなる、静かになる」とも、「外へ、私、お願い、鍵、開ける」とも言った。昼ごはんについて長い文章を作るよう求められると、ココはサインで、「好き、昼ごはん、食べる、味みる、肉」と言った。訪問者があった時には、「幸せ、よい、あなた、来る」とサインで言った。

ココは、自分が観察されているのを知らない時に、自分に向かって手まねをすることもある。たとえば、自分の毛布を一枚持ち上げて、においをかぎ、「それ、臭い」とサインで言ったのだ。

自分が知っているサインを創造的に組み合わせることで、ココは、サインがわからない事象に対応した、意味のあるサインをひねり出す。たとえば、結婚指輪を表わすサインを知らなかったココは、賢明にも「指、腕輪」と呼んだ。同様に発明の才を発揮して、ココは、シマウマのことを、自分から「白い、トラ」、毛抜きのことを「顔、抜く」、ライターのことを「マッチ、瓶」、マスクのことを「目、帽子」、甘くて脂肪分の多いプリンのことを「牛乳、キャンデー」、(好きではない)レモンのことを「いやな、オレンジ」、パイナップルのことを「ジャガイモ、リンゴ、フルーツ」、固くなったケーキのことを「クッキー、岩」と呼んだのだ。

また、前に体温計を差し込まれたことのある腋《わき》の下に、人差し指を差し込んで体温計を表わす、独自の演技的サインもつくりあげた。同様に、聴診器や爪やすり、くすぐりを表わす、ココ独特の、非常にわかりやすい演技的サインも編み出している。

そもそもは子どもの知能を測定する目的で作成された、ウエクスラー幼児・児童知能尺度や、ピーボディ絵画語彙検査などの標準的な心理検査を少々改変することで、ココの評価を行なうことができた。ココの推定知能指数（IQ）は、七〇くらいから九〇までの間で、同年のアメリカ人の子どもでは〝やや低い〟の範囲に入る。驚いたことにココは、不完全な線画で抜けているものを見つける課題と、論理を進めて完成させる課題では、平均的なアメリカの同年の子どもよりも成績がよかった。一方、これは予測通りなのかもしれないが、ココは、パズルのピースをつなぎ合わせる課題や、迷路を鉛筆でなぞったり、細かい線画を描くなど、人間が得意とする、微妙な運動の制御が必要な課題では、平均的なアメリカの子どもよりも成績が悪かった。知能検査の項目に対するココの解答の実例は、次のようなものだ。

動物の名前をふたつあげなさい。　ウシ、ゴリラ。
水の中で暮らしているのは何ですか？　オタマジャクシ。
私たちが水を飲むのは、コップからと、もうひとつは何からですか？　ストロー。
ミルクと水は何をするものですか？　飲む。
ハードという言葉から思いつくことは何ですか？　岩［と］仕事。

ココの〝自由連想〟と定義からも、ココが意識と知能をもっていることがはっきりわかる。「私がココと言うと、あなたは何を考えますか」という質問に対しては、「私」と答えている。以下、「靴」の時には「足」、「洗う」には「よい、きれい」、「飲む」には「すする」、「オレンジ」には「食べもの、飲みもの」、「マイケル」［ココの友だちのオスゴリラ］には「便所、悪魔」、「感謝祭」には「うまい、よい、食べもの」、「賢い」には「知っている」、「悲しい」には「しかめ面」、「まちがい」には「偽もの」と、それぞれ答えている。

また、「最初の反対は何ですか」には「最後」、「ガスレンジでは何をしますか」には「それで、料理する」、「疲れるというのはどういう意味ですか」に対しては、ココは「眠る」のサインをつくり、あくびのまねをした。「誰と一緒にいると幸せですか」には「ココ、好き、よい」と答えている。

自分の誕生パーティの写真を見せられた時、ココは、「私、好き、幸せ、ココ、そこに」というサインをつくった。ココに、体の各部（目、耳、鼻など）の名前をくりかえし教えた研究助手が、退屈についてどう思うかと質問したところ、ココは、「目、耳、目、鼻、退屈、思う」というサインで答えた。ココは、ある若い男性に「熱を上げ」、その男性が入ってくるはずの門を、目を皿のようにして見つめていた頃には、「そこ、見る、熱心」というサインをつくっている。

研究助手が白いタオルをココに見せ、その色を尋ねると、ココは「赤」というサインを出した。助手が、「わかってるんでしょ、ココ、この色は何ですか」と聞くと、ココは、「赤」のサインをさらに三回つくった。それから歯を見せて笑いながら、タオルについていた小さな赤い糸くずをつまみ上げると、助手の鼻先に突きつけ、もう一度「赤」のサインをつくった。どうやらココは、この〝いたずら〟ないし〝冗談〟を楽しんでいたらしい。その後も、パターソンを相手に、同じことをもう一度くりかえしたからだ。

ココは、自分に言われたことを、正確に理解しているかのように行動する。たとえば、パターソンが、「あなたの赤ちゃん［人形］にキスしたら、この葉っぱをあげるね」と身ぶりと言葉でココに伝えると、ココは、その人形を探し始め、部屋の向こう側にあるのを見つけると、それにキスしてから、パターソンのところへもって行って、葉っぱをもらおうと両手を広げて見せる。

ココは、公式には英語の話し言葉を一度も教えられたことがない。にもかかわらず、英語の話し言葉を理解し、それを手話言語に移しかえることができる。たとえば、ココの目の前に動物のおもちゃが七個並べられ、「帽子《ハット》と韻《いん》の合う動物はどれですか」と質問されると、「ネコ《キャット》」のサインをつくる。また、「大きい《ビッグ》と韻が合うのはどれですか」に対してはブタのおもちゃを指さして、「ブタ《ピッグ》、そこ」のサインをつくり、「髪の毛《ヘア》と韻が合うのはどれですか」に対してはクマ《ベア》のおもちゃを指さし、「それ」のサインをつくり、「ガチョウ《グース》と韻が合うのはどれですか」に対してはヘラジカ《ムース》のおもちゃを指さし、「それ、考える」のサインをつくる。

ココが、自分の置かれた環境に関係するすべてのものを理解し、実際的な知能および意識をもっていることは、次のような事実によっても裏づけられる。ココは、自分の移動住宅を掃除するのをずっと手伝ってきたこと、いろいろな雑用に協力していること、自分の歯を磨くこと、自分の爪の手入れをすること、雑誌に載っている写真を見ること、自分のおもちゃや人形や、大切にしているペットの子ネコと遊ぶこと、自分のトイレをわざとばらばらにしたこと、自分よりも若いオスゴリラと、レスリングや追いかけっこ、かくれんぼ、くすぐりあい、相互の毛づくろいをして遊ぶこと、かわいがっていた子ネコが車にひかれて死んだことを聞いて、声をあげて泣き、何日も悲しみに暮れたこと。

人間は、長い間、自分たちだけが知能と意識をもっていることと、自分たちだけが身のまわりの意味あるものや出来事を理解していることを確信していた。自然破壊を招いている、この人間中心の慢心は、根本的にまちがっている。ゴリラのココは、人間が管理する環境の中で、自分に影響を与えるすべてのものを知的に理解していることを、はっきりと示してくれた。たとえ、ココの目覚しいふるまい全般を公認の科学が無視しているとしても、あるいは、無意識的な実験者の偏り（一般には賢馬《けんば》ハンス効果と呼ばれる、被験者に偏った回答をさせやすくする偏り）［註4］によるものとして、誤って一蹴《いっしゅう》されているとしても、偏見をもつことも権威に屈することもない科学者の目には、ココが道理のわかった人間の基本的な特徴をそなえていることは、否定しようもないほど明らかな事実として映るのだ。

チンパンジーのワショー

ゴリラのココの手話による発言の根底にある基本的知能と同じようなものが、アメリカ手話法を学んだチンパンジーにも見られる。本節では、ワショーというメスのチンパンジーについて考えることにする。ワショーも、本質的にはココと同じように、アメリカ手話法を使って会話するのだ。

ワショーは、一歳から五歳まで、ネバダ大学のアレン・ガードナーとベアトリックス・ガードナーという心理学者夫妻に育てられた。[註5] ワショーは、八つのサインを初めて身につけるとすぐに、それらを自分から進んで組み合わせて使うようになった。(公式の研究が中断される)五歳になるまでには、「もっと、食べもの」、「私を、抱いて、たくさん」、「イヌ、聞こえる」〔イヌがほえていた〕、「来て、開けて」、「食べる、時間?」、「ワショー、ごめんなさい」、「あなた、私を、くすぐる」、「お願い、あげる、ワショー、甘い飲みもの」、「あなた、私を、外に、出して、急いで」、「ジョージ、かぐ、ロジャー」〔ロジャーはたばこを吸っていた〕など、数百の短文を(手話言語で)綴り出していた。ロジャー・ファウツ(この研究の中心的協力者)が、たばこを吸っていながら、ワショーの〔たばこがほしいという〕要求を無視した時、ワショーはサインで、「私に、煙、ください」、「煙、ワショー」、「急いで、ください、煙」、「あなた、ください、煙」、「お願い、ください、私に、その、熱い、煙」という、五つの発言を続けざまに綴り出した。

研究助手のスーザンが、ワショーのゴム人形を踏み続けた時、ワショーは、サインで、次のような一四通りの発言を続けざまに行なった。「上げて、スーザン」、「スーザン、上げて」、「私の、お願い、上げて」、「ください、赤ちゃん」、「お願い、靴」、「もっと、私の」、「上げて、お願い」、「お願い、上げて」、「もっと、上げて」、「赤ちゃん、下の」、「靴、上げて」、「赤ちゃん、上げて」、「お願い、もっと、上げて」、「あなた、上げて」

手話言語を使ったワショーの〝短い会話〟の代表例としては、次のようなものがある。

昼食の最後に。

ワショー　たくさん。
人（サインで）　たくさん、何？
ワショー　たくさん、食べる、時間。

ワショーの人形が近くにある。

人（サインで）　それ、私の、赤ちゃん。
ワショー　違う、違う、私の。

外出する前に。

ワショー　外へ、外へ。
人〔サインで〕誰、外へ？
ワショー　ワショー、し〔行き〕たい、外へ。

ワショーは、最初の頃から、ひとつのサインは特定の物品だけをさすわけではなく、その特徴を共有するすべてのものを抽象的にさし示すことも知っていた。――赤ん坊を示すサインは、さまざまな動物種の幼児をさすし、イヌを示すサインは、イヌのすべての品種ばかりでなく、その写真や絵もさしているのだ。ワショーは、「開ける」を示すサインが、ドアや箱、引き出し、瓶、書類かばん、雑誌を開ける行為をすべて意味することも理解していた。「もっと」を表わすサインを、さまざまなものの分量が増えることも含めた、ひとつの抽象的な概念を示すものとして正確に使ったし、「汚い」を示すサインを――「汚い、ひも」と「汚い、ネコ」というふうに、また、ロジャーがワショーの気持ちを逆なでした時に使った「汚い、ロジャー」というふうに――侮辱や非難全般を含むような形で、一般化して使っていた。

ワショーは、「ロジャー、くすぐる、ワショー」という語順が「ワショー、くすぐる、ロジャー」に変わると、意味が決定的に違ってくることも理解していた。また、ワショーは、ある物品を示すサインを知らなかった時には、そのサインを自己流につくり出すこともできた。たとえば、スイカのことを「キャンデー、飲みもの」と呼んだし、白鳥のことを「水、鳥」、ブラジルナッツのことを「岩、イチゴ」と呼んだのだ。

公式の研究プロジェクトが終わりに近づいた頃、五歳弱になっていたワショーは、一日を通して、サインを使うようになっていた。会話を始め、解説や質問をして、（とくに、自分の人形たちと遊んでいる時や、雑誌の写真を見ている時には）自分に向かってサインをつくったり、"話し"たりしていた。自分にとって重要な、身のまわりの物品や出来事の多く（おそらくは、すべて）をさし示すサインを使ったのだ。その中には、食べたり飲んだりできるものすべてと、すべての重要な無生物、身のまわりのすべての生物、人間の知り合い全員の名前、自分にとって重要な行動や出来事すべてを表わす動詞、五種類の色、一般名、代名詞、所有格、所格、比較級、属性、素材など、数多くの単語のサインが含まれる。また、ワショーは、子どものように、テーブルでフォークとスプーンを使って食事をし、テーブルを片づけ、皿を洗い、自分で着替えをし、トイレで排便をして、子ども用のおもちゃで遊び、絵本や雑誌を好み、ドライバーや金づちを実用的に使うこともできた。

記号を使う他のチンパンジーたち

スー・サベージ－ランバウが行なったプロジェクトで研究対象になった、二頭の若いオスのチンパンジーも、記号を利用して意味のあるコミュニケーションができる驚くべき能力を示している。シャーマンとオースチンという二頭のチンパンジーは、訓練期間を終えると、特別につくられた一群の記号を使って、身のまわりにないものについてコミュニケーションをするようになった。このようにして二頭は、記号の象徴的な働きを、人間と同じように理解していることを示した。［註6］

同じ研究者によって行なわれた別の研究プロジェクトでは、カンジという名前の子どものピグミーチンパンジー（ボノボ *Pan paniscus*）が、教えられたこともないのに、周囲で話されている英語を理解するようになった。カンジは、人間の子どもが身につけるのと同じように、話し言葉に耳を傾け、それが使われる背景を観察することで、単語や言いまわしの意味を学んだのだ。

四歳の時にカンジは、実験者効果〔実験者自身が実験におよぼしてしまう思いがけない効果〕を厳密に排除した公式の実験で、英語の理解力をテストされた。[註7]「カンジ、〔特定の人物や動物〕を棒〔あるいは他の道具〕でちょっとさわって」、「その緑色の豆〔あるいはニンジンその他〕を〔グループの部屋やキャンプファイアーのような特定の場所〕へ持って行って」、「その石を掃除機の上に置いて」、「そのタマネギ〔あるいはトマトや他のもの〕を火にかけて」、「寝室に行って、そこにあるもの〔たくさんのもののうちのひとつ〕を取って来て」、「掃除機のプラグをコンセントに差して」、「ビル〔あるいは他の特定の人物〕を棒〔あるいは他の道具〕で追い払って」といった、数多くの指示の正確な意味をひとりでに理解するようになっていることを、カンジは、その中で求められた行動をそのまま実行することによって実証したのだ。

カンジを対象にした研究を要約した公式報告の中で、サベージ－ランバウは、カンジが英語の話し言葉を理解しており、発音される単語に対して研究者が個々に割り当てた視覚的な記号を正確にさし示し、記号の象徴的な使用法を身につけており、記号が意味するものが目の前にない時でもその記号を使う、と結論している。それと同じくらい重要なことだが、カンジはこうした能力を本質的に人間の子どもと同じように、条件づけによってではなく、観察を通じて獲得しているのだ。[註8]

洗練されたチンパンジーたち

自然の中に棲む野生の類人猿も、ココやワショーに見られるような社会的な意識や個性を示す。オランダ東部のアーネムで、フランス・ドゥ・ヴァールによって、長年にわたって厳密に観察されてきた、開放型の大きな囲いの中で自由に暮らす二〇頭以上のチンパンジーは、非西洋的な原始的文化圏で暮らす、社交的ではあるが、はっきりした個性をもつ人たちと同じようなふるまいをするのだ。メスのチンパンジーの中には、性的な行動に対して、他のメスよりもはるかに高い関心をもつ者もあれば、他のメスよりもはるかに母親的な者も、他のメスよりもはるかにオスに好かれる者もある。

一部のオスは、他のオスよりもはるかに頭がよい。たとえば、アーネムの研究者と世話係の全員の意見が一致していたというが、ダンディーという名前の若いオスは、他のオスたちをいつも出し抜いていたばかりでなく、集団脱走もすべてお膳立てしていたし、巧妙に策をめぐらせて、自分の飼育人に、毎日、一番の好物であるバナナを満腹するほどたくさん持って来させるようにしむけていた。また、研究者たちを驚かせたのは、そのチンパンジーたちが、「微妙な政治的駆け引きに熟達している。その社会生活には、横領、支配網、権力闘争、結託、分割統治、提携、仲裁、集団指導制、特権、団体交渉などがあふれかえっている」[註9]実態がわかったことだ。

ジェーン・グドールは、野生のチンパンジーを観察する長期的な研究プロジェクトの間、以下に示すように、予測もしなかった人間的な行動がたくさん見られることに気づいている。そのチンパンジーたちは、サルのような自分より小さい動物を、社交的な理由で狩り、食べる場合があること、なわばり内の食料が不足してくると、自分たちのなわばりを拡大させる目的で、隣接するチンパンジーの集団と血なまぐさい抗争をくりひろげる場合があること、シロアリの塚に差し込んで、シロアリを釣るために使う細い棒などをはじめ、簡単な道具を作製、使用すること、互いに伝え合う必要のある事柄はすべて、身体言語や特殊な発声によって的確に伝えること、「ものすごい騒音とたくさんの遊び、交尾、毛づくろいをともなう……お祭りムード」で行なわれる特別パーティーのさいには、「ドンチャン騒ぎ」的な「無上の享楽」［註10］にひたること。

◆クジラ目《もく》の動物

最近の研究から、イルカには驚くほど人間的な行動が見られることや、クジラが思いもよらない特殊な知能をもっていることが明らかになった。

イルカたち

みごとな手際で実施された研究プロジェクトの中で、二頭のバンドウイルカ（*Tursiops truncatus*）は、ホイッスルの音か手まねのどちらかを通じて示された単語を教え込まれた。二頭のイルカは、それらの単語を覚えた後、次のような要求を理解していることを、求められた行動をそれぞれ正確に実行することによって実証した。「輪の上を［あるいは、下を、もしくは中を］通りなさい」、「そのかごをネットに入れなさい」、「そのサーフボードをフリスビーのところまで持って行きなさい」、「そのネットをかごにかぶせなさい」、「フリスビーをサーフボードのところまで持って行きなさい」、「そのボール［輪、あるいはフリスビー］を取って、イルカ［の誰々］のところへ持って行きなさい」、「あなたの尻尾［あるいは、胸びれ］でパイプ［あるいはボール、輪、魚、人、サーフボード、かご、ネット、フリスビー］にふれなさい」、「それを口にくわえなさい」

二頭のイルカは、三〇個ほどの単語を身につけ、それを、イルカたち自身が理解する一五〇〇から二〇〇〇通りの、ユニークで意味の通った文章につくることができた。［註11］

最近行なわれた別のプロジェクトでは、それぞれ組になったイルカが、「一緒に行なう」ことの意味を理解し、空中に一緒に跳び上がりながら、互いの鼻先を接触（〝キス〟）させ続けたり、互いのひれを接触させ（〝手を取り〟）続けるなどの行動を（互いに協調して同時に）実行することで、その指示に従った。［註12］その追認実験では、シワハイルカ（*Steno bredanensis*）が、「新しい、これまでとは違う、創造的なことをしなさい」という言葉の意味を理解していることを、この種ではそれまで見せたことのない、奇想天外で創造的な一連の行動を実行することによって示している。二頭は、水槽の底を滑ったり、尾だけを水面から出し続けたり、8の字を続けざまに描きながら泳いだ後に、水中から跳び出して、二メートル弱の幅の湿った舗道を横切り、実験者のくるぶしを鼻先で軽く叩いたりなどの行動を演じて見せたのだ。［註13］

自然環境の中では、イルカの群れが、戦術的な作戦展開のもとに、一丸となって大きな魚をとらえたり、捕食性のサメを撃退したりして意図的な知性を見せる。ある心理学者が、最近の研究を概説する中で述べているように、実際にイルカと人間は、複雑な社会システムをもっているという点でよく似ている。

その社会システムには、持続する友情や利他的な行動、母親以外の者による子守り、力を合わせて行なわれる防衛、複雑なコミュニケーションなどが特徴的に見られる。また、セックスのためのセックスという、非常に人間的な娯楽を楽しんでいるようにも見える。……イルカの母親たちは、きわめて協力的である。母親たちの群れは、幼な子たちのまわりを〝ベビーサークル〟で囲い、子どもたちどうしが保護区域の中で交流できるようにしている。一頭のメスが、別のメスの子どもを〝お守り〟したり〝乳母役〟を演じたりすることも、ふつうに見られる。……イルカたちは、利他的な社会の中で生活しているのである。[註14]

この何十年かの間に行なわれた研究は、イルカが基本的には人間と同じような意識と知能をもっていることを実証してきたが、このすばらしい発見は、その分野の研究者に軽視されている。どうやら、イルカの研究者たちは、擬人化という堕落の罪を負わせられるのを恐れているらしいのだ。この方面で最有力の研究者であるルイス・M・ハーマンは、自らの研究について最近行なった再検討の中で、イルカの知能とその軽視について、感情を抑えた率直かつ〝科学的〟な言葉で、次のように述べている。

イルカは、他者との関係について速やかに規則をつくり、それを適用する。……その規則は、さまざまな問題全般にあてはめられるものである。……おそらく、聴覚方面での最も印象的な達成は、一頭のイルカが、文章を理解できるようになったことである。……なじみのある指示が与えられた場合はもちろんのこと、目新しい指示を与えられた場合でも、そのイルカが文章を理解したことが明らかになっている。……文章の意味論的な特徴と統語的な特徴が、いずれも考慮されていた。……その女性［そのイルカ］は、幾何学的な形式や抽象的な形式に当たるものを、簡単に生み出すことができた。……本研究の主な理論的成果は、イルカが、その場にある物品はもとより、その場にない対象について指示された場合でも、その文章が理解できたことである。実際的な成果としては、イルカに、その身体的世界の内実について質問すると、それに関する正確な報告が得られたことである。［註15］

この研究に触発された科学記者は、次のような感嘆の声をあげている。その研究は、

世界の中で動物たちと向き合うさいにはたすべき役割を再検討するよう、人類に迫るであろう。自らを、動物の延長線上にある存在として見るように、また動物たちを、自らの延長線上にある存在として見るように、人類に迫るかもしれない。それは人類にとって、自らの高慢の鼻をへし折られてしまうような、信じがたい出来事になるかもしれない。それは、人類の英知の結集よりも、自然界やそのシステムに内在する知性のほうが、初めからずっと大きかったこ

とをはっきりと示しているかもしれないのである。[註16]

クジラたち

ザトウクジラ（*Megaptera nevaeangliae*）も、人間や鳥の音楽的知能に似た、驚くべき能力をもっていることがわかっている。[註17] オスのクジラの九割ほどが、繁殖期ごとにみな同じ歌――その時点で〝はやり〟の〝流行〟歌――を歌おうとしているように見えるのだ。その一方で、それぞれのオスは、その歌を自分なりに歌い、クジラ全体がそれを頻繁に変更してゆく。そのため、歌う時期を二、三度過ごした後には、その歌は完全に変わったものになってしまい、今や別の〝流行〟歌を歌おうとしているのではないかとさえ思われてくる。（残り一割ほどのクジラの歌は、流行の歌から著しく外れているので、〝変異型〟と考えられる。）

クジラの発した音波は、水中を遠方まで減衰せずに伝わるので、ザトウクジラは、数百キロもの距離を隔てて、互いの歌に耳を傾け合う。次々と変わってゆく流行の歌に遅れまいとするクジラたちは、主題やフレーズ、サブフレーズ、音調のわずかな変化などに注意を向けていなければならない。太平洋のザトウクジラの歌は、大西洋のザトウクジラの歌とは異なるが、すべてのオスの歌は、構造的にも美学的にも驚くほど似かよっている。ザトウクジラの歌は、どれも薄気味悪いほど美しい。

ザトウクジラの歌の研究の第一人者であるロジャー・ペインは、その歌を、「とてつもなく広漠《こうばく》としていて、喜びを与えてくれる合唱であり……その響きは、荘厳な音が、何かもつれ合った織物の糸のようにより合わさりながら、オオーンと鳴り響き、反響し、高まったかと思えば、消えてしまう……純粋なほとばしり……うっとりするほど美しく、踊っているようで、ヨーデルを歌うがごとき叫び」[註18]と述べている。

ザトウクジラの歌は、音楽的な構造をもっている。同じ順番で歌われる、四から一〇通りの主題で構成されている、それぞれの主題は、独特の音符列――フレーズとサブフレーズ――からなっている。歌の中に埋め込まれた、韻を踏むような反復的パターンは、記憶装置としての役割をはたして、入り組んだ構成のフレーズとサブフレーズをクジラたちが思い出す手がかりとして使われるようだ。[註19]その音楽的知能を理解するうえできわめて重要なのは、クジラの歌は高速で再生すると、鳥の歌と区別できなくなり、中程度の速度で再生すると、今度は人間の音楽作品と聞きまちがえてしまいそうなことだ。どう見ても、鳥と人間とクジラは、基本的な音楽的知能をもっている。それは、この三者は、それぞれ異なるテンポで演奏する複雑で美しい音楽を、傾聴し、愛《め》で、作り出し、歌うことができるからなのだ。

◆知的な魚類

私たちは誰でも、魚には心がないというふうに理解している。私たちは全員が、ごく小さい頃に、魚を、自覚や意識や知性のある存在とは考えないように教えられてきた。この根深い思い込みは、三種類の魚――シクリッド、〝掃除魚〟、ハゼ――を対象に最近行なわれた綿密な研究によって、まちがっていることが明らかにされた。

シクリッド〔カワスズメ科の淡水魚類〕を徹底的に研究したふたりの専門家は、次のように結論している。シクリッドは、「知的な魚である。……シクリッドたちは、人間を今のような成功した動物にしている属性の一部をおのずと示す。自らが置かれた環境をよくわかっており、まちがいなく機敏で、われわれが不適切にも〝せんさく好き〟という言葉で表現するような特徴も見せる」[註20]

また、シクリッドは、餌食となる小魚が近づくのを、死んだふりをして待っていて、いざ近くまで来ると、一挙に襲いかかって食べてしまうし、魚網を避けるために砂に潜り込むこともする。さらには、体表の色を変えたり、特定のにおいや抑えた音を出すなどの複雑な言葉によって、自らの感情や意図や関心を相手に伝えるし、子どもたちを見張っていて、危険を知らせるようなことすらするのだ。[註21]

相当数の科学者は、多種の魚が海の特定の場所に集まり、互いに利益になるような、知的で社交的な交流をすることを報告している。[註22] たとえば、自分の体の掃除をしてほしがっている捕食性の魚は、その仕事のために〝掃除魚〟が待つ特定の掃除場まで泳いで行く。小さな掃除魚は、大きな捕食魚の皮膚についた寄生虫その他の異物を食べることで利益を得ている。捕食魚は、明らかに自分の歯の掃除もしてもらいたがっている。――そのため捕食魚たちは、掃除魚を口内に入らせ、歯の隙間にはさまった食べかすを全部食べてもらうのだ。

ここできわめて重要なのは、掃除場以外の場所で、捕食魚が掃除魚に出くわした場合には、一挙に襲いかかって食べてしまうという驚くべき発見だ。多種の（少なくとも五〇種類が知られている）

掃除魚と多種の捕食魚は、掃除場で落ち合うようになっているのだ。そこは、古い難破船やサンゴの群体のそばなど、海の特定の区域にある。

小さな掃除魚と大きな捕食魚は、互いの利益のために知的に協力し合う。捕食魚は、並んで順番を待ち、掃除されている間は、おとなしく辛抱する。そして、その時になると、掃除魚が中に入って安全に掃除できるように、口を開け、えらを開放する。ある研究者が、バハマ諸島近海にあるひとつの掃除場で、綿密な観察を六時間続ける間に、三〇〇匹ほどの魚の掃除が行なわれたという。[註23]これらの協力的な魚たちと人間の協力的なグループは驚くほど似ているなどと言ったら、科学界から嘲笑《ちょうしょう》され追放されてしまうことを重々承知している科学者たちは、明らかな人間的側面にはひと言もふれずに、「科学的に受け入れられ」そうな含みをもたせる——たとえば、「生物哲学の立場からすると、海中で掃除行動が広く行なわれていることは、自然界における協力が果たす役割をきわ立たせている」[註24]と述べる——にとどめている。

別の系列の実験は、ハゼ（*Bathygabius soporator*）に驚くべき人間的知能があることを明らかにした。ハゼは、浜辺の近くに棲んでいるため、干潮時には、潮だまりに閉じ込められることがある。しかし、ひとつの潮だまりから別の潮だまりへと、みごとなまでに正確に跳び移ることができる。——ほとんどまちがいなく、次の潮だまりへと移動して、陸《おか》で進退きわまってしまうことがないのだ。ハゼの棲息環境には、潮だまりがたくさんある場合が多いとはいえ、次の潮だまりまでの道筋を、移動が完了するまで、まちがうことなく跳びはねて行く様子が観察されている。綿密に行なわれた三件の実験によって明らかになったのは、跳び上がる前にハゼには次の潮だまりは見えないことであり、隣の潮だまりがどこにあるかを知る方法が他にあるわけでもないことであり、試行錯誤的に跳びはねて学習するわけでもないことだ。[註25]

未知の潮だまりに入れられた場合には跳び出すことがないという、きわめて重要な観察結果と、先の結果を考え合わせると、次のような驚くべき結論が浮かび上がる。ハゼは満潮の時に、自分の棲息環境を泳ぎ回り、ひとつひとつの隆起やくぼみを含め、海底のくわしい地形を学習、記憶し、その知識を使って、次の潮だまりに跳び込むにはどれほど遠くまで跳びはねればよいのかを、推定ないし計算しているのではないか。

この離れわざを構成する要素――自分のためになる、身のまわりにある数多くの細かい点に注意を向け、それを学習、記憶すること、自分のためになる行動を起こす前に、あらかじめ計画を立てること、となりの潮だまりまでの距離を推定ないし計算すること、あらかじめ決めておいた地点に着地できるよう加減して跳びはねること――は、人間がホモ・サピエンスに特有なものと(誤って)考えているたぐいの知能と薄気味悪いほど似た、特殊な知能を構成する要素なのだ。

さまざまな魚類で知的意識が見られることを示す、以上紹介した最近の研究成果は、今では忘れられている(無視されてきた)いくつかの科学的報告と一致する。そうした報告には、多くの種類の魚が、自分の子どもの世話をして、危険に襲われそうになると、別の場所に移動させることや、いざという時(たとえば、たくさんの魚がいる水域を通過する時など)に限って、著しく警戒心を強め、見慣れないものを調べる時には好奇心のような、オスのなわばりが侵害される時には怒りのような、特定のメスをめぐって争う時にはねたみのような、はっきりした感情を示すことが記録され

ている。[註26]

どう見ても人間は、鳥や類人猿やクジラ目《もく》の動物が知的であることばかりでなく、魚が知的であることも、さらには次に見るように、他の動物が知的であることについても誤解してきたようだ。今や人間が、現実の基本的な性質を理解していないことをはっきりと思い知り、自分たちの傲慢な思いあがりを捨てて、身のまわりのすべてを一から見直すべき時なのだ。これでようやく、これまでかえりみられることなく踏みつけられてきたアリを、新たな目で見直すことができる。というわけで、次節では、アリに目を転ずることにしよう。

◆知的な膜翅《まくし》類

アリ

公認の科学は、アリを、融通性のない行動をするようあらかじめ設定されたちっぽけな機械だと、当然のように考えてきた。この思い込みは、アリが、狭い生態的地位の中で、賢明に行動する、社会的に協力し合う個体であることを実証した手堅い研究によって、まちがっていることが証明された。

前世代の最もすぐれた蟻学者ウィリアム・モートン・ホイーラーは、アリが互いの音や体の動きにどのように反応するかを、長年にわたって注意深く観察した結果、アリが「本当に、相互にコミユニケーションを行なう」[註27]ことを知って驚かされた。エドワード・O・ウィルソンとバート・ヘルドブラーという現代最高のふたりの蟻学者も、アリは、「相手を軽く叩いたり、なでたり、つかんだり、軽く押したり、触覚をふれ合ったり、なめたり、摩擦音を出したり、化学物質を吹きかけたり塗りつけたりすること」[註28]を含め、たくさんの伝達法を利用しているとして、ホイーラーと同じような結論を導き出している。

　アリが発するメッセージの中には、人間が簡単に翻訳できるものもある。たとえば、厳密に研究されたある種のアリでは、「特定の場所に行こう」が、特殊な体の断続的運動と触覚の動きおよび臭跡《しゅうせき》〔地面などに残したにおいの跡〕によって伝えられる。「侵入者どもをやっつけよう」[註29]は、体の断続的運動がはるかに強まることを別にすれば、基本的には同じようにして伝えられる。

　象徴的なコミュニケーションは人間で高度に発達しているとはいえ、人間特有のものではなく、アリにも見られる。たとえば、「侵入者どもをやっつけよう」というメッセージは、連鎖的に伝えられる。つまり、身体言語を介して他のアリへ象徴的に伝えられた、自分では見ていない出来事（たとえば、よそものが巣に侵入してきたこと）を、それぞれのアリが伝えてゆくということだ。[註30]人間は、（他のアリに助けを求める、かろうじて感知できる程度の鋭い摩擦音のような）アリの微妙な音声言語も、やはりかろうじて感知できるあごや触覚、腹部など身体各部の微妙な動きによる身体言語も、簡単に見落としてしまう可能性がある。

　におい（フェロモン）によるアリのコミュニケーションは、最近の研究により、明快な形で解明された。芳香を放つ少数の分子だけで、必要なメッセージがアリからアリへと伝達できるというのだ。アリは、そのにおいに対して、決まりきった機械的な反応をするわけではない。驚いたことにアリたちは、それぞれのにおいの意味を、その量と、それが単独で放出されたか、それとも複数のにおいが混合されて放出されたかによって、解釈を変える。[註31]放出された特定のにおいでも、ある状況では「逃げろ」の意味に解釈されるし、別の状況では「闘え」の意味に解釈される。また、専門やカースト〔社会的階級〕が違えば、同じメッセージに対しても反応が違ってくる。たとえば、巣が侵入を受けたという連絡があった場合、兵隊アリは、一般に侵入者に向かって突進するが、働きアリの中には、蛹《さなぎ》をくわえて巣の奥に運び込む個体もあるし、兵隊アリと一緒に闘う個体もある。それに対して、生殖階級のメスは、自分の部屋に留まって、身を守るのに最も効果的な姿勢をとるのだ。[註32]

アリが本当にコミュニケーションを行なう――つまり、本質的には人間と同じように、解釈可能な意味のある情報を互いに伝え合う――という重要な発見は、驚くべきことではなかった。蟻学者たちはやはり、意味のある伝達ができる能力をもっていなければ、アリのコロニー（集団）でたくさん行なわれている協力的な行動の協調性が説明できないことを、かなり昔から知っていたからだ。アリのコロニーが統合的で調和的に運営されているのは、個々のアリが、食料を調達する一方で巣を防衛し、卵の世話をして、子どもたち（幼虫と蛹）を育てることばかりでなく、三次元的に配置された巣の回廊を建設し、巣内をきれいに保ち、排泄用に特定の場所を確保し、死体を片づけるという、それほど目立たない仕事でも、互いに協力して行なっているおかげなのだ。[註33]

現在、優勢を誇っている還元主義的、行動主義的な時代精神に忠実に従い、擬人化という嫌疑をかけられられないようにするため、昨今の研究者は、アリの行動を柔軟性を欠く機械的なものと解釈しようとする。にもかかわらず、研究データからはっきり見えるのは、アリたちの柔軟性および臨機応変さという部分なのだ。柔軟性や臨機応変さという言葉は、複数の選択肢から、自分の意志で、あるいは自分の目的にかなったものを選び出す能力を連想させる。アリに柔軟性や臨機応変さや選択性があることを実証する未発表の研究の実例としては、次のようなものがある。

最近、四種類のシュウカクアリで、メスが、交尾相手のオスをどうやら選《え》り好みするらしいことが明らかになった。[註34]

防衛アリは、巣へ侵入して来た相手に対して柔軟に対応しようとして、行動を変える。たとえば、一頭の防衛アリは、ある侵入者に対しては、相手を大あごで噛み砕けるくらいに接近するまで、体を動かさず完全に静止しているかもしれないが、他の侵入者に対しては、背後から不意に接近して、とくに傷つきやすい部位にいきなり攻撃をしかけるかもしれないのだ。[註35]

同じ働きアリの中にも、たえずすばやい動きを見せる者もあれば、動きが緩慢な者もあることは、よく知られた事実だ。[註36] 著名な昆虫学者のレミ・ショーヴァンは、同種同年の二頭の働きアリでも、同じ状況に対して、しばしば非常に異なる反応をするという発見を、「最高度の重要性」をもつものと、あえて強調している。たとえば、ある種のアリに捕まり食べられることが知られている毛虫を、同種の働きアリたちの前に一匹ずつ差し出した時、その毛虫を攻撃し、相手が死ぬまで闘い続けたのは、そのうちの二五パーセントにすぎず、三三パーセントは、闘いを挑んだものの、最後まで闘い続けることはなかった。また、二五パーセントはそもそも闘うことをしなかったし、一

七パーセントは、こわがっているかのように退却したのだ。[註37]

エドワード・O・ウィルソンは、少なくとも一部の種類のアリでは、「〝個性〟の差は、同じカーストの中でもきわめてはっきりしている」[註38]と述べている。アリを脱出させる実験では、きわめて迅速に脱出した個体と、きわめて緩慢に脱出した個体が両端に位置する、非常に大きな個体差が存在することを示す、つり鐘型のグラフが得られたのだ。[註39]

アリに個性と柔軟性があることは、実験者が、アリを新しい環境やそれまでとは違う環境に移した時にもはっきりする。探しアリを巣の外から、幼虫や蛹がいる巣内の部屋に実験的に移すと、その場にふさわしい仕事を柔軟に始め——子どもたちの世話をするようになる。また、探しアリを厳密に観察したところ、社交、食料の調達、睡眠、休息に使われる時間の割合が個体ごとに大きく異なっていることがわかった。アリの社会も、忙しい時ですら、労働とそれ以外の時間の比率が、人間社会と変わらないのだ。[註40]

アリも、人間と同じように、自らの目的を達成するために、自らが置かれた環境を変えることができる。障害物の下にトンネルを掘ったり、大きなすき間があると、それぞれが決まったやりかたでつながり合って橋を作ったり、液体の障害物があると、小さな土粒をひとつずつ重ねて橋を建設したりすることが、信頼のおける研究者によって観察されている。[註41]

アリの学習能力も、やはり驚異的だ。研究室で行なわれた実験では、アリが、一〇カ所もの袋小路をもつ難しい迷路の通りかたを覚え、四日後にテストされた時にも、それを記憶していたのだ。[註42]

鳥と同じく、多種のアリも、太陽の見かけの動きを、地理的方角および時間の経過と結びつけることで、太陽をコンパスとして利用する方法を学ぶ。事実、多種のアリは、往路がいかに遠回りだったとしても、復路は最短の直線ルートで巣に戻ることができる。こうした驚異的な芸当ができるのは、往路でのそれぞれの寄り道の角度（方角）を、太陽をコンパスとして使って測定する方法を知っていることに加えて、それぞれの寄り道の距離を記憶しておいて、往路の終点と自分の巣の位置とを結ぶ最短距離を算出するためらしいのだ。[註43]

同種のアリでも、コロニーが違うと大幅に異なる行動をすることがある。ある種のアリを綿密に観察した研究によれば、昆虫の死骸を食料にしているコロニーもあれば、他種のアリから「こっそり」と奪っているコロニーもあったという。また、発芽したトウモロコシを主食とするコロニーもあれば、人家の台所の食物片を主食とするコロニーもある。[註44]

巣作りのような、アリの基本的行動には柔軟性がないという、公認の科学が大切に守っている定説も正しくない。巣作りに適した場所が使えない場合には、たとえば牛糞《ぎゅうふん》の山のような、型破りの場所を巣作りに使うこともある。実際に、穴を開けることができるものなら、事実上何にでも巣を作ってしまう種もいくつかある。[註45]

コロニーのアリたちが、乾燥して崩れやすい土を掘っている時には、一部の働きアリは、賢明にも自分の行動を柔軟に変更して、遠くまで出かけて水を運び、土を湿らせる。[註46]

アリのコロニーは、臨機応変に巣を放棄し、巣作りに適した新しい土地に移動する。たとえばアリのコロニーは、実験者のせいで巣が騒々しくなった時や、木の枝が茂ってきて日当たりが悪くなった時、競合するアリのコロニーのおかげで食料を集める領地や狩場が狭くなった時には、別の

場所に移動することがわかっている。[註47]

危険から守ってくれる場所には冬の巣を、食料が豊富にある場所には、それほど安全ではない夏の巣を作るコロニーもある。アリたちは、自分たちの幹線道路に、探しアリが休憩するための、あるいは豪雨や日中の厳しい日ざしを避けるための、ごく小さな巣や避難所を点々と設けることもある。[註48]

実験者がわざと巣を壊すと、アリは巣を作り直すが、その場合、「知的な計画をもっていることを明らかに示す、人間のやりかたにかなり近い方法で実施される。このようにはっきりした特徴をもち……実用的な知恵と、新しい状況に即座に適用できる方法とをかねそなえた、一貫した仕事の段取り」[註49]に従って行なわれる。

人間とチンパンジーだけが、血なまぐさい闘争をする動物というわけではない。二〇〇〇年ほど前から、たくさんの蟻学者が、別種のアリの間で、また同種のアリの別のコロニー間で起こった戦争――数多くの戦死者が出る激しい肉弾戦――の観察結果をくわしく報告してきた。この方面の膨大な文献は、ある思慮深い研究者によって、次のように明快にまとめられている。

われわれ自身の知るあらゆる種類の戦争は、アリの世界でも見られるであろう。野戦、大白兵戦、国民皆兵《かいへい》、待ち伏せや奇襲攻撃や隠密の潜入、容赦なき絶滅戦、人間の場合と同じくきちんとした規律を保って実施される、冷静な散開作戦や包囲や封鎖、みごとな防戦、勇猛な突撃、死にもの狂いの特攻、混乱状態での退却、戦術的後退、さらには、きわめてまれにしか見

られないが、内輪の小ぜり合い等々。[註50]

だが、アリは、人間のように、いつも血なまぐさい闘いによって境界紛争をくりひろげているわけではない。二〇〇年前にさかのぼれば、傷つくことがほとんどない、手の込んだ一対一の武術競技によって勝敗を決するアリについて述べた、綿密な観察報告がたくさん出ている。これらの武術競技の中には、人間のレスリングの試合に似ているものもあれば、ボクシングの試合に似ているものもある。なわばり争い中の二種の間で行われる、こうした武術競技に関する初期の報告には、次のように記されている。二頭のアリが「憤然として二本足で立ち上がり、互いに取っ組み合うと、下あごや脚や触覚をつかみ……交互に相手をひっくり返し、倒れてはまた起き上がる……四方八方に、それぞれ相手と組討《くみう》ちするアリの群れがある。だが、戦いが終わった時点で、傷ついている個体や、手足がもぎ取られている個体を、私は一度も見たことがない」

現代最高のふたりの蟻学者は、ごく最近の報告の中で、アリの武術競技について、次のように述べている。

敵どうしの二頭の働きアリは、相対すると、最初は真正面からぶつかり合う。続いては、それよりも時間をかけて、側面の誇示を行なう。膨腹部《ぼうふくぶ》をより高く掲げ、敵に向かって曲げるのである。それと同時に、相手の腹部やその周辺を触覚で強く叩き合い、しばしば相手の脚を蹴り合うこともある。……どちらも、相手を追い出そうとして、相手の体を横に押し合うように見える。数秒後、一方のアリが降参すると、一騎打ちは終わる。……すぐに勝者は別の敵と相まみえ、同じ手順がくりかえされる。……大きなアリと小さなアリが体の誇示で張り合うと、ふつうは小さいほうが降参する。……事実、誇示のパターンを行動的に分析すると、対決中に互いの大きさを判断していることや、両者の間にこけおどしの――つまり、実際よりも大きく見せようとする――傾向のあることが示されるのである。[註51]

農業をしたり、家畜や奴隷を保有したりして生活する能力をもつ動物は、人間しかないわけではない。アリも、そのような能力をもっているからだ。この点については、以下の報告を検討してみよう。

数種のアリは、細かい分業体制で行なわれる集団農業で生活している。たとえば、一九〇種のアリは、いくつかの班を組織することで、みごとな連繋によってたくさんの作業を力を合わせて行ない、それぞれの巣の中で、栄養価の高いキノコを栽培している。

その作業に専従するアリが、巣の外から新鮮な葉を運び込むと、その葉は、作業班によって巣の中で処理され、堆肥《たいひ》になる。最初に、刻まれて小片になった葉は、破砕されてどろどろになり、唾液や糞と混ぜ合わされて栄養が強化された後、管理された腐敗処理にかけられるのだ。そこでは、不要な種類のキノコを除去する作業を担当している班もあれば、通気口を必要な数だけ作り、それを適切な時間に開け閉めして、換気や温度や湿度を制御する作業を担当している班もある。[註52]

多くの種類のアリは、さまざまな人間の社会がウシを飼育しているのと同じように、アブラムシを飼育している。蜜のように甘い液体を得るため、アリは、アブラムシの〝乳しぼり〟をするし、アブラムシを囲っておくための〝家畜小屋〟を建て、アブラムシを常に捕食者から保護することもしている。また、糖分ではなく蛋白質《たんぱく》を必要とする時には、何匹かのアブラムシを犠牲にして食べることもある。[註53]

かなりの種類のアリは、巧みな作戦行動と連繋した戦闘計画によって、他のコロニーを征服し、奴隷アリを獲得する。[註54]アリが奴隷を略奪するさいの、こうした驚くほど効果的な作戦行動をくわしく観察したA・フォレルは、「異国の都市や要塞を攻略する人間の軍隊でも、これほど巧みに、しかも抜け目なくふるまうことはできないであろう」[註55]と述べている。

以上紹介した研究から、ローマーネズやダーウィンが検討した昔の研究と同じような結論が導き出される。ローマーネズは、次のような結論を得ていたのだ。「これまで述べてきた事柄の多くは、アリに……驚異的な知能があることを示している。……先述したこのような事柄の少なくとも一部は、昆虫が、自分たちのしていることや、自分たちがそうしている理由を知っている、とする考えかたとどうしても一致するのである」[註56]

ヘルドブラーやウィルソンが述べているように、アリは、観察や研究がとくに難しいわけではない。[註57]したがって、関心と根気さえあれば、以上紹介したようなアリの人間的な描写が事実であることを、誰でも確認できる。以上のデータと、次の二点がもっと広く知られるようになれば、アリ研究は再び隆盛を迎えることだろう。

1　科学者は、公認の科学の教義やおきてによって、どのように考えるべきかをあらかじめ決められている。たとえば、アリは自動機械と考えるべきだと、明らかに、またそれとなく命じられている。真の科学とは、先入見や予断にとらわれることなく、確認可能な知識を探求しようとする営みのことなので、科学者のほぼ全員を怖《お》じ気づかせることになる、こうした公的なおきては、まったく非科学的なものだ。

2　ウィリアム・モートン・ホイーラーをはじめとする、当代一流の蟻学者たちは、アリが、たとえば、痛みや怒り、恐怖、抑うつ、高揚その他の感情を表わすこと、身体の不自由な者や苦しんでいる者に手を差しのべるさいに、同情のようなものを示すこと、〝死んだふり〟をするなど、だまして相手を操る能力をもっていることなど、多くの重要な点でびっくりするほど人間に似ていることを、私たちに訴えようとしてきた。[註58]

ミツバチ

ミツバチ（*Apis mellifera*）が、花粉や花蜜を集め、巣を作り、冬には自分たちの体温を集めて暖をとるため、互いに密着して動きまわるなど、ミツバチに固有の数多くの行動をすべて実行しようとする性向を、本能的にそなえているのは明らかだ。本節では、最近の科学文献からいくつかの実例を紹介しよう。[註59]

巣が満杯になってくると、一部のミツバチは整然とした群れをなし、新しいすみかを探しに出かけて行く。[註60] その群れは、最初、近くの木にきちんと寄り集まって止まる。その周辺を熟知している、たいていは年長者の一群が、巣作りにふさわしい空洞が少なくとも一カ所は見つかるまで、偵察隊として、森の中を何キロも調べてまわる。偵察隊は、空洞を調べる時、びっくりするほど人間的なふるまいをする。空洞の中を、すべてのくぼみやすき間にいたるまで、歩いたり飛んだりして、くまなく探索するのだ。また、その空洞の外側も、少しずつ距離をおきながら、あたりをゆっくり飛びまわって調査する。偵察隊は、その場をいったん離れ、同じ日の別の時間帯にもう一度調べに来る。

みごとな手際《てぎわ》で行なわれた研究によって、こうした偵察隊は、人間が自分たち特有のものと誤って信じている手順をきちんと踏んでいることが明らかになっている。つまり、次の八つの明確な基準に従って、その空洞が自分たちの巣にふさわしいかどうかを評価ないし判断しているのだ。（1）すきま風が入らないこと、（2）乾燥していること、（3）アリその他の昆虫がいないこと、（4）南向きである（冬季に日光が当たりやすい）こと、（5）巣の入口が外部から見えにくくなっているか、もしくは防衛しやすいこと、（6）冬越しするのに十分な量の蜂蜜を蓄えられる広さをもっていること、（7）全員の体温で内部を暖かく保てる程度に狭いこと、（8）双方のコロニーに十分な食料源が確保できるほど、本家の巣から離れていること。

巣として使えそうな空洞の価値を判断するため、その上を長々と飛びまわった後、偵察バチは、自分の帰りを待つ仲間たちとの間を結ぶ、おそらくは最短の経路を、文字通り（測定器具を使わずに）航行《ナビゲート》するという、すばらしい離れわざを見せる。仲間のもとへ戻ると、偵察バチは身体言語を使って、他の偵察隊員に、自分が見つけた巣の好ましさがどれくらいで、それがどこにあるか（方向と距離）を伝える。ノーベル賞を受賞したカール・フォン・フリッシュやその後継者に当たるマーティン・リンダウアー、ジェームズ・グールド、トマス・シーリーをはじめとする、きわめて名声の高い研究者たちは、ミツバチの信号を解読し、その身体言語の少なくとも一部を翻訳している。[註61]

この研究者たちは、仲間のところへ戻ったばかりの偵察バチによる、一定の動きや〝ダンス〟のパターンに埋め込まれた象徴的な符号《コード》によって、新しい巣までの距離やその方角および好ましさが伝えられることを発見した。〝尻振りダンス〟と名づけられた、こうしたパターン化された動きの中で、偵察バチは、腹部を一定の回数だけ振動させながら直線に走り、続いて（右側に時計まわりの半円を描いて）出発点に戻ると、また同じ回数だけ尻振りをしながら同じ直線上を走り、再び（今度は左側に時計まわりとは逆の方向に半円を描いて）出発点に戻って、また尻振りをするというふうに、同じ動作を何度もくりかえすのだ。

一回の動きの中で腹部を振った回数が、巣の候補地までの距離を象徴的に表わしている。ところが、別の地方に棲息するミツバチでは、この象徴的信号の意味づけが違っている。ミツバチの身体言語には、それぞれ異なる〝方言〟があるのだ。ドイツで研究されたミツバチは、（一回の動きの中で）一度の尻振りを、新しい巣の候補地が四五メートルの距離にあると解釈したのに対して、イタリアで研究されたミツバチは、それを二〇メートルの距離と解釈したし、エジプトで研究されたミツバチは、一二メートルの距離と解釈したのだ。ミツバチは、空中の距離を、一回の動きでの尻振りの回数で表現ないし象徴するので、表現ないし象徴化の能力という点ばかりでなく、回数を数え、距離を測定ないし判断する能力という点でも、人間に似ている。

尻振りダンスのうち、直線走行の部分が示す方向と太陽との関係は、新しい巣の方角を象徴的に示している。また、偵察バチが見せるダンスの活発さないし激しさは、新しい巣の好ましさを表わしている。

戻ってきた偵察バチたちは、それぞれにとって最適な巣がある場所までの距離と、その方角および好ましさを報告し合うと、他の偵察バチが報告した空洞を、全員でもう一度、それぞれを調べに飛び出して行く。もし自分が見つけた最適な空洞よりも、他の偵察バチが見つけた空洞のほうが好ましかった場合には、その偵察バチは〝気持ちを変えて〟、群れのもとへ戻ると、その代替地をさし示すダンスをするようになる。偵察バチの全員が、この時点で（力強くダンスすることで）文字通り〝自分の足を使って投票〟するようになる。そして、全員の意見が一致するまで、ダンスによる投票を続けるのだ。意見が最終的に一致すると、偵察隊は、「尻振りダンス言語」を通じてその正確な位置を象徴的に伝えておいた、その新しい巣へと、群れを引き連れてまっしぐらに向かう。

フーバート・マークルという最有力の研究者は、昆虫の人間的な心の動きにふれてはならない、とする公認科学のおきてを承知しながらも、「その過程で実現される高度な認知的表現にふさわしい言葉を使わない限り、こうしたハチの群れの中で起こる現象はほとんど説明できない」[註62]と、勇気をもって発言している。

尻振りダンス言語は、新たな餌場や水のありかや建設資材（樹脂や蜂蠟《はちろう》）が得られる樹木の位置を伝えるさいにも使われる。太陽が見えない、暗い巣の中にいるハチたちにこのような発見を知らせるには、偵察バチたちは、その方角を象徴化ないし表現する方法を変えなければならない。巣の内部では、信号を柔軟に変更し、太陽の右か左に走る角度に、右か左に垂直方向に走る角度を象徴的に対応させせることによって、そのありかを示すのだ。[註63]

私たちは、ミツバチの行なうコミュニケーションの象徴的な仕組みを解明し始めたばかりだが、その仕組みは、人間の言葉と同じように、その場にはないものをさし示しており、象徴に意味を与える、あらかじめ合意された規則に従っていることに加えて、その構成単位が数多くの形に組みかえられて、多くの異なるメッセージを表わしているということまでは、すでにわかっている。

第一級の研究者であるトマス・シーリーは、「尻振りダンスは真の意味で象徴的なメッセージである。それは、そのもとになった活動とそれが誘発する行動の双方から、時間的にも空間的にも離れているからだ[註64]」と述べている。もうひとりの一流研究者であるジェームズ・グールドは、この意見に同意して、ミツバチのダンス言語は、あらかじめ合意された規則を使っていて、時間的、空間的に離れた事柄をさし示す「正真正銘の言葉」だと述べている。さらにグールドは、次のような洞察に満ちた発言をしている。「あるコミュニケーションの仕組みを、それが完全に解明されて初めて、言葉であると見なす者なら誰であれ、現時点ではこうしたダンス言語の存在を否定することであろうが……同じ基準を厳密にあてはめると、人間の言葉もその基準から外れてしまうことになる[註65]」

ミツバチのダンス言語はさまざまな方言をもっているし、他の種類のハチは、それぞれまた他の言葉をもっている。たとえば、数種のハリナシミツバチ（*Melipona* 属）は、「ある種のモールス信号を使って、餌場までの距離を示す」という。[註66] 一連の短い音が、近くの場所を象徴するのに対して、長い音はより遠い場所を象徴しているのだ。

話をミツバチに戻すと、偵察バチは、新たに発見した餌場を、そのまま機械的に報告するわけではない。実際には、自分のコロニーがより多くの食料を必要としている時や、新たに見つけた餌場が質量ともに良好で、そこまでの距離がさほどではない時に限って報告するのだ。ミツバチは、研究されてきた生活の別の側面でも柔軟だ。〝建設働きバチ〟は、古い建築物を、臨機応変に撤去してしまう。たとえば、使いやすく改築するために、巣の一部をばらばらに解体してしまうのだ。[註67]

巣を実験的に壊してみると、ミツバチは、「先代たちや自分たちの誰もが建造したことのないやりかたで巣を再建することがある」。[註68] ミツバチは、状況の変化にともなってコロニーが必要とするようになった仕事につくため、自分たちの仕事の専門も柔軟に変更する。たとえば、建設働きバチや守りバチや探しバチがもっと必要になると、他の仕事を専門にしていたハチが働きバチに変わって、それぞれの仕事が速やかに行なわれるのだ。暑い時、巣を冷やすのに水が必要になると、たくさんの探しバチが、巣に水を運び込むようになるし、巣内のたくさんの働きバチが、幼虫の巣室に水の薄膜を張ったり、水の蒸発を早める気流を作り出すために、自分たちの羽で風を起こす仕事をするようになる。

環境に突発的な変化が起こると、それに対応するためミツバチは、樹脂や花粉や花蜜を機械的に運び込んで冬ごもり用の食料を貯蔵する代わりに、自分たちの行動を臨機応変に変える。また、人間が作った代替物が近くにあれば、樹木から粘着性のある樹脂を集めるのをやめる。花粉があまり得られなくなれば、養蜂家が巣の近くに置いているオートミールや小麦粉でそれを代用するだろう。精糖工場が巣の近くにできた時、ミツバチは、その砂糖を利用するようになり、花蜜の調達をやめた。さらには、北方のミツバチが、花がいつもたくさん咲いている常夏《とこなつ》の地方に移されると、二年もたたないうちに、到来することのない冬のために食料を貯蔵するのをやめるのだ。[註69]

最近、ジェームズ・グールドは、ハチに適用できる知的意識の簡単な実験法を発見した。カール・フォン・フリッシュの昔の示唆に従って、グールドは次のように考える。もしミツバチが好きな食物（皿に入れた砂糖水）を巣から規則的に遠ざけてゆくと、ハチたちは、規則的な動きの「意味をつかんで」、次に置かれる予定の地点で砂糖水を待つようになるのだろうか。グールドは、学生たちと一緒に、「気味の悪い現象」を観察した。「何頭かのハチが、われわれの動きを先取りするようになり……訓練地点を飛び越して、われわれが次に予定していた地点で待機するようになった」[註70]のだ。このような結果が気味悪く感じられるのは、このハチたちが、人間のように本質的に知的なふるまいを見せたからだ。このハチたちは、論理的で一貫性のある実験者の動きの意味を、洞察力を働かせて〝察知し〟、そのことから予測した内容を、自分たちのために利用するようになったのだ。

小さなミツバチは、天性の航行的知能をもっているという点で、私たち人間よりもすぐれている。自分の位置を定めて進路を決めるさいに発揮されるミツバチの技術は、徹底的な訓練をくりかえし、指導者について実習を重ねてきた、最も熟達したポリネシアの航海者がもつ技術にも匹敵する。ノーベル賞を受賞したカール・フォン・フリッシュによって開拓された、この分野で蓄積されてきた研究成果からすると、非常に幼いハチは、非常に幼い鳥やアリと同じく、天空をよぎる太陽の見かけの動きを観察し、その動きを時間の流れや地理的な方角と関係づけることによって、太陽から、速やかに、また容易に方位を〝読み取る〟ようになる。

鳥やアリと同じく、ミツバチも、とくに太陽が見えない時には、自然界の他のコンパスを利用することがある。その中には、空の偏光パターンや、地表の磁気パターンが含まれる。こうした自然界のコンパス（を、ひとつあるいはそれ以上）と時間の流れの感覚を利用することで、ミツバチは、巣の外に飛び出して足を伸ばした時に、それぞれの航路をさす角度とその距離とを記憶しておき、この情報をまとめあげて、巣に直帰する最短ルートを割り出すことができる。[註71] ミツバチ（さらには、鳥やアリ）の航行的知能は、人間特有の言語的象徴的な知能や、鳥や人間やクジラに特有の音楽的知能と本質的には同列の、特殊な知能のように見える。

本書で考察した動物——人間、鳥類、ゴリラ、チンパンジー、イルカ、クジラ、魚類、アリ、ハチ——は、これまでのところ最も綿密に研究されてきた動物だ。しっかりした科学的データは、動物たちが知的な意識をもっていることを示している。本書でとりあげた動物は、脊椎動物と無脊椎動物の代表例と見ることもできるので、動物全体が知的意識をもっているのは確かなように思われる。今や研究者たちは、地球上のそれぞれの生物について、この推論を検証しなければならない。

第12章　動物の知能がもつ革命的な意味

人間たちが、それまでは機械的な動きしか見なかったところに、意図をもつ知的意識を見出すようになると、自然界や宇宙との関係は根本から変わることになるだろう。鳥や他の動物たちが人間的な特性をもっているという事実が、新世代の人たちの意識に深く浸透すれば、人類の生命哲学は、人間の文化的慣習とともに大きな方向転換を迫られるだろうし、科学や宗教や哲学は、根本的に変わっていくことになるだろうし、科学者が、人類こそ地球上で唯一の知的生命体だなどと頭から決めつけることも、もはやなくなることだろう。

それどころか、次世代の科学者は、私たちの身のまわりにいる鳥から他の生きものにいたるまで、地に満つる、意識をもつ知的生命体にますます目を向けるようになるだろう。宗教も、神と人間に焦点を当てるだけで、地上の他の生命体を無視してすませるようなことは、もはやしなくなるだろう。最近、神学者のフィリップ・シェラードが予言しているように、新しい宗教は、自然とその被造物を、「神が無から創りたもうたもの」としてではなく、「神がその中に自らを現わされ、その中に欠けることなく存在しておられるもの」[註1]として考えるようになるだろう。
もはや哲学者たちも、地球に棲む人間以外の動物にふれることなく、あえて哲学することはしなくなるだろう。ホモ・サピエンスは、自然界から離れた、自然界の上に立つ存在ではなく、他の生きものの多くと同じように聡明な意識と、同じように知的な能力をもち、同じように特殊化した、地球に棲む数え切れないほどの生きもののひとつと見られるようになるだろう。（象徴《シンボル》や道具を使う特殊化した人間の能力は、近年、賞賛されすぎの科学技術を生み出して、地球を征服し、地球の大気圏や水圏や生物圏を劣化させたとみなされるようになるだろう。）鳥たちや他の動物たちの人間的な特性を人々が理解するようになると、そうした動物たちとの関係に、敬意や畏敬の念が加わるようになるだろう。
その生命哲学は、ホピやエスキモーのような〝原始的〟民族がもつものに、もっとよく似てくるだろう。こうした民族は、地球上に棲む生命体のつながりの根底にある、本質的な生態学的原理を根本から理解したうえで、（自分たちの生命を維持するために食べる動植物を含めた）あらゆる生命に、敬意と畏敬の念とをもって接している。それは、植物から草食動物へ、草食動物から肉食動物へ、肉食動物から分解生物へ、そして、また植物へと戻り、結局はすべてのものと相互に依存し合い、他のすべてによって直接的、間接的に生かされているという、生命が永遠に再循環する原理なのだ。[註2]
革命的な概念というものは、すべて同じ運命をたどるが、本書の中心的テーマである鳥たちの知能という考えかたもまた、「誰もが知っていることが本当だ」という——最有力のパラダイムの前提および主張となっている――考えかたを無条件に受け入れている、広い層の科学者や一般人から抵抗を受けることになるだろう。[註3]

とはいえ、鳥と人間の本質的共通点は、さまざまな形ではっきりと実証できる。オウムのアレックス（第1章）とインコのブルーバード（第8章）という先例にならって、人間と友だちになった未来の鳥は、日常生活での具体的な事柄について、意味のある知的な会話を（鳥自身も人間であるかのように）人間と交わすことで、人間のような意識や理解力をもっていることを、身をもって示すことができるだろう。それはたとえば、「ちょっとお茶を飲みたい」、「こっちに来て」、「私をくすぐって」、「カップを取って来て」、「あっちへ行け」、「ドアを開けて」、「ブランコに行きたい」、「帰りたい」、「シャワーを浴びて」、「ちょっともらっていい」、「何色か教えて」、「お元気ですか」、「何してるの」、「こんにちは」、「さようなら」、「おはよう」、「おやすみなさい」、「キスして」、「かわいいブロンディーちゃん……ブロンディーはとってもすてき」などの言葉だ。

野鳥がもつ人間的な特性も、個々の鳥を映像で徹底的に記録することを通じて、はっきりと実証することができる。そのような証拠資料は、鳥が自動機械だというエセ科学的な定説を否定してくれるだろうし、センスよく上手に歌い、つがいを形成し、巣作りをし、子どもを育て、空を飛びまわり、遊び、感情を表わし、社交的につきあい、たえず経験を積む、独自にして複雑な個性のもち主であることを明らかにしてくれるだろう。

鳥の知能と意識は、事実に基づいた実証可能な概念なので、否定されることなく、広く認められるはずだ。現実についての人間の概念がどれほど速やかに変化するかは、読者の方々が、鳥の感性や意識や知能を個人としてどれだけ深く理解できるか、さらにはその理解を、どこまで強い印象を与える形で他の人々に伝えられるかにかかっている。

人間の思想の来るべき革命は、鳥を意識ある個体と認めることに対するタブーに、もはやおじけづくことのない男性や女性によって導かれることだろう。その人たちは、野生の鳥と友だちになり、開放的な家の中で鳥を（巻末の付録Bで説明するような安全策を講じながら）放し飼いにして育てることに、多くの時間と労力を注ぎ、自分たちと密接な絆を結び、自分たちの言葉を覚えてくれるように鳥たちを促し、鳥の人間的な特性について理解したことを（講演や実演、テレビ番組、ニュース記事、雑誌論文、グループ実習などを通じて）他者に伝えるのだ。鳥たちとの間で起こるこうした革命は、人と鳥は互いに理解し合うことができるし、対等な存在としてばかりでなく、友人どうしとしても互いに結びつきうることを、新しい世代の人たちが自然なものとして受け入れる時、初めて成しとげられるだろう。この革命は、次に紹介するレン・ハワードの報告が、ふしぎでもなければ珍しくもなくなる時に初めて、成功したと言えるだろう。

非常に多くの人が、私の馴《な》れた野鳥に興味を示してくれた。道ばたで、鳥たちが私の手に止まっているのを見て、どうやって鳥をそんなに馴らしたのかと、見ず知らずの人がしばしば私に話しかけてくる。現在、来るべき世代のために計画されている、その〝よりよい世界〟でも、恐れを知らずに人の手に乗る美しい野鳥を見る機会は、やはりそれほどまれなことになるのだろうか。私はいつも、サセックスの私の小さな小屋に、電気器具の取りつけ工事に来た男性の言葉を思い出す。無数の鳥が木から舞い降りて私の肩や手に止まるのを見て、その男性は、驚きのあまり、私の小屋の戸口の前で立ちすくんだ。それまで男性は、ごくふつうの表情をしたふつうの人に見えたが、この鳥たちを目のあたりにしてからは、顔つき全体が変わったように思われた。顔を輝かせ、目をきらめかせて、「何というすばらしさ」とつぶやき続けた。それから、こう言ったのである。「でも、どうしてこういうことがあったらいけないんだろう。こうでなくちゃいけないはずなのに」[註4]

◆人間、この破壊するもの

現実についての人間の概念は、大きな変革の必要に迫られている。現在、人間は、最も身近な野生の隣人である鳥たちをはじめとして、自然界にあるものすべてを傷つけている。すでにたくさんの種類の鳥が全滅しているし、イヌワシやミナミハクトウワシ、カリフォルニアコンドル、クロエリハクチョウ、アメリカシロヅルなどをはじめとする多くの種も、絶滅の危機に瀕している。人家の周辺に棲む鳥たちも、年々、その数が減少している。三、四〇年前には、たくさんの鳥がいた合衆国内の地方でも、今ではほとんどいなくなってしまった。鳥たちの数が減少する恐れがあまりに急速に高まっているので、次の世代のアメリカ人は、「野鳥のさえずりを聞く」とはどういうことなのかさえわからなくなるのではないか、と真剣に危ぶむ識者も出てきたほどだ。[註5]

人間は、鳥が絶滅してゆくことについては何も考えていない。鳥が呼吸する空気や、鳥が飲む水や、鳥が食べる食物を、除草剤や殺虫剤や産業排気ガス――炭酸ガス、一酸化炭素、亜硫酸ガス、窒素酸化物など――によって汚染することで、鳥たちを毒殺していることを深く憂える人間は、ごくごく少数にすぎない。人類という自らの種が、鳥たちの棲む環境をすでに破壊し、そのために多くの種を絶滅させてしまい、九〇〇〇種ほどの鳥類のほぼ半数が暮らす熱帯雨林を今も破壊し続けていることを、どれほどの数の人間が気にかけているだろうか。タスマニア人が大量殺戮《さつりく》によって絶滅させられたことや、本来の居住地にいたアメリカ先住民族やトルコのアルメニア人やギリシャ人、ドイツのユダヤ人を絶滅に近い状態にいたらしめたことに対して、心ある人間は悲痛な叫びをあげたが、世界中で起こっている、鳥類のさまざまな種や属の大量殺戮に対しても、悲痛な叫びが遠からず聞かれるようになるだろう。

耳を傾けてくれるすべての人に、鳥の人間的な特性について知ってもらうため、私たちにできるすべてのことをひとりひとりがしなければならない。その主な理由は、次のように三点ある。

第一点は、鳥類を絶滅から救うのは、私たち人間の務めだということだ。人類に伝統的な、人間本位で自己中心的な倫理体系を乗り越え、それにとって代わる高度な倫理体系には、この務めが必ずともなわなければならない。この、より高潔で気高い倫理体系は、生命のそれぞれの形態を敬うべきものとして尊重し、(人間の集団や動物種の)大量殺戮を許してはならない罪と見なす。この気高い倫理体系では、すべての生命形態を、敬意をもって扱うことが求められる。雑食性動物や肉食動物や草食動物からなる自然界の秩序に対するこのような畏敬の念から、たとえば古代の狩猟採取人類は、植物や動物の肉なる部分を、犠牲となる相手への敬意と感謝をこめて、基礎的な栄養補給に必要な分だけ消費していたのだ。

第二点は、人間は鳥たちを害しているばかりか、同時に地球の動植物のすべてをも、加速度的に害していることだ。鳥たちを救うべく努力することで、私たち人間は、結果的に、他の動植物や地球自体をも、人類による侵食から救おうと努力していることになる。

第三点は、鳥や他の動植物の健康や生活を破壊することを通じて、人間は、自分たちの健康や環境をも破壊していることだ。鳥たちを救えば、人間は自分たち自身を含めて、地球上の他の生命体をも救うことになるだろう。鳥たちに害をおよぼす環境汚染物質や毒素や毒物は、人間を含めた、あらゆる生命体に影響を与える。人間は、自らを救うためには、意識を根本から変えて、世界観を一新する必要がある。それは、自分たちだけが、この地球上で唯一の知的存在ではない――その第一の例外である鳥たちは、人間と同じような意識と感受性をもち、人間と同じくらいに実際的知能をそなえている――という新たな理解であり、気づきなのだ。

人間は、自らを、地球の支配者として定められた存在としてではなく、それぞれ特殊化した無数の種のひとつとして見なければならない。人間には、その知的・科学技術的な特技を、他の種を傷つけることなく、全体の利益になるように、賢明に用いてゆく務めがある。それは、知的な仕事や技術的な仕事をしている（たとえば科学者や技術者などの）個々人が、自分の専門知識や専門技術を、他の人たちを傷つけることなく、すべての人の利益になるように用いてゆく責任があるのと、本質的には同じことなのだ。

あらゆるもののうちで最も深刻な次の事実に気づいている人間は、これまでのところごく少数にすぎない。人類の排出物――糞尿および生ごみや、農業や輸送機関や軍からの、とくに産業界からの廃棄物――が、自然分解によって除去されるよりも速く、水や大気、土壌、森林、食物連鎖の中に蓄積されつつあるのだ。[註6]不自然な生成物がこのように過剰に蓄積されていることは、人間にとっても、他の生物にとっても健全なことではない。健康は、環境汚染の悪化にともなって衰えてゆく。地球上の生命は、毒素や毒物、農薬、除草剤、殺虫剤、数え切れないほどの種類の産業汚染物質、危険な自動車排気ガスなどが、空気と水と土壌の中に拡散してゆくと、健康を保つことができなくなるのだ。

　人間は、地球の地下水、河川、湖沼《こしょう》、海を、恐るべき速度で汚染しつつある。ロングアイランド州では、地下水層がすべて汚染されているし、マサチューセッツ州では、その三分の一が、カリフォルニア州ではその四分の一が汚染されている。ライン川の生態系は、（ほとんどは、化学物質の倉庫の大火災によって）流入した八トンの純水銀と一〇〇〇トンの危険な化学物質によって、壊滅に近い状態におちいった。地中海は、そこに棲む魚の数が二〇年間で半分以下にまで落ち込んだほど、急速に汚染が進んでいる。水質汚染は、ハイテク産業の発展にともなって進行している。たとえば、コンピュータの重要部品（シリコンチップ）の生産について言えば、それにともなって発生する有毒なシアン化物や化学溶剤、ヒ素、重金属が水質を汚染しているのだ。[註7]

　生命維持に必要な、大気の組成は、合成汚染物質の種類が増加することによって、危険なまでに変化しつつある。アメリカ企業が、〔固体〕粒子や目に見えないガスや浮遊した液体粒子という形で放出する毒性化学物質は、アメリカ人ひとり当たり、年間約六三〇キログラムの割合で、大気中に蓄積されつつある。[註8]このような産業大気汚染物質に、自動車や農業や軍から排出される厖大な量の環境汚染物質が加わる。[註9]大気汚染物質が加速度的に生じた結果、とくに工業地帯や都市部では、鳥や人間や他の動物たちが呼吸する空気が、すでに著しく変質してしまっている。その結果、すでに健康に影響がおよんでいるが、それればかりではない。大気汚染は、鳴禽《めいきん》の幼鳥や人間の老人のように最も弱い者の生命にも影響をおよぼしているのだ。[註10]

フロンガスその他の合成化学物質は、過剰な紫外線による悪影響（皮膚がん、白内障、免疫系の損傷）から人間や他の動物を守るオゾン層を破壊しつつある。とくに製造業や森林伐採によって、炭酸ガスやメタンガスや亜酸化窒素のような吸熱性のガスが大気中に急速に増加したことで、地球表面が相当に熱せられている。過去一一二年間（一八七〇年から一九九一年）に最も気温が高かった上位八年は、下から順に、一九八〇年、一九八九年、一九八一年、一九八三年、一九八七年、一九八八年、一九九一年、一九九〇年だった。地球温暖化から予測される深刻な現象としては、これまでよりも猛烈な竜巻やハリケーンがたくさん発生するなど、地球の気候が不安定化することや、極地の氷が加速度的に解け、そのために海水面が上昇して、沿岸地方が水没することなどがある。[註11]

大気はまた、数年おきに、人災による致死性の放射線で汚染されている。一九七九年にペンシルベニア州のスリーマイル島と、一九八六年にソ連のチェルノブイリでそれぞれ起こった原子力発電所の事故は、今なお記憶に新しい。チェルノブイリを中心とする半径約九六〇キロの圏内に住んでいた何万という数の人たちは、放出された放射性物質から、発がんするほどの量の放射線を浴びた。地表を覆う雲に流入した放射性物質が、雨によって地上に降り注いだ結果、合衆国に住む人たちを含めて、それよりもはるかに多くの人たちが、何も知らないまま影響を受けた[註12]。このチェルノブイリでの放射性物質流出事故[註13]や、インドのボパールで起こった（二、三〇〇〇人が死亡し、二〇万人ほどが負傷した）アメリカ企業の猛毒ガス流出事故[註14]のような、近年発生した人災で、何の罪もない、数え切れないほどの鳥たちや他の動物たちも、死んだり傷害を受けたりしたことは、あらためて言うまでもない。

一九八八年までに、合衆国環境保護庁は、自国の土壌や地下水に汚染物質が流れ込んでいる五万カ所の産業廃棄物の捨て場のうち、わずか二万二〇〇〇カ所が〝浄化〟できたにすぎない。このような垂れ流し状態がおよぼす影響を、一カ所の廃棄場（ラブカナル）で厳密に調査したところ、その周辺地域で見られた一八件の妊娠のうち、正常児が生まれたのが二件、重度の先天性欠損をもつ子どもが生まれたのが九件、死産と自然流産が合わせて七件あったことがわかった。おそるべきことに、人間の先天性欠損は、この二五年のうちに二倍になっており、鳥や他の動物でも、急激に増加している。

地球の生命維持装置は、人間が加速度的に崩壊させたことで、今や信じがたいほどのレベルにまで劣化してしまっている。アイオワ州の肥沃《ひよく》な土壌は、徹底的に荒廃させてしまう農法〔いわゆる〝緑の革命〟〕のため、このままの状態が続けば、三〇年以内に砂漠化しかねないほどの速度で枯渇しつつある。現時点で十分予測できることだが、肥沃な地球の土壌は、一五年以内に三分の一も減少することになる[註15]〔訳註・世界の耕作可能な土地の面積は、過去四〇年間で三〇パーセント減少したというコーネル大学の二〇〇六年の研究がある（http://www.sciencedaily.com/releases/2006/03/060322141021.htm）」。地球上の半数以上の生物種の生活にとって非常に重要なうえに、世界中の気温と降雨量を調節するのにきわめて重要な役割をはたしている熱帯雨林も、二、三〇年のうちに砂漠化しそうな勢いで破壊が進んでいる。悲惨なことに、こうした熱帯雨林の栄養素は、地表に近い層に蓄えられているため、開墾してもわずか二、三年で作物がとれなくなってしまう。その後は、砂漠化する運命にあるのだ。

人間の直接的な環境破壊は、動植物や大気圏や水圏で起こった、多方面にわたる破壊の一面でしかない。ますます自滅的になっている戦争も、人間ばかりでなく、厖大な数の動物たちの生命も常に奪っている。地球上の人間の数は、とくに南アメリカ、アフリカ、アジアの非常に貧しい国で、地域の資源ではとてもまにあわないほど急激に増加している。一〇億人以上すなわち、地球上のほぼ五人にひとりが、日常的に飢餓状態にあり、そのうち、想像を絶する数の人間が栄養不良による直接的、間接的影響のために死亡することが十分予測される。生産量をたえず増やそうとする、現在の産業構造の強迫的な欲求（「進歩せよ」）は、資源の枯渇や種の絶滅、原野の破壊、森林の伐採、砂漠化などの思わしくない結果を招くことを事実上約束するものなのだ。

◆人間性の回復

人間の破壊衝動がやむのは、私たちが自然界を新たな形で眺められるようになった時だろう。聖職者であり文化史家でありエコ神学者でもあるトマス・ベリーは、先に述べたさまざまな問題について深い思索を重ねた末、非常に重要な三通りの結論にいたっている。

● 破壊を食い止めるのに必要な努力を重ねてゆくためには、広い視野――現実感覚の根本的変革――が必要になる。

● この根本的な変革を実現するためには、自分自身をあるがままに――より大きな生命共同体に存在する多くの種の中のひとつとして――見なければならない。地球共同体に住む親族のもつ〝魅力をあらたに見出し〟て、自然という背景の中で自分自身をあらためて確立し、自然界の幸福と自らの幸福を一体にする必要がある。人類共同体の健全な未来は、常に再生する自然の循環過程《プロセス》の中にしか存在しないのである。

● 現段階で最も重要な課題は、新しい世代を導いて、自然界の壮大さや意味や聖性に目を開かせることである[註16]。

環境破壊に関する研究を厳密に検討した末、最近、非常に似かよった結論に到達した人たちは、他にもいる。

● 「人類が平和への歩みの一端を担うためには、また、母なる地球と戦う戦士[註17]であることから足を洗うためには、おおいなる目覚めが必要なのだ」――マシュー・フォックス（神学者）。

●これ以上の生態系の破壊とわれわれの文明の終末を防ぐには、「宗教的な運動すなわち、現在、人間の活動の多くを支配している価値観を変えてゆく必要性に的をしぼった運動が不可欠である」――パウル・R・エールリヒ[註18]（血液学者・免疫学者）。

●「生き残るためにわれわれは、自らも地球の一部であり、地球から切り離された存在ではないことをもう一度認め直す……という難題に直面するのである」――ジェームズ・ラブロック[註19]（地球科学者）。

●差し迫ったすさまじい環境問題を解決するには、「たとえそれがわれわれの個性や国民性の一部になっているとしても、旧来の習慣や特権をすべて根本から変えてゆかなければならない。そこで求められる変化とは、従来の革命の指導者たちが要求したこともなければ、要求しようとは夢にも思わなかったほど深く、広い範囲にわたるものなのである」――エリザベット・サトウリス[註20]（進化生物学者）。

ここで求められる、最も深く最も広い範囲におよぶ変化とは、私たちが次の点に気づくことだ。人間は、他の生命体と同じように有能で特殊化した、地球上の生命体の一種にすぎないこと、自分たちが知的・技術的特技をもっているからといって、他の種を支配し奴隷化する権利も特権もないこと、専門の科学者や知識人や技術者が、運動選手や消防士や、知的、技術的特技をもたない一般の人たちに対して、支配権を生まれながらにもっているわけではないのと同じように、地球上の他の生命体に対する支配権を生まれながらにもっているわけではないこと。

人間が自らを、支配権——地球やその生物種を支配し、望むがままに扱う生まれながらの権利——を与えられた存在だと思い込んでいる限り、地球を汚染、劣化させ、地球上の生物種を病気や死に追いやり続けることになる。人間も、地球上の生きとし生けるものも、同じようにすぐれて有能な存在であり、他の生物種がもつ特技も、象徴《シンボル》や道具を利用した自分たちの特技と同じように、畏敬の念に打たれるほど感動的なものだと考えるようになれば、人間は、破滅にいたる道を引き返すことができるだろう。

地上の人間たちよ、目を覚ますことだ。目を開き、まわりを見渡し、自らの隣人である鳥たちの一生の、展開の速さに気づくことだ。鳥たちは、人間と同じように楽しみ、遊び、働き、親となり、住む家を造り、歌い、他者と交わり、異性を愛し、傷つき、感情をもち、不安を抱き、意志を伝え、計画を立てる。身近にいる個々の動物にもっと近づいて、その努力や感情や経験を直視することだ。目を覚まして、地球上の他の生きものたちも自分たちと同じように、驚くべき自覚と完全な意識をもち、同じように特殊化していることに気づくのだ。今後は、自らの特殊化した知能を使って、自らの破壊的な習慣を変え、自分たちを含めた地球の動植物を、これ以上の破壊から救い出し、心の底から湧き上がる喜びのうちに調和した生活を送ろうではないか。

付録A　認知比較行動学革命の進展

◆行動科学および脳科学の研究者のための解説

本書は、認知比較行動学の進展から派生したひとつの成果だ。認知比較行動学は、人間以外の動物にも心的体験があると仮定し、比較心理学や比較行動学を、さらにはそれに関連する行動科学や脳科学をも一変させることをめざしている。これは、現在、最大級の敬意を表されている、ロックフェラー大学名誉教授の〔故〕ドナルド・R・グリフィンが先鞭《せんべん》をつけた分野だ。グリフィンは、数多くの論文と二点の先駆的著書――『動物に心があるか――心的体験の進化的連続性 *The Question of Animal Awareness*』〔邦訳、岩波書店〕および『動物は何を考えているか *Animal Thinking*』〔邦訳、どうぶつ社〕――の中で、とくに哺乳類や鳥類や昆虫類を対象にして厳密に行なわれた、人間以外の動物に見られる柔軟性や意識、単純な感情、単純な思考を示す数十件の研究プロジェクトの成果を、科学者向けにまとめている。〔註1〕集められたデータから、グリフィンは、以下のものを含め、一連の重要な結論を導き出している。

動物は、「もしそうなら、次はこうだ」、「ここを掘れば、食べものが見つかるだろう」、「自分の巣穴に跳び込めば、あいつにやっつけられることはないだろう」、「私〔実験室のハト〕がその明るい点をつつけば、穀物がもらえる」、「私〔実験室のネズミ〕がそのレバーを押せば、この床《ゆか》に痛めつけられる〔電撃を受ける〕ことはないだろう〔註2〕」といった、単純な因果的〔原因から結果を推測する〕思考によって行動を制御しているように見える。

もし動物が本当に思考するとしたら、比較行動学者や比較心理学者や、他の動物行動の研究者は、それぞれの基本的前提を変更しなければならない。動物の知能という問題は、本質的な意味で科学的に重要なので、科学者たちは、偏見をもつことなく、もてるエネルギーと能力のすべてを傾けて、真剣にこの問題に取り組まなければならない。

残念ながら、この重要な領域への科学的探究は、長い間、妨げられてきたし、現在でも、行動主義的、還元主義的、実証主義的な時代精神のおかげで、深刻な妨害を受けている。この支配的なパラダイムのもとで、学生たちは、動物は感じたり考えたりするのかということを問題にするのは非科学的だと教えられるし、研究者たちは、得られたデータを、動物が意識をもっていることを示す証拠と解釈すると、自分たちが嘲笑され追放されるのではないかと恐れるし、野外観察をしている動物学者たちは、自分たちが研究している動物の知能について、活字で発表するのをためらっているし、編集者たちは、データが動物の意識や認知を示していると解釈する論文を見ると、即座に不採用にするのだ。

●これまで集められたデータから引き出せる最も控えめで理にかなった結論は、科学者たちは、支配的なパラダイムのくびきから逃れ、偏見のない態度で、動物が知性をもっている可能性をあらためて検討すべく、懸命に努力しなければならないということだ。

グリフィンの研究は、本書を執筆するための刺激剤になった。心理学研究者として活動してきた三〇年間に、合わせて一八〇点の論文や著書を発表してきた私は、それに続いて、最も身近な野生の隣人である鳥たちを厳密な眼で観察し、過去三〇年ほどの間に、鳥の行動について書かれた重要な科学書や論文にすべて目を通すことによって、グリフィンが提出した考えかたのあらましを検証することにした。

鳥類の研究と観察に完全に没頭していた六年間の中で、私が取り組んできた厖大な量のデータから導き出されたのは、鳥たちは、簡単な思考をし、単純な感情をもつことができるばかりでなく、ふつうの人たちと同じように、意識があり、知的で、思いやりをもち、感情を抱き、個性的でもあるという予期しなかった結論だった。この結論は、グリフィンが描き出した〝思考する鳥〟という概念をも超えてしまうばかりか、支配的なパラダイムの根底にある「なんじ、擬人化するなかれ！」という戒律を大幅に破ることにもなるのだ。

異議申し立てを受ける側にいる科学者のふるまいを分析した、トマス・クーンやイムレ・ラカトシュ、ラリー・ローダンらによる著作[註3]によれば、支配的な見解を独断的に支持する科学者たちは、嘲笑したり、直接的、間接的に攻撃したりすることによって、その異論の科学的検討を、何とかして回避しようとするものだという。本書も、反擬人主義という支配的なパラダイムの原則に反しているため、それと同じ運命をたどることが予想される。[註4] しかしその一方で、本書で紹介してきたデータからわかるように、人間が自らに特有のものと考えてきた特徴を鳥たちがそなえていることは経験的に証明できるし、このような証明が、しだいに広い範囲で力をもつようになれば、人間と鳥が本質的に似かよっているという事実を、新世代の科学者や一般の人々が、根本的な科学的真理として受け入れるようになるはずなので、長い目で見れば、擬人的な鳥類観という革命的な視点のほうが主流の見解になっていくことも予測できる。

［校正中の付記・本書の出版準備中に、グリフィンの新著『動物の心 *Animal Minds*』（邦訳、青土社、一九九五年）が刊行された。この著書は、旧著の増補改訂版である］

付録B　知的個体としての鳥を個人的に体験する方法

読者の方々も、鳥と友だちになることができるし、その秘密の生活を覗《のぞ》くことも、これまでほとんど知られることのなかった個性を感じとることもできる。生活環境によって違ってくるにしても、野鳥の場合にはレン・ハワードが、屋内で自由に生活させる場合にはシェリル・C・ウィルソンが、それぞれ先例となったやりかたに従って、子どもたちや友人たちと一緒に鳥たちと接すれば、それが現実のものになるかもしれないのだ。

◆野鳥と友だちになる

第6章と第8章で述べておいたように、英国の音楽学者であるハワードは、野鳥の歌を研究するため小屋に引っ越して、たくさんの野鳥と親密な友情関係を築きあげ、人間の場合と同じように親しいつきあいができるのを知って驚いたという。鳥たちの隠された生活を観察した結果、鳥の基本的本性と人間の基本的本性には、本質的に共通する要素――苦しみ、幸福感、悲しみ、喜び、遊び好き、性的な楽しみ、思いやり、意識、実用的な知能――があることがわかった。鳥は本質的に人間に似ているという深遠な真理を、ハワードがわがものとしたのは、率直かつ落ち着いた態度で、敬意を払いながら鳥たちと接したからだ。まもなくハワードの生活は、鳥たちと交流を続けてゆくことが中心になった。以下に引用するのは、その点について書かれたものだ。ごくふつうの電気工事の作業員が、

無数の鳥が木から舞い降りて私の手に止まるのを見て……顔を輝かせ、目をきらめかせて、「何というすばらしさ」とつぶやき続けた。それから、こう言ったのである。「でも、どうしてこういうことがあったらいけないんだろう。こうでなくちゃいけないはずなのに」……私のように、たくさんの鳥たちと友だちづきあいを続けながら生活していると……鳥たち以外の世事に専念することは許してもらえなくなる。……だが、鳥たちの生涯は短いため、たくさんの悲劇がある。……このところ、朝はたいてい五時にシジュウカラに起こされている。そのシジュウカラは、けたたましい警戒の叫びを発しながら、私のベッドと窓の間を興奮して飛びまわる。このオスは、私に、早く来てほしい、自分の子どもがカササギに襲われかかっている、と訴えるので、ベッドから跳び起きて、棒でその敵を追い払う。ベッドに戻ると、すぐに別のもめごとが発生する。クロウタドリが窓のところに来て、興奮しながら「チチッ」と叫んで、私を起こす。私は、もう一度外へ出て、ポットの水を投げかけてネコを撃退する。……休日に出かけてしまうと、突発的な事件がたくさん起こるので、家を開けることはごくまれにしかない。遠くに行って、他の種類の鳥を見たいのはやまやまなのであるが。……私の鳥たちは、明

け方から夕方まで、私に注目してもらおうとして、あれやこれやと要求するのである。[註1]

どうやってハワードは、まわりの鳥たちとこれほど親しくなったのだろうか。その点についてハワードは、次のように述べている。

たぶんそれは、すぐに私のところへ来てくれる鳥たちに、強い愛情を感じているためであろう。私は、そのような鳥たちの信頼を得るのに、少しも困難を感じなかった。……小屋のフランス窓のそばに餌台と水浴び用の桶を置くと、すぐにヨーロッパコマドリやアオガラやクロウタドリがやって来たし、はるかにたくさんの種類が……まもなく続いて来るようになった。……このようなきわめて親しい関係が、非常に速やかに［とくに、特別のごちそうを手で鳥たちに与えた後に］成立し、その数は急速に増えていった。私は、その仲間たちを愛することの他に、個々の鳥の性格を研究することに非常に深い関心を抱いている。[註2]……

初めて鳥に近づいた時、ハワードは、「鳥の行動にそれほどの知能が見られるとは予想していなかった」[註3]ため、鳥たちが一貫して知的にふるまうのを知って驚いた。ハワードは次のように述べる。「鳥の行動は、人をこわがってパニックを起こした場面を見て判断されることが多い。……鳥にとってふつうなのは……恐怖で混乱することのない限り、常ならぬ状況でも知的にふるまうことだと思う」[註4]

ハワードはまた、鳥たちと知り合い、交流することが、多くの場合、人とつきあうよりも楽しいことがわかって、うれしい驚きに包まれたという。鳥の友人たちを通じて得られた喜びの他に、ハワードは、たとえば鳥の飛翔を観察することで、美学的な意味で深い満足感にもひたったという。その点について、ハワードは次のように述べている。

鳥たちは、飛翔をあたりまえの移動手段として使うばかりでなく、その美しい形を通じて、表現の手段としても使う。……歌で気晴らしをする種が少なくないように、一日のうち何時間も、飛翔を気晴らしとして使う種も多い。飛翔は、リズムと運動感覚を基盤とした、音楽に近い芸術である。鳥たちは、このみごとな表現法を、その感情的性質も含めて熟知している。指揮者がいるわけでもないのに、どうすれば、このような同時的行動がとれるのかと、研究熱心な人たちをいつも悩ませているほど、一糸乱れぬ集団飛行を発達させた種もいくつかある。［音楽家としての個人的経験からハワードは、みごとな編隊を組んで飛行している最中に鳥たちが経験することは、指揮者なしで合奏している音楽家たちが経験するものと似ているはずだと気づいた。それは］全員が、かき立てられた反応に鼓舞［されて］一体感を味わう［からである。］……全員が、同じ衝動ないし刺激に揺り動かされる一方で、各員は、他の演奏者が自分なりの解釈に基づいて演奏している、そのきわめて鋭敏な意識を、しばしば一瞬前に感じとり……自分たちが感動に震えるばかりでなく、その演奏に耳を傾けているわれわれ聴衆も、感動に震えるのである。［註5］

ハワードは、鳥のさえずりに対する自らの美的感覚についても詳述している。「鳥たちの音楽言語の知識や理解を深めながら、その音楽に耳を傾ければ傾けるほど、そのメロディは美しさを増す。歌は、感情を表現するひとつの手段であり、鳥の心は、自らの音楽に深く入り込んでいく。[註6]……」「音楽の才能は、人間の演奏家の場合と同じく――種内でも――個体差が大きい。……このような才能のばらつきは、声質の問題ばかりではない。歌や作曲の素質という点でも、その曲の解釈や技術的能力という点でも、ばらつきが大きいのである。[註7]……」

ムシクイ属の鳥の歌は……心から心へとじかに伝わってくる。そこでは、鳥と人間の間に真の共感がある。とくに巣作りが始まって以降は、一音一音が大切に発せられる。発声の速さとトーンの強さが、思いをこめたようにしだいに高まると、澄んで心地よい音は、じょじょに弱まってゆく。それから少し大きくなり、再び小さくなって、さらに美しいカデンツ〔終結部〕で閉じられるのである。……［ナイチンゲールの］クレッシェンドでくりかえす神秘的な声は、感情的な効果と絶妙のコントロールという点で驚異的である。……力強いリズミカルなフレーズと、沸き立つようなトリルのクレッシェンドが、ぐいぐい引きつけるような魅力を感じさせながら、驚くべき力量で歌われる。……それに続くのは……その歌の一部になっている休止である。その時、夜のしじまと美しさとがしだいに強く迫ってくる。それに続いて、すばらしい旋律が聞こえてくるが、それは、夜の詩情から生まれ出たもののように思われるのである。[註8]

ハワードが用いた主要な三通りの手順（一一七ページ、および以下の記述を参照）に従って鳥たちと接してゆけば、鳥の隠された生活がわかったおかげでハワードが味わった喜びと美学的な満足感を、読者の方々も味わうことができる。

鳥が見て食べることができる場所ならどこでもよいが、自宅のまわりに――バルコニーの床、窓辺やバルコニーやテラス、地面、トレイ、餌台に――鳥の食べものを置く。[註9] また、自宅のまわりに水浴び用の桶や巣箱を置く。（それから、可能な時にはいつでも、外に向かって開いているところに食べものや巣箱を置く。）

穏やかにそして率直に、喜びを味わいながら、人間として最良の前向きな気持ちで、鳥たちに近づいて行ってほしい。

鳥たちがこちらに近づいて来て、親密なきずなが結べるように、手から取って食べられるものを与えるようにしよう。

◆自宅で自由に暮らす鳥と友だちになる

自宅で暮らしている鳥の知能と性格を、自分の目でくわしく観察するには、シェリル・C・ウィルソン（第8章参照）が先例を示した方法を利用する。[註10] インコのブルーバードを見つけて育てるさいに、ウィルソンは次のような手順を踏んでいる。

さまざまな種類の鳥の性格について書かれた本に、ひと通り目を通したウィルソンは、セキセイインコを選んだ。それは、セキセイインコが社交的で遊び好きという点で定評があり、話すことを学ぶ能力をもっていて、餌も手に入りやすく、その排泄物は、ものを汚さないし臭いもないため簡単に処理できるし、廉価（当時は二〇ドル程度）で購入できたからだ。

ウィルソンは、地元のブリーダーが家庭で育てたインコを、理想的な週齢で譲り受けた。この、孵化後五、六週という時期は、インコが両親のもとを離れ、人間と関係を結ぶのに適した時なのだ。週齢が五、六週になる数羽のインコの中から、ウィルソンは、最も活発で、好奇心があり、自分に関心をもっているように見えたことから、ブルーバードを選んだ。

ブルーバードをその家や両親や他のインコたちから引き離すと、身体的、感情的に大きなストレスとなる可能性があることを、ウィルソンはあらかじめ承知していた。タクシーで新しい家に連れて来る時に生ずるトラウマを、最小限に食い止めようと考えたウィルソンは、この小旅行の最中にブルーバードを安心させるため、膝の上に置いて話しかけられるように、（空気穴をいくつか開けた）小箱を持参したのだ。[註11]

家に着くとすぐに、ウィルソンは、たとえば別の文化圏から連れて来られておびえている子どもを安心させるのと同じように、やさしく穏やかな態度で接し、落ち着いた口調で名前を呼ぶことによって、心配しなくてよいことをブルーバードに伝えて安心させた。ブルーバードが新しい家に来て最初の一週間前後は、ブルーバードを驚かせるような刺激（たとえば、電気掃除機が発する大きく異様な音）をなくすことで、落ち着いた環境をつくり[註12]、ブルーバードをおびえさせることのないように、食事や読書をしたり、静かにピアノを弾いたりなどの、日常的行動をしている自分の姿が見えるように、毎日何時間も、ブルーバードの前で過ごした。ブルーバードを驚かせないように、ゆっくりと静かに近づき、粟《あわ》粒のようなとっておきのごちそうを、手から食べさせるようにした。それによって、しだいに親しみを感じさせるようにしたのだ。

まもなくブルーバードは、新しい家になじんできたので、いよいよケージから出して、自由に飛びまわらせる段階になった。ブルーバードが家から飛び出して行かないように、ドアや窓その他出入り口が閉じられた。[註13] 鏡や窓には、ブルーバードがぶつからないようにするため、覆いがかけられた。（反射する性質のものには、後から少しずつ慣れさせた。）また、危険をおよぼしそうなものは、常識的判断で撤去された。

ブルーバードが入って行きそうな部屋を、それぞれ丹念に見てまわりながら、ウィルソンは、次のように考えた。「ブルーバードがやけどしそうなものはないか」（熱いフライパンや鍋類、ストーブやガスレンジ、電気暖房器、金属製の照明器具）、「溺れる可能性のあるところはないか」（皿を洗った後、たらいに溜まったままになっている汚水、蓋を開けたままの便器、水が残っているコップ）、「はまり込んでしまいそうなところはないか」（食器棚、引き出し、花瓶、家具の裏側）、「環境汚染物質の影響を受けることはないか」（エアゾール、空気清浄器、強力な洗剤、殺虫剤、防虫剤などの使用を中止して、環境に配慮した製品だけを使うようにする）、「他にブルーバードを傷つけそうなものはないか」（有毒な植物、農薬のかかった野菜、鉛筆の芯、電気のコード）

ウィルソンは、インコについて書かれた資料を幅広く読んだうえで、細かい点についてブリーダーと話し合っていたので、人間とつきあいたいというブルーバードの要求を満たす方法（ブルーバードとひんぱんに遊び、話し、交流すること）も、特定の食べものやおもちゃがほしいという要求や、ケージから出ている時に遊ぶ場所や止まる場所がほしいという要求をかなえる方法（遊び場ないし運動場、〝インコの木〟）も知っていた。［註14］

ブルーバードは、ウィルソンとつきあう中で、意味のある会話を学んだ。ウィルソンは、「ドアを開けて」などの、ブルーバードがその場で使える言いまわしで話しかけた。その後、ケージのドアを開けてもらいたい時、ブルーバードは、実際にその言葉が使えるようになった。（アイリーン・M・ペッパーバーグ教授が使った社会的行動モデリング法も、インコやオウムに意味のある言葉を教えるのに利用できる。これは、第1章（四ページ）で述べておいたように、モデルになったふたりの人間が、観察力の鋭い鳥が関心をもちそうなことについて、互いにやりとりするという方法だ。たとえば、「これは何ですか」［ボール］とか「何色ですか」［オレンジ色］などは、鳥が、後でオレンジ色のボールを要求するさいに使える言いまわしだ。［註15］）

◆鳥と友だちになることの重要性

鳥と友だちになり、その知能や性格を理解しようと懸命に努力してゆけば、それは、人類の意識や運命を変えることになる革命的な運動の一端を担うことになるだろう。鳥たちが知能をもっているという現実を、読者の方々や、家族や友人や知人が肌で感じとれるようになれば、その知識を他の人たちにまで広げようと自然に考えるようになるだろう。現在では、きわめて有効なコミュニケーション媒体が利用できるので、人間が自分たち特有のものと（誤って）思い込んでいるきわめて重要な特性を、自分の飼い鳥がもっていることを、世界中の人たちに対して、説得力をもって即座に示すことができるだろう。

最も身近にいる、野生の隣人である鳥がもつ基本的な性質を完全に誤解していたことがわかれば、人類はおおいに驚き、（荒廃して絶望的な世界をつくるもとになっている）その無気力から抜け出して、新たな思索を始め、こうした現実をより正しく、より深く理解し、よりよい生きかたに向かって前進するようになるだろう。

付録C　本書に登場する鳥の和名および学名

〔訳注・目科名は、従来の分類法よりも客観的とされるシブリー＝アールキスト鳥類分類に従っています。和名に別名がある場合には、（　）内に表示しておきました。なお、類別と主和名が一致するものが複数ある場合には、原著にならって「カモメ、トウゾク」のような表記でまとめて示しました〕

和名	目科名	学名
アオアズマヤドリ	スズメ目ニワシドリ科	*Ptilonorhynchus violaceus*
アオガラ	スズメ目シジュウカラ科	*Parus caeruleus*
アカエボシニワシドリ	スズメ目ニワシドリ科	*Amblyornis subalaris*
アカショウビン	ブッポウソウ目ショウビン科	*Halcyon coromanda*
アメリカシロヅル	ツル目ツル科	*Grus americana*
アメリカワシミミズク	フクロウ目フクロウ科	*Bubo virginianus*

イワドリ	スズメ目タイランチョウ科	*Rupicola rupicola*
インカサンジャク	スズメ目カラス科	*Cyanocorax luxuosus*
インコ、セキセイ	オウム目オウム科	*Melopsittacus undulatus*
インコ、ボタン	オウム目オウム科	*Agapornis lilianae*
ウタスズメ	スズメ目アトリ科	*Melospiza melodia*
エリマキシギ	コウノトリ目シギ科	*Philomachus pugnax*
オウサマタイランチョウ	スズメ目タイランチョウ科	*Tyrannus tyrannus*
オオハシバト	ハト目ハト科	*Didunculus strigirostris*
オシドリ	カモ目カモ科	*Aix galericulata*
オナガサイホウチョウ	スズメ目ウグイス科	*Orthotomus sutorius*
カケス、アオ	スズメ目カラス科	*Cyanocitta cristata*
カケス、カリフォルニア	スズメ目カラス科	*Aphelocoma coerulescens*
カケス、マツ	スズメ目カラス科	*Gymnorhinus cyanocephalus*
カササギ	スズメ目カラス科	*Pica pica*
カッコウ	カッコウ目カッコウ科	*Cuculus canorus*
カナリア	スズメ目アトリ科	*Serinus canaria*
カモメ、クロワ	コウノトリ目カモメ科	*Larus delawarensis*
カモメ、トウゾク	コウノトリ目カモメ科	*Stercorarius pomarinus*

カモメ、ワライ	コウノトリ目カモメ科	*Larus atricilla*
カラス（アメリカガラス）	スズメ目カラス科	*Corvus brachyrhynchos*
ガラス、ニシコクマル	スズメ目カラス科	*Corvus monedula*
ガラス、ハイイロ	スズメ目カラス科	*Corvus corone cornix*
ガラス、ヤマ	スズメ目カラス科	*Corvus frugilegus*
ガラス、ワタリ	スズメ目カラス科	*Corvus corax*
キゴシツリスドリ	スズメ目アトリ科	*Cacicus cela*
キツツキフィンチ	スズメ目アトリ科	*Camarhynchus pallidus*
キョクアジサシ	コウノトリ目カモメ科	*Sterna paradisaea*
キンバネオナガタイヨウチョウ	スズメ目タイヨウチョウ科	*Nectarinia reichenowi*
クロウタドリ	スズメ目ヒタキ科	*Turdus merula*
クロエリハクチョウ	カモ目カモ科	*Cygnus melanocorypha*
ケアオウム（ミヤマオウム）	オウム目オウム科	*Nestor notabilis*
コアホウドリ	コウノトリ目ミズナギドリ科	*Diomedea immutabilis*
コウノトリ	コウノトリ目コウノトリ科	*Ciconia boyciana*
ゴジュウカラ、チャガシラヒメ	スズメ目ゴジュウカラ科	*Sitta pusilla*
ゴジュウカラ、ヒメ	スズメ目ゴジュウカラ科	*Sitta pygmaea*
ササゴイ	コウノトリ目サギ科	*Butorides striatus*

サヨナキドリ（ナイチンゲール）	スズメ目ヒタキ科	*Luscinia megarhynchos*
シジュウカラ	スズメ目シジュウカラ科	*Parus major*
シジュウカラガン（カナダガン）	カモ目カモ科	*Branta canadensis*
シュモクドリ	コウノトリ目シュモクドリ科	*Scopus umbretta*
ズアオアトリ	スズメ目アトリ科	*Fringilla coelebs*
ズグロハタオリ	スズメ目スズメ科	*Ploceus melanocephalus*
スズゴエヤブモズ	スズメ目カラス科	*Laniarius aethiopicus*
セイラン	キジ目キジ科	*Argusianus argus*
ダチョウ	ダチョウ目ダチョウ科	*Struthio camelus*
ツグミ	スズメ目ヒタキ科	*Turdus naumanni*
ツグミ、チャイロコ	スズメ目ヒタキ科	*Catharus guttatus*
トビ、クロムネ	コウノトリ目タカ科	*Hamirostra melanosternon*
トビ、ニシ	コウノトリ目タカ科	*Milvus migrans*
ニシイワツバメ	スズメ目ツバメ科	*Delichon urbica*
ニシツリスガラ	スズメ目シジュウカラ科	*Remiz pendulinus*
ニワトリ（セキショクヤケイ）	キジ目キジ科	*Gallus gallus*
ノドグロセンニョムシクイ	スズメ目ホウセキドリ科	*Gerygone palpebrosa*
ハイイロホシガラス	スズメ目カラス科	*Nucifraga columbiana*

ハネビロノスリ	コウノトリ目タカ科	*Buteo platypterus*
ハヤブサ	コウノトリ目ハヤブサ科	*Falco peregrinus*
バン	ツル目クイナ科	*Gallinula chloropus*
ヒワ、ゴシキ	スズメ目アトリ科	*Carduelis carduelis*
ヒワ、ムネアカ	スズメ目アトリ科	*Acanthis cannabina*
フタスジモズモドキ	スズメ目モズモドキ科	*Vireo solitarius*
ホシムクドリ	スズメ目ムクドリ科	*Sturnus vulgaris*
ボボリンク（コメクイドリ）	スズメ目アトリ科	*Dolichonyx oryzivorus*
マガモ	カモ目カモ科	*Anas platyrhynchos*
マネシツグミ	スズメ目ムクドリ科	*Mimus polyglottos*
ミズナギドリ、ズグロ	コウノトリ目ミズナギドリ科	*Puffinus gravis*
ミズナギドリ、マンクス	コウノトリ目ミズナギドリ科	*Puffinus puffinus*
ミソサザイ	スズメ目キバシリ科	*Troglodytes troglodytes*
ミソサザイ、ハシナガヌマ	スズメ目キバシリ科	*Cistothorus palustris*
ムシクイ、カマド	スズメ目アトリ科	*Seiurus aurocapillus*
ムシクイ、クリイロアメリカ	スズメ目アトリ科	*Dendroica castanea*
ムシクイ、ノドグロアメリカ	スズメ目アトリ科	*Oporornis philadelphia*
ムシクイ、ホオアカアメリカ	スズメ目アトリ科	*Dendroica tigrina*

もの思う鳥たち

モリフクロウ	フクロウ目フクロウ科	*Strix aluco*
ヨウム	オウム目オウム科	*Psittacus erithacus*
ヨーロッパコマドリ	スズメ目ヒタキ科	*Erithacus rubecula*
ヨーロッパハチクイ	ブッポウソウ目ハチクイ科	*Merops apiaster*
ライチョウ、キジオ	キジ目キジ科	*Centrocercus urophasianus*
ライチョウ、クロ	キジ目キジ科	*Tetrao tetrix*
ルリノジコ	スズメ目アトリ科	*Passerina cyanea*
ワシ、イヌ	コウノトリ目タカ科	*Aquila chrysaetos*
ワシ、エジプトハゲ	コウノトリ目タカ科	*Neophron percnopterus*
ワシ、ミナミハクトウ	コウノトリ目タカ科	*Haliaeetus leucocephalus leucocephalus*

原註

省略された書名の後の、［ ］内にある数字は、同じ章内の、完全な書名が表記された原註の番号を示している。〔訳註・邦訳のあることに気づいた文献については、その書誌情報を併記しておいた〕

第1章　鳥たちの知能

1　本書では、鳥類全般、人間全般について述べることが時おりあるが、このような一般化には、いつも留保が必要だ。たとえば、鳥綱やヒト属がもつ音楽的才能を実際に発揮するのは、一部の鳥や一部の人間だけなのだ。

2　私が考える知能という言葉の意味は、忘れられてしまうことの多い、次の三つの側面をもっている。

a　認知比較行動学の創始者であるドナルド・R・グリフィンが強調しているように、因果関係を考慮しながら臨機応変に行動を変えることで目的がかなえられる時、そこには知能が存在する。(「もしそうなら、次はこうだ」、「もし自分がこのことをすれば、別の結果になるだろう」)（付録A参照）

b　言語的知能（人間の特技）、音楽的知能、空間的知能、身体運動的知能（人間以外の動物でも高度な発達をとげている場合のある知能）など、さまざまな特殊な知能が存在する。Gardner, H. (1983). *Frames of*

Mind: The Theory of Multiple Intelligences. New York: Basic Books.

c フロイト他、たくさんの人たちがいみじくも強調しているように、意識の前景に浮かび上がってくるのは、複雑で入り組んだ人間の（拡大解釈すれば、動物の場合も）心の動きのごく一部でしかない。

3 本文では、特定の鳥類種を一般名〔本訳書では和名〕で表記しているが、それぞれの学名は付録Cに列挙しておいたので参照されたい。

4 Pepperberg, I.M. (1981). Functional vocalizations by an African grey parrot (*Psittacus erithacus*). *Zeitschrift für Tierpsychologie, 55*, 139-60; Pepperberg, I.M. (1983). Cognition in the African grey parrot: Preliminary evidence for auditory/vocal comprehension of the class concept. *Animal Learning and Behavior, 11*, 179-85; Pepperberg, I.M., and Kozak, F.A. (1986). Object permanence in the African grey parrot (*Psittacus erithacus*). *Animal Learning and Behavior, 14*, 322-30; Pepperberg, I.M. (1986). Acquisition of anomalous communicatory systems: Implications for studies on interspecies communication. In R.J. Schusterman, J.A. Thomas & F.G. Wood (eds.), *Dolphin Cognition and Behavior: A Comparative Approach* (pp. 289-302). Hillsdale, NJ: Lawrence Erlbaum Associates; Pepperberg, I.M. (1987). Evidence for conceptual quantitative abilities in the African grey parrot: Labeling of cardinal sets. *Ethology, 75*, 37-61; Pepperberg, I.M. (1987). Acquisition of the same/different concept by an African grey parrot (*Psittacus erithacus*): Learning with respect to categories of color, shape, and material. *Animal Learning and Behavior, 15*, 423-432; Pepperberg, I.M. (1988). An interactive modeling technique for acquisition of communication skills: Separation of ‘labeling’ and ‘requesting’ in a psittacine subject. *Applied Psycholinguistics, 9*, 59-76; Pepperberg, I.M. (1988). Evidence for comprehension of ‘absence’ by an African grey parrot: Learning with respect to questions of same/different. *Journal of the Experimental Analysis of Behavior, 50*, 553-64; Pepperberg, I.M. (1990). Cognition

in the African grey parrot (*Psittacus erithacus*): Further evidence for comprehension of categories and labels. *Journal of Comparative Psychology, 104*, 41-52; Pepperberg, I.M. (1990). Referential mapping: A technique for attaching functional significance to the innovative utterances of an African grey parrot (*Psittacus erithacus*). *Applied Psycholinguistics, 11*, 23-44; Pepperberg, I.M. (1990). Conceptual abilities of some nonprimate species, with an emphasis on an African grey parrot. In S.T. Parker & K.R. Gibson (eds.),“*Language*” *and Intelligence in Monkeys and Apes* (pp. 469-507). New York: Cambridge University Press; Pepperberg, I.M. (1991). A communicative approach to animal cognition: A study of conceptual abilities of an African grey parrot. In C.A. Ristau (ed.), *Cognitive Ethology: The Minds of Other Animals* (pp. 153-86). Hillsdale, NJ: Lawrence Erlbaum Associates.

5　前記のデータはすべてペッパーバーグ教授の原著科学論文（註4参照）に掲載されているが、それらの論文の中でそれらが強調されているわけではない。逆に、より抽象的で科学的に聞こえる、現代心理学の術語で明確に記述できる成果のほうが強調されているのだ。たとえば、代表的な論文の中で、ペッパーバーグは次のように述べている。

　一羽のヨウムは、八〇種類以上の物品を見分け、要求、拒絶し、分類、定量化するのに、英語の話し言葉の音が使えるように、また、色および形の分類概念に関する質問に答えるように教育されてきた。アレックスというそのヨウムは、〝同じ〟と〝違う〟という関係概念について訓練され、テストされた。このヨウムは、対になった属性の異なる物品について、「同じものは何ですか」あるいは「違うものは何ですか」という質問を受けた時、正確な英語の分類符号（「色」、「形」、「マーマー［マター＝素材］」）で答えている。新奇な物品と見慣れた物品の組み合わせでも、同じように成績がよかった。また、特別の試行を通じて、このヨウムの反応は、物品の属性ばかりでなく、その時に受けた質問にも基づくものであることが明らかになった。（Pepperberg. A communicative approach. p. 153［4］）

ペッパーバーグの研究のきわめて印象的な側面は、偏り、とくに〝賢馬ハンス効果〟すなわち実験者による偏りを、非常に厳密に管理していることだ。実験者がそれと知らずに手がかりを与えてしまうのを防止するため、アレックスに特定の課題の訓練を施した者が、その課題についてアレックスをテストすることはなかった。予測から手がかりが得られるのを防ぐため、アレックスに与える課題の順番は不同にされた。実験で提示される質問と物品のどちらの順番も、ランダムになっているため、アレックスは、次に何を質問されるかわからなかったということだ。アレックスの応答が、いつもの刺激にいつものように答えているのではないことをはっきりさせるために、初めて接する物品を使ってテストすることも時おりある。

行動研究では、さまざまな種類の偏り（理論的枠組みによる偏り、実験計画の偏り、データ分析の偏り、研究者の偏り、実験者の偏りその他）がふつうに見られるものだが、アレックスを対象にしたペッパーバーグの研究は、私が徹底的に検討してきた数多くの研究プロジェクトのどれと比べても、偏りの影響をはるかに厳密に排除している。Barber, T.X. (1976). *Pitfalls in Human Research: Ten Pivotal Points.* Elmswood, NY: Pergamon Press.〔T・X・バーバー『人間科学の方法――研究・実験における10のピットフォール』、古崎敬監訳、サイエンス社、一九八〇年〕

6

Herrnstein, R.J. (1984). Objects, categories, and discriminative stimuli. In H.L. Roitblat, T.G. Bever & H.S. Terrace (eds.), *Animal Cognition* (pp. 233-61). Hillsdale, NJ: Lawrence Erlbaum Associates; Herrnstein, R.J., and Loveland, D.H. (1964). Complex visual concepts in the pigeon. *Science, 146*, 549-51; Herrnstein, R.J., Loveland, D.H., and Cable, C. (1976). Natural concepts in pigeons. *Journal of Experimental Psychology: Animal Behavior Processes, 2*, 285-302; Poole, J., and Lander, D.G. (1971). The pigeon's concept of pigeon. *Psychonomic Science, 25*, 157-58.

7 Cerella, J. (1979). Visual classes and natural categories in the pigeon. *Journal of Experimental Psychology: Human Perception and Performance, 5*, 68-77; Cerella, J. (1980). The pigeon's analysis of pictures. *Pattern Recognition, 12*, 1-6; Delius, J.D., and Nowak, B. (1982). Visual symmetry recognition by pigeons. *Psychological Research, 44*, 199-212; Lubow, R.E. (1974). Higher-order concept formation in the pigeon. *Journal of the Experimental Analysis of Behavior, 21*, 475-83.

ハトの概念形成能力の分析は、一九六四年にハーンスタインらが発表した論文（註6参照）から始まり、今なお続けられている。この分野の研究は四半世紀にわたって続けられてきたが、比較的最近の論文は、「ハトの概念形成能力はこれまで推測されてきたよりも高度である」ことを報告している。Bhatt, R.S., Wasserman, E.A., Reynolds, W.F., Jr., and Knauss, K.S. (1988). Conceptual behavior in pigeons: Categorization of both familiar and novel examples from four classes of natural and artificial stimuli. *Journal of Experimental Psychology: Animal Behavior Processes, 14*, 219-34.

この分野の研究者たちは、スキナー流の行動主義的研究法に固執しているので、かごの中のハトの概念形成能力が知能や知性を示唆するとは言いたがらない。にもかかわらず、ハトの驚異的な心理的能力は、スキナー流研究法の〝客観的〟データや還元主義的な解釈を通して透けて見えてしまう。たとえば、ハーンスタインは、その実験結果について次のように論じている。

……われわれにはその分類規則や実例を自然科学的に記述することができず、ましてやその根底にある能力を説明することなどできるはずもないくらい変化に富むものを含む、（すべてではないにしても）一部の刺激群から、言語や、おそらくはそれに関連する高度な認知能力をもたない生物が、抽象的な不変性をすばやく引き出すことがある。……知能が欠如していることでよく知られており、その逆ではないとされる動物たちが、最新のコンピュータ・シミュレーションを（あるいは、最も斬新なシミュレーション理論をすら）しのぐほど変化に富む標本を選り分けることがある。……動物の概念形成能力の限界を広げようとする新たな努力はいずれも、新たな能力を発見する好機を与えてくれるように思われる。現在までのところ、動物を対象にして行なわれた実験での限界のほうが、動物自体がもつ限界よりも多いのである。

Herrnstein, R.J. (1985). Riddles of natural categorization. In L. Weiskrantz (ed.), *Animal Intelligence* (pp. 129-44). New York: Oxford University Press.（右の引用文は、一二九―一三三ページから）

8 一連の要素を記憶することができるハトの能力については、次の論文で考察されている。Terrace, H.S. (1984). Animal cognition. In Roitblat, Bever & Terrace (eds.), *Animal Cognition* (pp.7-28)〔6〕; Epstein, R., Kirshnit, C.E., Lanza, R.P., and Rubin, L.C. (1984). Insight in the pigeon: Antecedents and determinants of intelligent performance. *Nature, 308*, 61-62.

9 Stettner, L.J., and Matyniak, K.A. (1980). The brain of birds. In B.B. Wilson (ed.), *Birds: Readings from Scientific American* (pp. 192-99). San Francisco: W.H. Freeman.

10 Blough, D.S. (1982). Pigeon perception of letters of the alphabet. *Science, 218*, 397-98.

11 Brownlee, S. (1985). Intelligence: A riddle wrapped in mystery. *Discover, 6* (10), 85-93; Menne, M., and Curio, E. (1978). Investigations into the symmetry concept of the great tit (Parus major). *Zeitschrift für Tierpsychologie, 47*, 299-322; Pastore, N. (1955). Learning in the canary. *Scientific American, 192* (6), 72-79; Ryan, C.M.E. (1982). Concept formation and individual recognition in the domestic chicken (*Gallus gallus*). *Behavioral Analysis Letter, 2*, 213-20; Ryan, C.M.E. (1982). Mechanisms of individual recognition in birds. Master's thesis. University of Exeter;

Thorpe, W.H. (1977). Animal learning. *Encyclopedia Britannica*. 15th ed. vol. 10, pp. 731-46.

12 Baker, R, (1981). *The Mystery of Migration*. New York: Viking Press. p. 129〔ロビン・ベーカー編『図説生物の行動百科――渡りをする生きものたち』、桑原万壽太郎訳、朝倉書店、一九八三年〕; Balda, R.P. (1980). Recovery of cached seeds by a captive *Nucifraga caryocatactes*. *Zeitschrift für Tierpsychologie, 52*, 331-46; Balda, R.P., and Turek, R.J. (1984). The cache-recovery system as an example of memory capabilities in Clark's nutcracker. In Roitblat, Bever & Terrace (eds.), *Animal Cognition* (pp. 513-32)〔6〕; Cowie, R.J., Krebs, J.R., and Sherry, D.F. (1981). Food storing in marsh tits. *Animal Behavior, 29*, 1252-59; Kamil, A.C. (1984). Adaptation and cognition: Knowing what comes naturally. In Roitblat, Bever & Terrace (eds.), *Animal Cognition* (pp. 533-44)〔6〕; Shettleworth, S.J., and Krebs, J.R. (1982). How marsh tits find their hoards: The role of site preference and spatial memory. *Journal of Experimental Psychology: Animal Behavior Processes, 8*, 354-75; Vander Wall, S.B., (1982). An experimental analysis of cache recovery in Clark's nutcracker. *Animal Behavior, 50*, 84-94; Vander Wall, S.B., and Balda, R.P. (1981). Ecology and evolution of food-storing behavior in conifer-seed-caching corvids. *Zeitschrift für Tierpsychologie, 56*, 217-42.

13 Beck, B.B. (1980). *Animal Tool Behavior: The Use and Manufacture of Tools by Animals*. New York: Garland STPM Press. p. 22; Marshall, A.J. (1954). *Bower-Birds*. London: Oxford University Press.

14 Lack, D. (1961). *Darwin's Finches*. New York: Harper & Row.〔デイヴィット・ラック『ダーウィンフィンチ――進化の生態学』、浦本昌紀、樋口広芳訳、思索社、一九七四年〕

15 Allaby, M. (1982). *Animal Artisans*. New York: Alfred A. Knopf. p. 301; Gayou, D.C. (1982). Tool use by green jays. *Wilson Bulletin, 94*, 593-94; Hardy, A. (1965). *The Living Stream: Evolution and Man*. New York: Harper & Row. p. 176.

16 Beck (1980). *Animal Tool Behavior*. p. 29.〔13〕; Jones, T., and Kamil, A. (1973). Tool-making and tool-using in the northern blue jay. *Science, 180*, 1076-78; Judd, W.W. (1975). A blue jay in captivity for eighteen years. *Bird Banding,*

46, 250; Reid, J.B. (1982). Tool-use by a rook (*Corvus frugilegus*) and its causation. *Animal Behavior, 30*, 1212-16.

17 Michener, J.R. (1945). California jays: Their storage and recovery of food and observations at one nest. *Condor, 47*, 206-210.

18 Bonnet, J. (1986). Comportement curieux d'un Grand Corbeau à son site de nidification. *Alauda, 54*, 71; Janes, S. (1976). The apparent use of rocks by a raven in nest defense. *Condor, 78*, 409.

19 Angell, T. (1978). *Ravens, Crows, Magpies, and Jays*. Seattle: University of Washington Press; Beck (1980). *Animal Tool Behavior*. 〔13〕; Grobecker, D.B., and Pietsch, T.W. (1978). Crows' use of automobiles as nutcrackers. *Auk, 95*, 760-61; Zach, R. (1978). Selection and dropping of whelks by northwestern crows. *Behavior, 67*, 134-48.

20 Homberg, L. (1957). Fiskande kråkor [Fishing hooded crows]. *Fauna och Flora, 5*, 182-85.

21 Beck (1980). *Animal Tool Behavior*. 〔13〕; Higuchi, H. (1986). Bait-fishing by the green-backed heron *Ardeola striata* in Japan. *Ibis, 128*, 285-90; Higuchi, H. (1987). Cast master. *Natural History, 96* (8), 40-43; Lovell, H.B. (1958). Baiting of fish by a green heron. *Wilson Bulletin, 70*, 280-81; Sisson, R. (1974). Aha! It really works! *National Geographic Magazine, 145*, 142-47.

22 Griffin, D.R. (1991). Progress toward a cognitive ethology. In Ristau (ed.), *Cognitive Ethology: The Minds of Other Animals*. pp. 3-17. 〔4〕

23 Thorpe (1977). *Animal Learning*. 〔11〕; van Lawick-Goodall, J. (1970). Tool-using in primates and other vertebrates. In D. Lehrman, R. Hinde & E. Shaw (eds.), *Advances in the Study of Behavior. vol. 3* (pp. 195-249). New York: Academic Press.

24 Allaby (1982). *Animal Artisans*. pp. 9 and 30. 〔15〕; DeBenedictis, P.A. (1966). The bill-brace feeding behavior of the Galapagos finch *Geospiza conirostris*. *Condor, 68*, 206-8; Fly, C.H. (1972). The biology of African bee-eaters. *Living*

Bird, 11, 75-112; Romanes, G.J. (1883). *Animal Intelligence*. New York: D. Appleton & Co. p. 283.
　鳥類では、道具使用の報告は他にもたくさんある。豊富な文献への便利な手引きについては、ペッパーバーグの次の文献を参照のこと。Pepperberg, I.M. (1989). Tool use in birds: An avian monkey wrench. *Behavioral and Brain Sciences, 12*, 604-5.

25 Angell (1978). *Ravens, Crows, Magpies, and Jays*. 〔19〕; Darwin, C. (1883). A posthumous essay on instinct. In G.J. Romanes, *Mental Evolution in Animals with a Posthumous Essays on Instinct by Charles Darwin* (pp. 355-84). London: Kegan Paul, Trench; Lack, D. (1953). *The Life of the Robin*. London: Penguin Books.〔D・ラック『ロビンの生活』、浦本昌紀、安部直哉訳、思索社、一九七三年〕; Leslie, R.F. (1976). *Lorenzo the Magnificent: The Story of an Orphaned Blue Jay*. New York: W.W. Norton.〔ロバート・F・レスリー『カケスは毎日ハードボイルド――みなしごロレンツォが巣立つまで』、熊田清子訳、早川書房、一九八九年〕; Romanes (1883). *Animal Intelligence*. 〔24〕; Skutch, A.F. (1976). *Parent Birds and Their Young*. Austin, TX: University of Texas Press; Trautman, M.B. (1947). Courtship behavior of the black duck. *Wilson Bulletin, 59*, 26-35.

26 Ligon, J.D., and Ligon, S.H. (1978). Communal breeding in green woodhoopoes. *Nature, 276*, 496-98; Romanes (1883). *Animal Intelligence*. 〔24〕; Skutch, A.F. (1987). *Helpers at Birds' Nests*. Iowa City: University of Iowa Press.

第2章　鳥たちのもつ柔軟性

1 Welty, J.C., and Baptista, L. (1988). *The Life of Birds*. 4th ed. New York: Saunders. p. 75.

2 Gill, F.B. (1990). *Ornithology*. New York: W.H. Freeman. p. 277.

3 Gill, F.B., and Wolf, L.L. (1975). Foraging strategies and energetics of east African sunbirds at Mistletoe flowers.

American Naturalist, 109, 491-510; Howard, L. (1953). *Birds as Individuals*. London: Readers Union, Collins. 〔L・ハワード『小鳥との語らい』、斎藤隆史、安部直哉訳、思索社、一九八〇年。ただし、一部訳〕; Welty and Baptista (1988). *The Life of Birds*. pp. 248-51. 〔一〕

4 Krebs, J.R., MacRoberts, M.H., and Cullen, J.M. (1972). Flocking and feeding in the great tit (*Parus major*)—An experimental study. *Ibis, 114*, 507-30.

5 Ogburn, C. (1976). *The Adventure of Birds*. New York: William Morrow. pp. 107-8; Vleugel, D.A. (1951). A case of herring gulls learning by experience to feed after explosions by mines. *British Birds, 44*, 180.

6 Verrill, A.H. (1938). *Strange Birds and Their Stories*. New York: Page; Welty and Baptista (1988). *The Life of Birds*. pp. 115-16. 〔一〕

7 Fisher, J., and Hinde, R.A. (1949). The opening of milk bottles by birds. *British Birds, 42,* 347-57; Hinde, R.A., and Fisher, J. (1951). Further observations on the opening of milk bottles by birds. *British Birds, 44*, 393-96; Welty, J.C. (1963). *The Life of Birds*. New York: Alfred A. Knopf. p. 168.

8 Skutch, A.F. (1976). *Parent Birds and Their Young*. Austin, TX: University of Texas Press. pp. 261-62, 77.

9 Keast, A.,and Morton, E.S. (eds.).(1980). *Migrant Birds in the Neotropics: Ecology, Behavior, Distribution, and Conservation*. Washington, DC: Smithsonian Institution Press; Pasquier, R.F., and Morton, E.S. (1982). For avian migrants a tropical vacation is not a bed of roses. *Smithsonian, 13* (7), 169-88.

10 Darwin, C. (1883). A posthumous essay on instinct. In G.J. Romanes (1883). *Mental Evolution in Animals with a Posthumous Essay on Instinct by Charles Darwin*. London: Kegan Paul, Trench. pp. 355-84.

11 Romanes, G.J. (1883). *Animal Intelligence*. New York: D. Appleton & Co.; Welty and Baptista (1988). *The Life of Birds*. p. 290. 〔一〕

12 Verrill (1938). *Strange Birds and Their Stories*. p. 191. ［6］

13 von Hartmann, E. (1871). *Philosophie des Unbewussten*. 3rd. ed. Berlin: Duncker; Welty and Baptista (1988). *The Life of Birds*. p. 295. ［1］

14 Collias, N.E., and Collias, E.C. (1984). *Nest Building and Bird Behavior*. Princeton, NJ: Princeton University Press.

15 Balda, R.P., and Turek, R.J. (1984). The cache-recovery system as an example of memory capabilities in Clark's nutcracker. In H.L. Roitblat, T.G. Bever & H.S. Terrace (eds.), *Animal Cognition* (pp. 513-32). Hillsdale, NJ: Lawrence Erlbaum Associates.

16 Myers, J.G. (1935). Nesting association of birds with social insects. *Transactions of the Entomological Society of London, 83*, 11-22; Skutch (1976). *Parent Birds and Their Young*. ［8］; Welty and Baptista (1988). *The Life of Birds*. p. 295. ［1］

17 Griffin, D.R. (1984). *Animal Thinking*. Cambridge, MA: Harvard University Press. pp. 107-10. 〔D・R・グリフィン『動物は何を考えているか』、渡辺政隆訳、どうぶつ社、一九八九年〕

18 Gill (1990). *Ornithology*. pp. 376-77. ［2］; Romanes (1883). *Animal Intelligence*. p. 289. ［11］; Welty (1963). The Life of Birds. p. 336. ［7］

19 Bright, M. (1984). *Animal Language*. Ithaca, NY: Cornell University Press. p. 126. 〔マイケル・ブライト『動物たちの話し声——音声とコミュニケーションの研究』、熊田清子訳、どうぶつ社、一九八六年〕; Curio, E. (1978). Cultural transmission of enemy recognition. *Science, 202*, 899-901; Drent, R. (1975). Incubation. In D.S. Farner & J.R. King (eds.), *Avian Biology. vol. 5* (pp. 333-420). New York: Academic Press.

20 Griffin (1984). *Animal Thinking*. ［17］; Ristau, C.A. (1991). Aspects of the cognitive ethology of an injury-feigning bird, the piping plover. In C.A. Ristau (ed.), *Cognitive Ethology: The Mind of Other Animals* (pp. 91-126). Hillsdale, NJ:

Lawrence Erlbaum Associates; Skutch (1976). *Parent Birds and Their Young*. pp. 414-15. 〔8〕

21 Ristau (1991). Aspects of the cognitive ethology of an injury-feigning bird. 〔20〕

22 Griffin (1984). *Animal Thinking*. pp. 87-94. 〔17〕; Skutch (1976). *Parent Birds and Their Young*. pp. 414-15. 〔8〕

23 Angell, T. (1978). *Ravens, Crows, Magpies, and Jays*. Seattle: University of Washington Press. p. 61; Kilham, L. (1989). *The American Crow and the Common Raven*. College Station: Texas A & M University Press. pp. 37, 113-15, 119-20; Pasquier, R.F. (1977). *Watching Birds: An Introduction to Ornithology*. Boston: Houghton Mifflin. p. 100; Skutch (1976). *Parent Birds and Their Young*. pp. 333-36. 〔8〕

24 de Groot, P. (1980). Information transfer in socially roosting weaver birds (*Quelea quelea: Ploceinae*): An experimental study. *Animal Behavior, 28*, 1249-54.

25 Skutch (1976). *Parent Birds and Their Young*. 〔8〕

26 Howard (1953). *Birds as Individuals*. 〔3〕; Mebs, T. (1972). Family: Falcons. In B.Grizmek (ed.), *Grizmek's Animal Life Encyclopedia. vol. 7*. New York: Van Nostrand Reinhold; Welty (1963). *The Life of Birds*. p. 183. 〔7〕; Caro, T.M., and Hauser, M.D. (1992). Is there teaching in nonhuman animals? *Quarterly Review of Biology, 67*, 13-174.

27 初期の文献から引用した数多くの実例は、次の文献に収録されている。Darwin, C. (1871). *The Descent of Man and Selection in Relation to Sex*. London: John Murray. 〔C・ダーウィン『人間の進化と性淘汰 1、2』、長谷川眞理子訳、文一総合出版、一九九九、二〇〇〇年〕; 本書第8章も参照のこと。

28 Balda and Turek (1984). The cache-recovery system. 〔15〕

29 Southern, H.N. (1970). The natural conrol of a population of tawny owls (*Strix aluco*). *Journal of Zoology, 162*, 197-285.

30 Lack, D. (1954). *The Natural Regulation of Animal Numbers*. Oxford: Clarendon Press; Ligon, J.D. (1978).

Reproductive interdependence of piñon jays and piñon pines. *Ecological Monographs, 48*, 111-26.

第3章　本能に導かれる鳥と人間

1 Eimas, P.D., and Tartter, V.C. (1979). On the delovelopment of speech perception: Mechanisms and analogies. In H.W. Reese & L.P. Lipsitt (eds.), *Advances in Child Development and Behavior: vol. 13*. New York: Academic Press; Eimas, P.D. (1982). Speech perception: A view of the initial state and perceptual mechanisms. In J. Mehler, E. Walker & M. Garrett (eds.), *Perspectives in Mental Representation*. Hillsdale, NJ: Lawrence Erlbaum Associates; Eimas, P.D. (1985). Constraints on a model of infant speech perception. In J. Mehler & R. Fox (eds.), *Neonate Cognition: Beyond the Blooming Buzzing Confusion* (pp. 185-97). Hillsdale, NJ: Lawrence Erlbaum Associates; Kuhl, P.K. (1985). Categorization of speech by infants. In Mehler & Fox (eds.), *Neonate Cognition: Beyond the Blooming Buzzing Confusion* (pp. 231-62).

2 人間がもっている話し言葉の本能について扱った、この段落と次の段落では、主として以下の文献を参照した。Chomsky, N. (1959). A review of B.F. Skinner's Verbal Behavior. *Language, 35*, 26-58; Chomsky, N. (1964). A transformational approach to syntax. In J.A. Fodor & J.J. Katz (eds.), *The Structure of Language: Readings in the Philosophy of Language* (pp. 211-45). Englewood Cliffs, NJ: Prentice-Hall; Chomsky, N. (1972). *Language and Mind*. New York: Harcourt Brace Jovanovich.〔N・チョムスキー『言語と精神』、川本茂雄訳、河出書房新社、一九七六、八〇、九六年〕; Chomsky, N. (1975). *Reflections on Language*. New York: Pantheon.〔N・チョムスキー『言語論――人間科学的省察』、井上和子、神尾昭雄、西山佑司訳、大修館書店、一九七九年〕; Chomsky, N. (1980). *Rules and Representations*. New York: Columbia University Press.〔N・チョムスキー『ことばと認識――文法からみた人間知

性』、井上和子、神尾昭雄、西山佑司訳、大修館書店、一九八四年〕; Gardner, H. (1985). *The Mind's New Science: A History of the Cognitive Revolution*. New York: Basic Books, pp. 182-222; 〔ハワード・ガードナー『認知革命——知の科学の誕生と展開』、佐伯胖、海保博之監訳、産業図書、一九八七年〕; Lenneberg, E.H. (1967). *Biological Foundations of Language*. New York: John Wiley. 〔E・H・レネバーグ『言語の生物学的基礎』、佐藤方哉、神尾昭雄訳、大修館書店、一九七四年〕; Lieberman, P. (1984). *The Biology and Evolution of Language*. Cambridge, MA: Harvard University Press; Piattelli-Palmarini, M. (1980). *Language and Learning: The Debate Between Jean Piaget and Noam Chomsky*. Cambridge, MA: Harvard University Press.

3 Marler, P. (1970). Bird song and speech development: Could there be parallels? *American Scientist, 58*, 669-73; Marler, P. (1984). Song learning: Innate species differences in the learning process. In P. Marler & H.S. Terrace (eds.), *The Biology of Learning* (pp. 289-309). New York: Springer-Verlag.

4 Nottebohm, F. (1975). Vocal behavior in birds. In D.S. Farner & J.R. King (eds.), *Avian Biology. vol. 5* (pp. 287-332). New York: Academic Press; Montgomery, G. (1990). A brain reborn. *Discover*, June, pp. 48-53.

5 人間の本能に関する研究は、ごく最近、次の著書に（「系統発生的適応」という用語のもとに）要約されている。Eibl-Eibesfeldt, I. (1989). *Human Ethology*. Hawthorn, NY: Aldine de Gruyter. 〔I・アイブル＝アイベスフェルト『ヒューマン・エソロジー——人間行動の生物学』、桃木暁子他訳、ミネルヴァ書房、二〇〇一年〕以下の文献も参照のこと。Bower, T.G.R. (1974). *Development in Infancy*. San Francisco: W.H. Freeman; Buhler, C., Keith-Spiegel, P., and Thomas, K. (1973). Developmental psychology. In B.B. Wolman (ed.), *Handbook of General Psychology* (pp. 861-917). Englewood Cliffs, NJ: Prentice-Hall; James, W. (1950). *The Principles of Psychology. vol. 2*. New York: Dover. pp. 383-441 〔W・ジェームス『心理学の根本問題　現代思想新書　第6』、松浦孝作訳、三笠書房、一九四〇年〕; Kagan, J. (1977). Development of human behavior. *Encyclopedia Britannica*. 15th ed. vol.

8 (pp. 1136-46); Mehler & Fox (eds.). *Neonate Cognition: Beyond the Blooming Buzzing Confusion*.［1］; Munn, N. (1938). *Psychological Development*. Boston: Houghton Mifflin; Roberts, M. (1985). *Infant Crying*. New York: Plenum; Thorpe, W.H. (1974). *Animal Nature and Human Nature*. New York: Doubleday; Thorpe, W.H. (1977). Animal learning. *Encyclopedia Britannica*. 15th ed., vol. 10 (pp. 731-46); Trotter, R.J. (1987). You've come a long way, Baby. *Psychology Today, 21*(5), 34-45.

6 Field, T.M., Woodson, R., Greenberg, R., and Cohen, D. (1982). Discrimination and imitation of facial expressions by neonates. *Science, 218*, 179-81; Meltzoff, A.N., and Moore, M.K. (1977). Imitations of facial and manual gestures by human neonates. *Science, 198*, 75-78; Meltzoff, A.N., and Moore, M.K. (1983). Newborn infants imitate adult facial gestures. *Child Development, 54*, 702-9; Meltzoff, A.N., and Moore, M.K. (1985). Cognitive foundations and social functions of imitation and intermodal representation in infancy. In Mehler & Fox (eds.), *Neonate Cognition* (pp. 139-56).［5］「生まれてまもない乳児は、時おり顔の表情をまねるように見える」という結論を導き出した、この研究に対する簡潔な批判は、次の著書に掲載されている。Maurer, D., and Maurer, C. (1988). *The World of the Newborn*. New York: Basic Books. pp. 274-75.〔ダフニ・マウラ、チャールズ・マウラ『赤ちゃんには世界がどう見えるか』、吉田利子訳、草思社、一九九二年〕最近のもうひとつの批判論文は、新生児の早熟な模倣能力は「種特有の新生児の吸いつき〝反射〟および把握〝反射〟」だと結論している。Chevalier-Skolnikoff, S. (1989). Tool use in *Cebus*: Its relation to object manipulation, the brain, and ecological adaptations. *Behavioral and Brain Sciences, 12*, 610-21.

7 Wyllie, I. (1981). *The Cuckoo*. New York: University Books.〔イアン・ワイリィ『カッコウの生態』、安部直哉訳、どうぶつ社、一九八三年〕; Friedmann, H. (1977). Cuculiforms. *Encyclopedia Britannica*. 15th ed., vol. 5 (pp. 358-61).

8 「生きるための本能的指針は、たえず変化する環境に柔軟に適合させるべく補う必要がある」という、非常に重要な結論の裏づけとなるデータは、次の文献に掲載されている。Gould, J.L. (1982). *Ethology*. New York: W.W. Norton; Gould, J.L., and Gould, C.G. (1988). *The Honey Bee*. New York: Scientific American Library; Gould, J.L., and Marler, P. (1987). Learning by instinct. *Scientific American, 256* (1), 74-85; Griffin, D.R. (1984). *Animal Thinking*. Cambridge, MA: Harvard University Press.〔ドナルド・R・グリフィン『動物は何を考えているか』、渡辺政隆訳、どうぶつ社、一九八九年〕; Hingston, R.W.G. (1929). *Instinct and Intelligence*. New York: Macmillan; Koestler, A. (1964). *The Act of Creation*. New York: Macmillan.〔アーサー・ケストラー『創造活動の理論　上、下』、大久保直幹他訳、ラティス、一九六六年〕; Koestler, A. (1978). *Janus: A Summing Up*. New York: Random House.〔アーサー・ケストラー『ホロン革命』、田中三彦、吉岡佳子訳、工作舎、一九八三年〕; Miller, G.A., Galanter, E., and Pribram, K.H. (1960). *Plans and the Structure of Behavior*. New York: Henry Holt.〔G・A・ミラー他『プランと行動の構造――心理サイバネティクス序説』、十島雍蔵他訳、誠信書房、一九八〇年〕; Thorpe (1974). *Animal Nature*.［5］; Thorpe (1977). Animal Learning.［5］; Young, J.Z. (1978). *Programs of the Brain*. New York: Oxford University Press.〔J・Z・ヤング『脳と生命――秘められたメカニズム』、嶋井和世監訳、廣川書店、一九八七年〕

9 グールドとマーラー（原註8参照）が要約、紹介している別の研究から、各種の動物は、あることについては速やかかつ容易に学習するが、あることについては学習が非常に難しいかまったくできないように、本能的にプログラムされている、という重要な結論が導き出される。たとえば、第7章で検討するが、キョクアジサシなどの鳥は、人間が身のまわりの音を解釈し、まとめあげることで、話しかたを身につけるように本能的にプログラムされているのと同じく、自然界にある手がかりを解釈し、まとめあげることで、航行のしかたを身につけるように本能的にプログラムされている。

また、ヒングストンがしばらく前に力説していた通り（Gould and Marler (1987). Learning by instinct. 原註

8参照)、本能それ自体が、知能の証明になっている。逆説的に聞こえるかもしれないが、知能の根底には本能があり、知能には本能的な基盤が存在するのだ。

第4章　鳥たちの言葉

1 Argyle, M. (1975). *Bodily Communication*. New York: International Universities Press; Eibl-Eibesfeldt, I. (1989). *Human Ethology*. New York: Aldine de Gruyter.〔アイブル＝アイベスフェルト『ヒューマン・エソロジー——人間高度の生物学』、桃木暁子他訳、ミネルヴァ書房、二〇〇一年〕

2 Gill, F.B. (1990). *Ornithology*. New York: W.H. Freeman. pp. 173-78; Leslie, R.F. (1985). *Lorenzo the Magnificent: The Story of an Orphaned Blue Jay*. New York: W.W. Norton.〔ロバート・F・レスリー『カケスは毎日ハードボイルド——みなしごロレンツォが巣立つまで』、熊田清子訳、早川書房、一九八九年〕; Smith, W.J. (1997). Communication in birds. In T.A. Sebeok (ed.), *How Animals Communicate* (pp. 545-74). Bloomington: Indiana University Press.

3 Howard, L. (1953). *Birds as Individuals*. London: Readers Union, Collins. p. 143.〔L・ハワード『小鳥との語らい』、斎藤隆史、安部直哉訳、思索社、一九八〇年〕

4 同書 p. 146.

5 Leslie (1985). *Lorenzo the Magnificent*.〔2〕

6 Gill (1990). *Ornithology*.〔2〕; Smith (1997). Communication in birds.〔2〕

7 de Groot, P. (1980). Information transfer in socially roosting weaver bird (*Quelea quelea: Ploceinae*): An experimental study. *Animal Behavior, 28*, 1249-54; Gill (1990). *Ornithology*. pp. 173-78.〔2〕; Nottebohm, F. (1975).

Vocal behavior in birds. In D.S. Farner & J.R. King (eds.), *Avian Biology. vol. 5* (pp. 287-332). New York: Academic Press; Prince, J.H. (1975). *Languages of the Animal World*. Nashvill, TN: Thomas Nelson; Skutch, A.F. (1976). *Parent Bird and Their Young*. Austin, TX: University of Texas Press.

8 Frings, H., and Frings, M. (1959). The language of crows. *Scientific American, 201* (5), 119-31; Gilbert, B. (1966). *How Animals Communicate*. New York: Pantheon; Ogburn, C. (1976). *The Adventure of Birds*. New York: William Morrow.

9 Jellis, R. (1977). *Bird Sounds and Their Meaning*. London: British Broadcasting Corporation; Konishi, M. (1969). Time resolution by single auditory neurons in birds. *Nature, 222*, 566-67; Welty, J.C., and Baptista, L. (1988). *The Life of Birds*. 4th ed. New York: Saunders. p. 82.

10 Howard (1953). *Birds as Individuals*. 〔3〕鳥類と人間の時間経験の決定的な違いについては、次の文献でも検討されている。 Halle, L.J. (1989). *The Appreciation of Birds*. Baltimore: Johns Hopkins University Press. p. 95.

11 Beer, C.G. (1975). Multiple functions and gull displays. In G. Baerends, C.G. Beer & A. Manning (eds.), *Essays on Function and Evolution in Behavior: A Festschrift for Professor Niko Tinbergen*. Oxford: Clarendon Press. chap. 2.

12 LeComte, J., and Koechlin-Schwartz, D. (1980). *How to Talk to the Birds and the Beasts*. New York: Arbor House. pp. 114-117.

13 Bonner, J.T. (1980). *The Evolution of Culture in Animals*. Princeton, NJ: Princeton University Press. p. 112. 〔J・T・ボナー『動物は文化をもつか』、八杉貞雄訳、岩波書店、一九八二年〕

14 Moller, A.P. (1988). False alarm calls as a means of resource usurpation in the great tit *Parus major*. *Ethology, 79*, 25-30; Munn, C.A. (1986). Birds that 'cry wolf.' *Nature, 319*, 143-45; Munn, C.A. (1986). The deceptive use of alarm calls by sentinel species in mixed-species flocks of neotropical birds. In R.W. Mitchell & N.S. Thompson (eds.),

Deception: Perspectives on Human and Nonhuman Deceit. Albany, NY: SUNY Press.

15 Frings, and Frings (1959). The language of crows. 〔8〕

16 Simonds, C. (1984). *Private Life of Garden Birds.* Emmaus, PA: Rodale Press. p. 41.

17 Heinrich, B. (1987). *One Man's Owl.* Princeton, NJ: Priceton University Press. p. 126. 〔ベルンド・ハインリッチ『ブボがいた夏——アメリカワシミミズクと私』、渡辺政隆訳、平河出版社、一九九三年〕

18 Leslie (1985). *Lorenzo the Magnificent.* 〔2〕フランク・M・チャップマンによる観察記録が、次の著書に掲載されている。Ogburn (1976). *The Adventure of Birds.* 〔8〕; Prince (1975). *Languages of the Animal World.* p. 75. 〔7〕

19 Angell, T. (1978). *Ravens, Crows, Magpies, and Jays.* Seattle: University of Washington Press.

20 Prince (1975). *Languages of the Animal World.* p. 75. 〔7〕

21 Beer, C.G. (1976). Some complexities in the communication behavior of gulls. In S.R. Harnad, H.D. Steklis & J. Lancaster (eds.), *Origin and Evolution of Language and Speech* (Annals of the New York Academy of Sciences, vol. 280). (pp. 413-32). New York: New York Academy of Sciences.

第5章　偉大なるロレンツォ——おしゃべりカケス

1 現代鳥類学の教科書の変わり種としては、次のようなものがある。Burton, R. (1985). *Bird Behavior.* New York: Alfred A. Knopf. 〔ロバート・バートン『世界の鳥——行動の秘密』、舟木嘉浩、舟木秋子訳、旺文社、一九八五年〕; Gill, F.B. (1990). *Ornithology.* New York: W.H. Freeman; Welty, J.C., and Baptista, L. (1988). *The Life of Birds.* 4th ed. New York: W.B. Saunders.

2 Leslie, R.F. (1986). *Lorenzo the Magnificent: The Story of an Orphaned Blue Jay.* New York: W.W. Norton. 〔ロバー

ト・F・レスリー『カケスは毎日ハードボイルド――みなしごロレンツォが巣立つまで』、熊田清子訳、早川書房、一九八九年〕

3 同書 p. 93.

第6章　鳥たちの音楽、職人的な技巧、遊び

1 Skutch, A. (1991). Bird song and philosophy. In L.E. Hahn (ed.), *The Philosophy of Charles Hartshorne* (pp. 65-76). La Salle, IL: Open Court. 引用は六九ページから。

2 Fox, M. (1988). *The Coming of the Cosmic Christ*. San Francisco: Harper & Row. p. 14.

3 Howard, L. (1953). *Birds as Individuals*. London: Readers Union, Collins. 〔L・ハワード『小鳥との語らい』、斎藤隆史、安部直哉訳、思索社、一九八〇年〕

4 同書 pp. 184-185.

5 Hartshorne, C. (1973). *Born to Sing: An Interpretation and World Survey of Birds Song*. Bloomington: Indiana University Press.

6 Skutch (1991). Bird song and philosophy. 〔1〕

7 Beer, C.G. (1982). Study of vertebrate communication—Its cognitive implications. In D.R. Griffin (ed.), *Animal Mind-Human Mind* (pp. 251-67). New York: Springer-Verlag.

8 Hartshorne (1973). *Born to Sing*. pp. 107-9. 〔5〕; Jellis, R. (1977). *Bird Sounds and Their Meaning*. London: British Broadcasting Corporation; Konishi, M. (1969). Time resolution by single auditory neurons in birds. *Nature, 222*, 566-67; Marler, P. (1984). Song learning: Innate species differences in the learning process. In P. Marler & H.S. Terrace

(eds.), *The Biology of Learning* (pp. 289-309). New York: Springer-Verlag; Welty, J.C., and Baptista, L. (1988). *The Life of Birds*. 4th ed. New York: W.B. Saunders. pp. 82 and 224.

9 Hartshorne (1973). *Born to Sing*. pp. 95-96. ［5］

10 同書 p. 41.

11 Catchpole, C.K. (1980). Sexual selection and the evolution of complex songs among European warblers of the genus *Acrocephalus*. *Behavior, 74*, 149-66; Catchpole, C.K., Leisler, B., and Winkler, H. (1985). Polygyny in the great reed warbler. *Acrocephalus arundinaceous*. *Behavioral Ecology and Sociobiology, 16*, 285-91; Falls, J.B. (1969). Territorial song in the white-throated sparrow. In R.A. Hinde (ed.), *Bird Vocalizations*. Cambridge, England: Cambridge University Press; McGregor, P., Krebs, J., and Perrins, C. (1981). Song repertoires and lifetime reproductive success in the great tit (*Parus major*). *American Naturalist, 118*, 149-59.

12 Kroodsma, D.E. (1977). Correlates of song organization among north American wrens. *American Naturalist, 111*, 995-1008; Kroodsma, D.E. (1980). Winter wren singing behavior: A pinnacle of song complexity. *Condor, 82*, 357-65; Nice, M.M. (1943). Studies in the life history of the song sparrow. *Transactions of the Linnaean Society of New York, 6*, 1-328; Smith, W.J. (1977). Communication in birds. In T.A. Sebeok (ed.), *How Animals Communicate* (pp. 545-74). Bloomington, Indiana University Press; Welty and Baptista (1988). *The Life of Birds*. p. 214. ［8］

13 Howard (1953). *Birds as Individuals*. p. 178. ［3］

14 同書 pp. 178-79.

15 同書 pp. 172-73.

16 Hartshorne, C. (1958). The relation of bird song to music. *Ibis, 100*, 421-45.

17 Howard (1953). *Birds as Individuals*. p. 209. ［3］

18 同書 p. 203.

19 同書 pp. 210-11.

20 同書 pp. 212-13.

21 Thorpe, W.H. (1972). Duetting and antiphonal singing in birds: Its extent and significance. *Behavior: Monograph Supplement. 18*, 1-197; Thorpe, W.H. (1973). Duet-singing birds. *Scientific American, 229* (2), 70-79.

22 Jellis (1977). *Bird Sounds and their Meaning*. [∞]; Kunkel, P. (1974). Mating systems of tropical birds. *Zeitschrift für Tierpsychologie, 34*, 265-307; Thorpe (1972). Duetting and antiphonal singing in birds. 〔21〕

23 Gardner, H. (1983). *Frames of Mind: The Theory of Multiple Intelligences*. New York: Basic Books.

24 Darwin, C. (1871). *The Descent of Man and Selection in Relation to Sex*. London: John Murray. 〔チャールズ・R・ダーウィン『人間の進化と性淘汰 1、2』、長谷川眞理子訳、文一総合出版、一九九九、二〇〇〇年〕

25 Delius, J.D., and Habers, G. (1978). Symmetry: Can pigeons conceptualize it? *Behavioral Biology, 22*, 336-42; Menne, M., and Curio, E. (1978). Investigations into the symmetry concept of the great tit (*Parus major*). *Zeitschrift für Tierpsychologie, 47*, 299-322; Rensch, B. (1958). Die Wirksamkeit ästhetischer Factoren bei Wirbeltieren. *Zeitschrift für Tierpsychologie, 15*, 447-61; Tigges, M. (1963). Muster und Farbbevorzugung bei Fischen und Vögeln. *Zeitschrift für Tierpsychologie, 20*, 129-42.

26 von Frisch, K. (1971). *Animal Architecture*. New York: Harcourt Brace Jovanovich. pp. 237-47.

27 Diamond, J. (1984). The bower builders. *Discover, 5* (6), 52-58.

28 ハインツ・ジールマン。次の著書から引用。 von Frisch (1971). *Animal Architecture*. pp. 243-44. 〔26〕

29 Collias, N.E., and Collias, E.C. (1984). *Nest Building and Bird Behavior*. Princeton, NJ: Princeton University Press; Skutch, A.F. (1976). *Parent Birds and Their Young*. Austin, TX: University of Texas Press; von Frisch (1971). *Animal*

Architecture.〔26〕

30 Bertin, L., and Burton, M. (1980). Birds (Class aves). In M. Burton (ed.), *The New Larousse Encyclopedia of Animal Life*. rev. ed. (pp. 331-467). London: Paul Hamlyn.（カラスの巣に関する考察は、三四七―三四九ページ）; Collias and Collias (1984). *Nest Building and Bird Behavior*.〔29〕; Kilham, L. (1989). *The American Crow and the Common Raven*. College Station, TX: Texas A & M University Press. pp. 65-68.

31 ズグロハタオリの場合、必要とされる長期にわたる訓練については、次の著書に詳述されている。Collias and Collias (1984). *Nest Building and Bird Behavior*. pp. 211-14.〔29〕

32 von Frisch (1971). *Animal Architecture*. pp. 204-7, 227.〔26〕

33 Bertin and Burton (1980). Birds (Class aves). pp. p. 440.〔30〕; Ogburn, C. (1976). *The Adventure of Birds*. New York: William Morrow.

34 von Frisch (1971). *Animal Architecture*.〔26〕; Welty and Baptista (1988). *The Life of Birds*. pp. 278-80, 302.〔8〕

35 Chomsky, N. (1975). *Reflections on Language*. New York: Random House.〔N・チョムスキー『言語論――人間科学的省察』、井上和子、神尾昭雄、西山佑司訳、大修館書店、一九七九年〕; Skutch (1976). *Parent Birds and Their Young*. p. 122.〔29〕

36 Angell, T. (1978). *Ravens, Crows, Magpies, and Jays*. Seattle, University of Washington Press; Bradley, C.C. (1978). Play behavior in northern ravens. *Passenger Pigeon, 40*, 497-95; Burtt, H.E. (1967). *The Psychology of Birds: An Interpretation of Bird Behavior*. New York: Macmillan; Gwinner, E. (1966). Ueber einige Bewegungsspiele des Kolkraben (*Corvus corax* L.). *Zeitschrift für Tierpsychologie, 23*, 28-36; Herrick, F.H. (1924). The daily life of the American eagle: Late phase. *Auk, 41*, 517-41; King, B. (1969). Hooded crows dropping and trasferring objects from bill to foot in flight. *British Birds, 62*, 201; Nicolai, J. (1980). Mimicry in parasitic birds. In B.W. Wilson (ed.), *Birds:*

Readings from Scientific American (pp. 135-41). San Francisco: W.H. Freeman; Thorpe, W.H. (1956). *Learning and Instinct in Animals*. Cambridge, MA: Harvard University Press. p. 323: Welty and Baptista (1988). *The Life of Birds*. pp. 188-89. ［8］; Wilson, E.O. (1975). *Sociobiology: The New Synthesis*. Cambridge, MA: Harvard University Press. p. 166.〔エドワード・O・ウィルソン『社会生物学』、坂上昭一他訳、新思索社、一九九九年〕

37 Howard (1953). *Birds as Individuals*. ［3］

38 Armstrong, E.A. (1942). *Bird Display*. Cambridge, MA: Harvard University Press; Verril, A.H. (1938). *Strange Birds and Their Stories*. New York: Page; Welty and Baptista. *The Life of Birds*. pp. 273-76. ［8］

第7章　鳥たちの航法

1 鳥たちは情報をまとめあげることによって航行しているという、この新しい考えかたの出発点になったデータについては、以下の文献で検討されている。Able, K.P. (1980). Mechanisms of orientation, navigation, and homing. In S.A. Gauthreaux, Jr. (ed.), *Animal Migration, Orientation, and Navigation* (pp. 283-373). New York: Academic Press; Able, K.P., and Bingham, V.P. (1987). The development of orientation and navigation behavior in birds. *Quarterly Review of Biology, 62*, 1-29; Alerstam, T. (1981). The course and timing of bird migration. In D.J. Aidley (ed.), *Animal Migration* (pp. 9-54). New York: Cambridge University Press; Baker, R.R. (1984). *Bird Navigation: The Solution of a Mystery?* New York: Holmes & Meier.〔R・ロビン・ベーカー著『鳥の渡りの謎』、網野ゆき子訳、平凡社、一九九四年〕; Berthold, P. (1975). Migration: Control and metabolic physiology. In D.S. Farner & J.R. King (eds.), *Avian Biology. vol. 5* (pp. 77-128). New York: Academic Press; Emlen, S.T. (1975). Migration: Orientation and navigation. In Farner & King (eds.), *Avian Biology. vol. 5* (pp. 129-219); Gerrard, E.C. (1981).

Instinctive Navigation of Birds. Skye, Scotland: The Scottish Research Group; Griffin, D.R. (1974). *Bird Migration*. New York: Dover.〔ドナルド・R・グリフィン『鳥の渡り——鳥は星座を知っている?』、木下是雄訳、河出書房新社、一九六九年〕; Keeton, W.T. (1981). The orientation and navigation of birds. In Aidley (ed.), *Animal Migration* (pp. 81-104); Papi, F., and Wallraff, H.G. (eds.).(1982), *Avian Navigation*. New York: Springer-Verlag; Schmidt-Koenig, K. (1979). *Avian Orientation and Navigation*. New York: Academic Press; Schmidt-Koenig, K., & Keeton, W.T. (eds.).(1978). *Animal Migration, Navigation, and Homing*. New York: Springer-Verlag; Walcott, C., and Lednor, A.J. (1983). Bird navigation. In A.H. Brush & G.H. Clark, Jr. (eds.), *Perspectives in Ornithology* (pp. 513-42). New York: Cambridge University Press.

2 Baker, R.R. (ed.).(1981). *The Mystery of Migration*. New York: Viking.〔ロビン・ベーカー編『図説生物の行動百科——渡りをする生きものたち』、桑原万壽太郎訳、朝倉書店、一九八三年〕

3 Emlen (1975). Migration: Orientation and navigation. p. 148.［1］

4 Walcott and Lednor (1983). Bird navigation. p. 514.［1］

5 Emlen (1975). Migration: Orientation and navigation.［1］

6 Hoffmann, K. (1954). Versuche zu der im Richtungsfinden der Vögel enthaltenen Zeitschätzung. *Zeitschrift für Tierpsychologie, 11*, 453-75; Keeton (1981). The orientation and navigation of birds.［1］; Kramer, G. (1951). Eine neue Methode zur Erforschung der Zugorientierung und die bisher damit erzielten Ergebnisse. *Proceedings of the 10th International Ornithological Congress*. Uppsala, pp. 269-80; Kramer, G. (1953). Die Sonnenorientierung der Vögel. *Verhandlungen der Deutschen zoologische Gesellschaft*. pp. 72-84; Matthews, G.V.T. (1952). An investigation of homing ability in two species of gulls. *Ibis, 94*, 243-64; Matthews, G.V.T. (1953). Navigation in the Manx shearwater. *Journal of Experimental Biology, 30*, 370-96; Schmidt-Koenig & Keeton (eds.).(1978). *Animal Migration, Navigation,*

and Homing. [1]

7 Gould, J.L., and Gould, C.G. (1988). *The Honey Bee*. New York: Scientific American Library. pp. 128-38.

8 Kramer (1951). Eine neue Methode. [6]; Kramer (1953). *Die Sonnenorientierung der Vögel*. [6]

9 Hoffmann (1954). Versuche zu der im Richtungsfinden. [6]

10 Sauer, E.G.F. (1957). Die Sternenorientierung nächtlich Ziehender Grasmücken (*Sylvia atricapilla, borin* und *curruca*). *Zeitschrift für Tierpsychology, 14*, 29-70.

11 一連の実験が二〇件ほど行なわれているが、それは次の文献に列挙されている。Emlen (1975). Migration: Orientation and navigation. p. 163. [1]

12 Emlen, S.T. (1967). Migratory orientation in the indigo bunting, *Passerina cyanea*. Part I. Evidence for use of celestial cues. *Auk, 84*, 309-42; Emlen, S.T. (1967). Migratory orientation in the indigo bunting, *Passerina cyanea.* Part II. Mechanisms of celestial orientation. *Auk, 84*, 463-89; Emlen, S.T. (1969). The development of migratory orientation in young indigo buntings. *Living Bird, 8*, 113-26; Emlen, S.T. (1970). Celestial rotation: Its importance to the development of migratory orientation. *Science, 170*, 1198-1201; Emlen, S.T. (1972). The ontogenetic development of orientation capabilities. In S.R. Galler, K. Schmidt-Koenig, G.J. Jacobs & R.E. Belleville (eds.), *Animal Orientation and Navigation* (pp. 191-210). Washington, DC: National Aeronautic and Space Administration; Emlen (1975). Migration: Orientation and navigation. [1]

13 Alerstam (1981). The course and timing of bird migration. [1]

14 Kreithen, M.L., and Keeton, W.T. (1974). Detection of changes in atmospheric pressure by the homing pigeon, *Columba livia. Journal of Comparative Physiology, 89*, 73-82.

15 Williams, T.C., and Williams, J.M. (1978). Orientation of transatlantic migrants. In Schmidt-Koenig & Keeton (eds.),

Animal Migration, Navigation, and Homing (pp. 239-51). ［一］

16 Alerstam (1981). The course and timing of bird migration. p. 50. ［一］

17 Baker (1984). *Bird Navigation*. pp. 56-63. ［一］; Emlen (1975). Migration: Orientation and navigation. pp. 148-51. ［一］

18 Emlen (1975). Migration: Orientation and navigation. ［一］

19 Bruderer, B. (1982). Do migrating birds fly along straight lines? In Papi & Wallraff (eds.), *Avian Navigation* (pp. 3-14). ［一］

20 Emlen (1975). Migration: Orientation and navigation. p. 149. ［一］

21 Carr, D.E. (1972). *The Forgotten Senses*. Garden City, NY: Doubleday; Erichsen, J.T. (1985). Vision. In B. Campbell & E. Lack (eds.), *A Dictionary of Birds* (pp. 623-29). London: British Ornithologists Union; Pettigrew, J.D. (1978). A role for the avian pecten oculi in orientation to the sun. In Schmidt-Koenig & Keeton (eds.), *Animal Migration, Navigation, and Homing* (pp. 42-54). ［一］; WaldVögel, J.A. (1990). The bird's eye view. *American Scientist, 78*, 342-53; Walls, G.L. (1942). *The Vertebrate Eye and Its Adaptive Radiation*. Bloomfield Hills, MO: Cranbrook Institute of Science.

22 動物の地磁気に対する反応性を扱った文献は、次の著書に手際よくまとめられている。Waterman, T.H. (1989). *Animal Navigation*. New York: Scientific American Library. 人間の地磁気に対する反応性のデータは、次の文献に掲載されている。Baker, R.R. (1980). Goal orientation by blindfolded humans after long-distance displacement: Possible involvement of a magnetic sense. *Science, 210*, 555-57; Baker, R.R. (1981). Man and other vertebrates: A common perspective to migration and navigation. In Aidley (ed.), *Animal Migration*. pp. 241-60. ［一］; Baker, R.R. (1981). *Human Navigation and the Sixth Sense*. London: Hodder & Stoughton. 〔R・ロビン・ベ

ーカー『人間の方向感覚——磁気を感じる脳』、高橋景一、菅原隆訳、紀伊国屋書店、一九八一年〕; Baker, R.R. (1985). Magnetoreception by humans and other primates. In J.L. Kirschvink, D.S., Jones & B.J. MacFadden (eds.), *Magnetite Biomineralization and Magnetoreception in Organisms: A New Magnetism*. New York: Plenum.

23 Barinaga, M. (1992). Giving personal magnetism a whole new meaning. *Science, 256*, 967.

24 Walcott and Lednor (1983). Bird navigation. 〔1〕; Emlen (1975). Migration: Orientation and navigation. 〔1〕

25 Baker (1984). Bird Navigation. 〔1〕; Gerrard (1981). *Instinctive Navigation of Birds*. 〔1〕

26 Keeton, W.T., Larkan, T.S., and Windsor, D.M. (1974). Normal fuctuations in the earth's magnetic field influence pigeon orientation. *Journal of Comparative Physiology, 95*, 95-103; Walcott, C. (1978). Anomalies in the earth's magnetic field increase the scatter of pigeons' vanishing bearings. In Schmidt-Koenig & Keeton (eds.), *Animal Migration, Navigation, and Homing* (pp. 143-151). 〔1〕

27 Keeton, W.T. (1971). Magnets interfere with homing pigeons. *Proceedings of the National Academy of Sciences, 68*, 102-6.

28 Gould, J.L. (1980). The case for magnetic sensitivity in birds and bees (such as it is). *American Scientist, 68*, 256-67; Presti, D., and Pettigrew, J.D. (1980). Ferro-magnetic coupling to muscle receptors as a basis for geomagnetic field sensitivity in animals. *Nature, 285*, 99-101; Walcott, C., Gould, J., and Kirschvink, J. (1979). Pigeons have magnets. *Science, 205*, 1027-29.

29 Baker (ed.).(1981). *The Mystery of Migration*. 〔2〕; Baker (1984). Bird Navigation. 〔1〕; Wiltschko, W., and Wiltschko, R. (1982). The role of outward journey information in the orientation of homing pigeons. In Papi & Wallraff (eds.), *Avian Navigation* (pp. 239-52). 〔1〕

30 Baker (1984). *Bird Navigation*. 〔1〕; Southern, W.E. (1978). Orientation responses of ring-billed gull chicks: A re-

evaluation. In Schmidt-Koenig & Keeton (eds.), *Animal Migration, Navigation, and Homing* (pp. 311-17).［1］; Wiltschko, W. (1972). The influence of magnetic total intensity and inclination on directions preferred by migrating European robins (*Erithacus rubecula*). In Galler, Schmidt-Koenig, Jacobs & Belleville (eds.), *Animal Orientation and Navigation* (pp. 569-78).［12］; Wiltschko, W. (1974). Der Magnetkompass der Gartengrasmücke (*Sylvia borin*). *Journal of Ornithology, 115*, 1-7; Wiltschko, W. (1982). The migratory orientation of garden warblers, *Sylvia borin*. In Papi & Wallraff (eds.), *Avian Navigation* (pp. 50-58).［1］; Wiltschko, W., and Wiltschko, R. (1972). Magnetic compass of European robins. *Science, 176*, 62-64.

31 Papi, F. (1982). Olfaction and homing in pigeons: Ten years of experiments. In Papi & Wallraff (eds.), *Avian Navigation* (pp. 149-59).［1］「まだ確認されていない空中の何らかの要因が、帰巣にある程度の役割をはたしていることが明らかになった」という結論を導き出した、こうした実験への厳密な批判については、次の論文を参照のこと。Schmidt-Koenig, K. (1987). Bird navigation: Has olfactory orientation solved the problem? *Quarterly Review of Biology, 62*, 31-47.

32 Able (1972). Mechanisms of orientation, navigation, and homing.［1］; Grubb, T.C. (1972). Smell and foraging in shearwaters and petrels. *Nature, 237*, 404-5; Keeton (1981). The orientation and navigation of birds.［1］

33 Kreithen, M.L., and Quine, D.B. (1979). Infrasound detection by the homing pigeon. *Journal of Comparative Physiology, 129*, 1-4.

34 Kreithen, M.L. (1979). Sensory mechanisms for animal orientation—Can any new ones be discovered? In Schmidt-Koenig & Keeton (eds.).(1978). *Animal Migration, Navigation, and Homing* (pp. 25-34).［1］

35 Baker (1984). *Bird Navigation*.［1］; Dingle, H. (1980). Ecology and evolution of migration. In Gauthreaux, Jr. (ed.), *Animal Migration, Orientation and Navigation* (pp. 1-101).［1］; Nice, M.M. (1937). Studies in the life history of the

song sparrow. *Transactions of the Linnaean Society of New York, 4*, 1-247.

36 Berthold (1975). Migration. 〔1〕; Perdeck, A.C. (1964). An experiments on the ending of autumn migration in starlings. *Ardea, 52*, 133-39.

37 Baker (ed.). *The Mystery of Migration* (p 30). 〔2〕

38 Bingman, V.R. (1981). Ontogeny of a multiple stimulus orientation system in the savannah sparrow (*Passerculus sandwichensis*). Ph.D. dissertation. State University of New York at Albany.

39 Keeton (1981). The orientation and navigation of birds. 〔1〕

40 Wiltschko and Wiltschko (1982). The role of outward journey information. 〔29〕

41 Able (1980). Mechanisms of orientation, navigation, and homing. 〔1〕; Perdeck, A.C. (1967). Orientation of starlings after displacement to Spain. *Ardea, 55*, 194-202; Ralph, C.J., and Mewaldt, L.R. (1976). Homing success in wintering sparrows. *Auk, 93*, 1-14.

42 Baker (1984). *Bird Navigation*. 〔1〕; Emlen (1975). Migration. 〔1〕ウォルコットの引用文は、次の文献による。Berreby, D. (1992). Lost souls. *Discover*, April, pp. 92-94.

43 Griffin (1974). *Bird Migration*. 〔1〕

44 Waterman (1989). *Animal Navigation*. p. 59. 〔22〕

45 Lewis, D. (1972). *We, the Navigators*. Canberra: Australian National University Press; Waterman (1989). *Animal Navigation*. 〔22〕

46 Eibl-Eibesfeldt, I. (1989). *Human Ethology*. New York: Aldine de Gruyter. 〔I・アイブル＝アイベスフェルト『ヒューマン・エソロジー――人間行動の生物学』、桃木暁子他訳、ミネルヴァ書房、二〇〇一年〕アイブル－アイベスフェルトや他の比較行動学者たちは、本質的には同じ意味をもっているとしても、本能という用語の代わりに、系統発生的適応という用語を使う。こうした比較行動学者たちが本能という用語を使いたがらないのは、この語が「柔軟性を欠き自動的」という意味をもっているとして（誤って）批判されてきた経緯があるためらしい。本能的なプログラムは、柔軟性を欠いた自動的な形ではなく、（学習と訓練を使って）知的な形で運用されるので、本能という用語が使われなくなった理由には正当性がない。私たちは、この用語を使い続け、明確なものにしてゆかなければならない。

47 Baker (1984). *Bird Navigation.* 〔1〕

48 同書。Berthold (1975). Migration. 〔1〕

49 Akmajian, A., Demers, R.A., and Harnish, R.M. (1984). *Linguistics: An Introductions to Language and Communication.* 2nd ed. Cambridge, MA: The MIT Press.〔A. Akmajian 他『新言語学概説――言語と伝達の仕組み』、藤森一明監訳、環翠堂、一九八二年〕

第8章　人と鳥との個人的な友情

1 Corbo, M.S., and Barras, D.M. (1983). *Arnie, the Darling Starling.* Boston: Houghton Mifflin.

2 Steinigeweg, W. (1988). *The New Softbill Handbook.* Hauppauge, NY: Barron's. p. 88.

3 Leek, S. (1966). *The Jackdaw and the Witch.* Englewood Cliffs, NJ: Prentice-Hall.

4 Heinrich, B. (1987). *One Man's Owl.* Princeton, NJ: Princeton University Press.〔ベルンド・ハインリッチ『ブボがいた夏――アメリカワシミミズクと私』、渡辺政隆訳、平河出版社、一九九三年〕

5 同書 p. 16.

6 同書 p. 137.

7　同書 p. 148.
8　同書 p. 55.
9　同書 p. 120.
10　同書 p. 126.
11　S・C・ウィルソンからの一九九〇年九月二三日付私信。
12　Birmelin, I., and Wolter, A. (1985). *The New Parakeet Handbook*. Hauppauge, NY: Barron's. p. 14
13　同書 p. 86.
14　同書 pp. 86-87.
15　Kastner, J. (1986). *A World of Watchers: An Informal History of the American Passion for Birds*. San Francisco: Sierra Club. p. 45.
16　Birmelin and Wolter (1985). *The New Parakeet Handbook*.〔12〕
17　同書 p. 33.
18　同書 p. 123.
19　Howard, L. (1953). *Birds as Individuals*. London: Readers Union, Collins.〔L・ハワード『小鳥との語らい』、斎藤隆史、安部直哉訳、思索社、一九八〇年〕
20　同書 p. 16.
21　同書 p. 24.
22　同書 p. 43.
23　同書 pp. 43-47.
24　同書 pp. 130-31.

25 同書 pp. 187-88.
26 同書 pp. 188-89.
27 同書 pp. 18-19.
28 同書 pp. 19-20.
29 Bishop, M. (1974). *St. Francis of Assisi*. Boston: Little, Brown & Co. pp. 184-85.
30 Underhill, E. (1961). *Mysticism*. New York: Dutton. pp. 261-62.〔イーヴリン・アンダーヒル『神秘主義——超越的世界へ到る途』門脇由紀子他訳、ジャプラン出版、一九九〇年〕

第９章　鳥の知能の全体像

1 もちろん、典型的な鳥種よりも、はるかに遅いテンポで生活する鳥種も一部にある。人間について一般化する場合、必ずと言ってよいほど例外があるのと同じように、鳥について（時間的な高速化を含めて）一般化する場合にも、必ずと言ってよいほど例外があることを念頭に置く必要がある。

2 文化人類学の厖大な文献の簡潔な解題については、次の項目を参照のこと。White, L.A. (1977). Human culture. *Encyclopedia Britannica*. 15th ed. vol. 8, pp. 1151-59; 綿密な総説は、次の著書に掲載されている。Kroeber, A. (1948). *Anthropology*. New York: Harcourt Brace; Herskovitz, M.J. (1948). *Man and His Works*. New York: Alfred A. Knopf; Geertz, C. (1973). *The Interpretation of Cultures*. New York: Basic Books.〔C・ギアーツ『文化の解釈学　1、2』、吉田禎吾他訳、岩波書店、一九八七年〕

第10章　なぜ鳥は完全に誤解されてきたのか

1　ジュリアン・ハクスレーによる、次の著書への序文。Howard, L. (1953). *Birds as Individuals.* London: Readers Union, Collins. pp. 9-10.〔L・ハワード『小鳥との語らい』、斎藤隆史、安部直哉訳、思索社、一九八〇年〕

2　Hart, B.L. (1985). *The Behavior of Domesticated Animals.* New York: W.H. Freeman. 人間は、とくに鶏肉の工場生産が始まった一九四〇年代以降、奴隷状態にしたニワトリの性質を根本から変えることに成功した。成長が早く体が大きい鳥を作り出すという工場生産の目的は、すでに達成されている。商品としてのニワトリは、現在、五〇年前の二倍の速さで成長し、体もその頃よりはるかに大きくなっている。ジム・メイソンらが指摘するように、安い食肉を生産するために、「まん丸」シチメンチョウという「怪物」も生み出された（Mason, J., and Singer, P. [1990]. *Animal Factories.* New York: Crown.〔ジム・メイソン、ピーター・シンガー『アニマル・ファクトリー――飼育工場の動物たちの今』、高松修訳、現代書館、一九八二年〕）。このシチメンチョウは、「ずんぐり」しているあまり、交尾することもできない。

　また、この種のニワトリは、成長するとあまりに上体が重くなるため、歩くこともままならず、「突然死」症候群のため急に死んだりする。成長の速いニワトリの部厚い肉がついた体は、肺からの供給量を上回るほどの酸素を要求するために心臓が肥大し、肺までの動脈の血圧が高くなるために体液が肺と体腔《たいくう》に漏出して腹水症になり、一部はそれが原因で死んでしまう。体が急速に成長する結果、細い脚では体重が支えきれなくなり、かなりの時間をしゃがんだまま過ごすことになる。そのために生じた傷が細菌感染を引き起こし、死を招きやすいのだ。

3　Stettner, L.J., Matyniak, K.A. (1980). The brain of birds. In B.B. Wilson (ed.), *Birds: Readings from Scientific American.* (pp. 192-99). San Francisco: W.H. Freeman.

4 Hart (1985). *The Behavior of Domesticated Animals.*〔2〕; Guhl, A.M. (1956). The social order of chickens. *Scien-tific American, 194* (2), 42-46; Schjelderup-Ebbe, T. (1935). Social behavior in birds. In C. Murchison (ed.), *Handbook of Social Psychology*. Worcester, MA: Clark University.

5 Carter, G.S. (1948). *A General Zoology of the Invertebrates*. London: Sidgwick-Jackson; Macphail, E.M. (1982). *Brain and Intelligence in Vertebrates*. New York: Oxford University Press; Step, E. (1938). *Marvels of Insect Life*. New York: National Travel Club.

6 Macphail (1982). *Brain and Intelligence in Vertebrates.*〔5〕

7 Nottebohm, F. (1989). From bird song to neurogenesis. *Scientific American, 260* (2), 74-79.

8 Gardner, H. (1983). *Frames of Mind: The Theory of Multiple Intelligences*. New York: Basic Books.

9 Darwin, C. (1871). *The Descent of Man and Selection in Relation to Sex*. London: John Murray.〔C・ダーウィン『人間の進化と性淘汰 1、2』、長谷川眞理子訳、文一総合出版、一九九九、二〇〇〇年〕; Darwin, C. (1872). *The Expression of Emotions in Man and Animals*. London: John Murray.〔C・ダーウィン『人及び動物の表情について』、浜中浜太郎訳、岩波文庫、一九三一年〕

10 Romanes, G.J. (1883). *Animal Intelligence*. New York: Appleton & Co.

11 同書 pp. 270-71.

12 同書 pp. 274-75.

13 同書 p. 276.

14 同書 pp. 318-319.

15 同書 p. 319.

16 Boring, E.G. (1950). *A History of Experimental Psychology*. New York: Appleton-Century-Crofts; Rollin, B.E. (1989).

17　*The Unheeded Cry: Animal Consciousness, Animal Pain and Science*. New York: Oxford University Press; Walker, S. (1983). *Animal Thought*. London: Routledge & Kegan Paul. Barber, T.X. (1976). *Pitfalls in Human Research: Ten Pivotal Points*. Elmsford, NY: Pergamon.〔T・X・バーバー『人間科学の方法――研究・実験における10のピットフォール』、古崎敬監訳、サイエンス社、一九八〇年〕; Boakes, R. (1984). *From Darwin to Behaviourism: Psychology and the Minds of Animals*. New York: Cambridge University Press.〔R・ボークス『動物心理学史――ダーウィンから行動主義まで』、宇津木保、宇津木成介訳、誠信書房、一九九〇年〕; Boring (1950). *A History of Experimental Psychology*.［16］; Walker (1983). *Animal Thought*.［16］

第11章　動物はすべて知的なのか

1　アメリカ手話法（および、聴覚に障害をもつ人たちのための、それと同等の言葉）は、聴覚障害のない人たちが使う話し言葉と、言語学的には等価なものだ。この等価性に関する最近のすぐれた考察としては、次の著書があげられる。Sacks, O. (1989). *Seeing Voices: A Journey into the World of the Deaf*. Berkeley: University of California Press.〔オリバー・サックス『手話の世界へ』、佐野正信訳、晶文社、一九九六年〕

2　ココに関する資料は、次の文献から得た。Patterson, F.P. (1979). Linguistic Capabilities of a Lowland Gorilla. Ann Arbor, MI: University Microfilms. Ph.D. dissertation, Stanford University, No. 79-17269; Patterson, F.P., and Linden, E. (1981). *The Education of Koko*. New York: Holt, Reinhard & Winston.〔フランシーン・パターソン、ユージン・リンデン『ココ、お話しよう』、都守淳夫訳、どうぶつ社、一九八四、九五年〕; Patterson, F.P., and Linden, E. (1984-85, 1987-88, 1988-89). *Gorilla: Journal of the Gorilla Foundation. vols. 8, 11 and 12*. Woodside, CA: Gorilla Foundation.

3 たとえば、両手を〝手話の形につくってあげる〟などの、類人猿に手話を教えるための革新的な技法は、本章の次節で紹介する、チンパンジーのワショーを対象にして研究を行なったガードナー夫妻が創始したものだ。この研究は、ココを対象としたパターソンの研究に先立って行なわれ、パターソンが研究を始める刺激となった。

4 ココやワショーその他の、手話を使う類人猿の行動を、実験者側の無意識的な偏向の結果として説明しようとする、まるで説得力のない仮説は、次の論文で提起されている。Umiker-Sebeok, J., and Sebeok, T.A. (1981). Clever Hans and smart simians. *Anthropos, 76*, 89-165. しかしシービオク夫妻は、それが望まれざる実験者効果によって得られたものだということを、チンパンジーと人間の間のコミュニケーションを真剣に研究している人たちに納得させることはできなかった。

5 ワショーについての最近の資料は、次の文献に掲載されている。Gardner, R.A., Gardner, B.T., and Van Crantfort, T.E. (eds.).(1989). *Teaching Sign Language to Chimpanzees*. Albany: State University of New York Press. それ以前の資料については、以下の文献を参照のこと。Gardner, B.T., and Gardner, R.A. (1971). Two-way communication with an infant chimpanzee. In A.M. Schrier & F. Stollnitz (eds.), *Behavior of Nonhuman Primates. vol. 4* (pp. 117-84). New York: Academic Press; Gardner, B.T., and Gardner, R.A. (1974). Comparing the early utterances of child and chimpanzee. In A. Pick (ed.), *Minnesota Symposium on Child Psychology. vol. 8* (pp. 3-23). Minneapolis: University of Minnesota Press; Gardner, B.T., and Gardner, R.A. (1975). Evidence for sentence constituents in the early utterances of child and chimpanzee. *Journal of Experimental Psychology: General, 104*, 244-67; Gardner, R.A., and Gardner, B.T. (1978). Comparative psychology of language aquisition. *Annals of the New York Academy of Sciences, 309*, 37-76.

6 Savage-Rumbaugh, E.S. (1986). *Ape Language: From Conditioned Response to Symbol*. New York: Columbia

University Press. 〔E・S・S・ランバウ『チンパンジーの言語研究——シンボルの成立とコミュニケーション』、小島哲也訳、ミネルヴァ書房、一九九二年〕

7 Savage-Rumbaugh, S., Romski, M.A., Hopkins, W.D., and Sevcik, R.A. (1989). Symbol acquisition and use by *Pan troglodytes, Pan paniscus, Homo sapiens*. In P.G. Heltine & L.A. Marquardt (eds.), *Understanding Chimpanzees* (pp. 266-95). Cambridge, MA: Harvard University Press.

8 Savage-Rumbaugh, S. (1987). Communication, symbolic communication, and language: Reply to Seidenberg and Petitto. *Journal of Experimental Psychology: General, 116*, 288-92.

9 de Waal, F. (1982). *Chimpanzee Politics: Power and Sex Among Apes*. New York: Harper. pp. 13-15. 〔フランス・ドゥ・ヴァール『政治をするサル——チンパンジーの権力と性』、西田利貞訳、どうぶつ社、一九八四、八七年。平凡社、一九九四年〕引用文は、デズモンド・モリスの序文から。

10 Goodall, J. (1986). *The Chimpanzees of Gombe: Patterns of Behavior*. Cambridge, MA: Harvard University Press. 〔ジェーン・グドール『野生チンパンジーの世界』、杉山幸丸、松沢哲郎監訳、ミネルヴァ書房、一九九〇年〕「特別パーティー」についての引用は、原著一五一ページから。

他にも、チンパンジーの人間的行動について強調している観察者は数多い。たとえば、次の論文を参照のこと。Hebb, D.O. (1946). Emotion in man and animal: An analysis of the intuitive processes of recognition. *Psychological Review, 53*, 88-106. 動物研究に関するその後の総説の中で、ヘッブは、かつての自分の論文について、次のように述べている。

別の論文でふれておいたことであるが……おとなのチンパンジーの群れに接すると、本質的に人間的な一連の態度や動機づけを目の当たりにしているという確信を、抗しがたく抱くものである。その思いは、心理学の訓練を受けている者でも、受けていない者にまさるとも劣らないほど強い（また、動物の態度や感情に名称を与えるのは〝主観的〟な立場に与することであり、擬人主義という大罪を犯すことになると考える純粋主義者であっても、その強さには当惑するかもしれない）。ヤーキーズ研究所で研究生活を送ったことのある者なら誰であれ、人間の人格の骨組みというか生《なま》の本質が、自分たちの眼前でくりひろげられていると感じてしまうことであろう。

Hebb, D.O., and Thompson, W.R. (1968). The social significance of animal studies. In G. Lindzey & E. Aronson (eds.), *The Handbook of Social Psychology. vol. 2. Research Methods* (pp. 729-74). Reading, MA: Addison-Wesley.
右の文章は、七四七ページから引用。

11 Herman, L.M., Richards, D.G., and Wolz, J.P. (1984). Comprehension of sentences by the bottlenosed dolphin. *Cognition, 16*, 129-219; Herman, L.M. (1986). Cognition and language competencies of bottlenosed dolphins. In R.G. Schusterman, J. Thomas & F.G. Wood (eds.), *Dolphin Cognition and Behavior: A Comparative Approach* (pp. 221-52). Hillsdale, NJ: Lawrence Erlbaum Associates; Herman, L.M. (1987). Receptive competencies of language-trained animals. In J.S. Rosenblatt (ed.), *Advances in the Study of Behavior. vol. 17* (pp. 1-60). New York: Academic Press.

12 Herman, L.M. (1991). What the dolphin knows, or might know, in its natural world. In K. Pryor & K.S. Norris (eds.), *Dolphin Societies: Discoveries and Puzzles* (pp. 349-63). Berkeley: University of California Press.

13 Pryor, K.W., Haag, R., and O'Reilly, J. (1969). The creative purpose: Training for novel behavior. *Journal of the Experimental Analysis of Behavior, 12*, 653-61. L・M・ハーマンは、自らの研究チームがバンドウイルカでこの創造的能力の存在を確認したことを報告している。（Herman [1991]. What the dolphin knows. 〔12〕）このイルカたちは、言葉に対応する象徴を学習したのと本質的に同じように、成功報酬として餌を与えるという方

法により、創造的にふるまうよう促された。

14 この文章は、次の論文から引用した。Booth, W. (1989). The joys of a big brain: Cooperation, friendship, sex and pleasure are very human and very dolphin too. *Psychology Today*, April, p. 57. 素データは、以下の文献に掲載されている。Wells, R.S. (1991). The role of long-term study in understanding the social structure of a bottlenose dolphin community. In Pryor & Norris (eds.), *Dolphin Societies* (pp. 199-225). ［12］; Connor, R.C., and Norris, K.S. (1982). Are dolphins reciprocal altruists? *American Naturalist, 119*, 358-74; Johnson, C.M., and Norris, K.S. (1986). Delphinid social organization and social behavior. In Schusterman, Thomas & Wood (eds.), *Dolphin Cognition and Behavior* (pp. 335-46). ［11］; Würsig, B. (1986). Delphinid foraging strategies. In Schusterman, Thomas & Wood (eds.), *Dolphin Cognition and Behavior* (pp. 347-59). ［11］; Bradbury, J.W. (1986). Social complexity and cooperative behavior in delphinids. In Schusterman, Thomas & Wood (eds.), *Dolphin Cognition and Behavior* (pp. 361-72). ［11］; Pryor, K., and Shallenberger, I.K. (1991). Social structure in spotted dolphins (*Stenella attenuata*) in the Tuna Purse Seine Fishery in the eastern tropical Pacific. In Pryor & Norris (eds.), *Dolphin Societies* (pp. 161-96). ［12］

15 Herman (1991). What the dolphin knows. ［12］

16 Froiland, P. (1982). Understanding dolphins. *Passages*, December, pp. 45-50. この文章は、四八ページから引用。

17 クジラの歌の音楽的特徴を初めて明確に描き出した論文は、Payne, R.S., and McVay, S. (1971). Songs of humpback whales. *Science, 173*, 585-97. クジラは少なくとも二二時間は歌い続けることがあると報告した、初期のもうひとつの重要論文は、Winn, H.E., and Winn, I.K. (1978). The song of the humpback whale (*Megaptera novaeangliae*) in the west Indies. *Marine Biology, 47*, 97-114.

　クジラの音楽的知能に関するその後の研究は、Payne, R. (ed.)(1983). *Communication and Behavior of Whales*. Boulder, CO: Westview Press 所載の以下の論文に掲載されている。Payne, K., Tyack, P., and Payne,

R. (1983). Progressive changes in the songs of humbpack whales (*Megaptera novaeangliae*): A detailed analysis of two seasons in Hawaii. pp. 9-57; Guinee, L.N., Chu, K., and Dorsey, E.M. (1983). Changes over time in the songs of known individual humpback whales (*Megaptera novaeangliae*). pp. 59-80; Frumhoff, P. (1983). Aberrant songs of humpback whales (*Megaptera novaeangliae*): Clues to the structure of humpback songs. pp. 81-127; Payne, R., and Guinee, L. (1983). Humpback whale (*Megaptera novaeangliae*) songs as an indicator of stocks. pp. 333-58.

18 ロジャー・ペインの発言は、次の著書に引用されている。Burgess, R.F. (1981). *Secret Languages of the Sea.* New York: Dodd, Mead & Co. pp. 157-58.

19 押韻《おういん》詩のような反復的パターンを発見したのは、リンダ・ギニーとキャサリン・ペインだ（*Discover,* July 1989, p. 22 を参照）。

20 Fryer, G., and Iles, T.D. (1972). *The Cichlid Fishes of the Great Lakes of Africa.* Edinburgh: Oliver & Boyd.

21 同書。

22 Vernberg, W.B. (1973). *Symbiosis in the Sea.* Columbia: University of South Carolina Press; Losey, Jr, G.S. (1978). The symbiotic behavior of fishes. In D.J. Mostofsky (ed.), *Behavior of Fish and Other Aquatic Animals*. New York: Academic Press.

23 Limbaugh, C. (1961). Cleaning symbiosis. *Scientific American*, August, pp. 42-49.

24 同書。

25 Aronson, L.R. (1951). Orientation and jumping behavior in the Gobiid fish, *Bathygobius soporator*. *American Museum Novitiate, 1486*, 1-22; Aronson, L.R. (1956). Further studies in orientation and jumping behavior in the goby fish, *Bathygobius soporator*. *Anatomical Record, 125*, 606: Aronson, L.R. (1971). Further studies on orientation and jumping behavior in the gobiid fish, *Bathygobius soporator*. *Annals of the New York Academy of Sciences, 188*,

378-92.

26 初期の文献は次の著書にまとめられている。Romanes, G.J. (1883). *Animal Intelligence.* New York: Appleton. pp. 241-53.

27 Wheeler, W.M. (1910). *Ants: Their Structure, Development, and Behavior.* New York: Columbia University Press. p. 535.

28 Hölldobler, B., and Wilson, E.O. (1990). *The Ants.* Cambridge, MA: Harvard University Press. p. 227. 〔バート・ヘルドブラー、エドワード・O・ウィルソン『蟻の自然誌』、辻和希、松本忠夫訳、朝日新聞社、一九九七年〕

29 この部分は、右の著書の原著二五一ページに詳述されている、アフリカのハタオリアリ（*Oecophylla longinoda*）の言葉について述べたものだ。

30 この〝連鎖的伝達〟に象徴的性質があることは、次の原著で指摘されている。Griffin, D.R. (1984). *Animal Thinking.* Cambridge, MA: Harvard University Press. p. 172. 〔ドナルド・R・グリフィン『動物は何を考えているか』、渡辺政隆訳、どうぶつ社、一九八九年〕

31 〝フェロモンの混合〟に関する考察については、ヘルドブラーらの著書（Hölldobler and Wilson (1990). *The Ants.*〔28〕）原著二四六―二四九ページを参照のこと。

32 同じ伝達内容に対して異なる反応を起こした実例は、蟻学の文献ではふつうに見られる。たとえば、ヘルドブラーらの著書（Hölldobler and Wilson (1990). *The Ants.*〔28〕）原著二五五、三三九ページを参照のこと。

33 Hölldobler and Wilson (1990). *The Ants.* pp. 277 and 296.〔28〕

34 シュウカクアリ（*Pogonomyrmex*）属の一種。Hölldobler, B. (1978). Ethological chemical aspects of chemical communication in ants. *Advances in the Study of Behavior, 8,* 75-115. p. 81.

35 Creighton, W.S., and Creighton, M.P. (1959). The habit of *Pheidole militicida* wheeler (*Hymenoptera: Formicidae*).

Psyche, 66 (no. 1-2), 1-12.

36 Wison, E.O. (1975). *Sociobiology: The New Synthesis.* Cambridge, MA: Harvard University Press. p. 549.〔エドワード・O・ウィルソン『社会生物学』、坂上昭一他訳、新思索社、一九九九年〕

37 Chauvin, R. (1971). *The World of Ants.* New York: Hill & Wang. p. 122.

38 Wilson (1975). *Sociobiology.* p. 549.〔36〕

39 Van der Heyde, H.C. (1920). Quelques observations sur la psychologie des fourmis. *Archives Néerlandais Physiologie, 4,* 259-64.

40 Hölldobler and Wilson (1990). *The Ants.* p. 342.〔28〕

41 大きなすき間があると、各自がつながり合ってそこに橋をかけるサスライアリの報告はたくさんあるが、障害物の下にトンネルを掘って目的地に到達するアリの報告は少ない。Chauvin (1971). *The World of Ants.* p. 206.〔37〕小さな土粒をひとつずつ重ねて橋を建設し、液体の障害物を乗り越える様子は、さまざまな種類のアリで観察されている。Romanes (1883). *Animal Intelligence.* pp. 135-37.〔26〕; Corliss, W.R. (1981). *Incredible Life: A Handbook of Biological Mysteries.* Glen Arm, MD: The Sourcebook Project. pp. 692-93.

　目的地に到達するため、少しずつ橋を建造するには、知的意識ばかりでなく、人間独自のものと考えられてきたような、意図的で目的的な行動も要求される。その結果、アリに人間的特性を認めるのを嫌う公認科学の定説に忠実に従う蟻学者たちは、アリが土くれなどを一度にひとつずつ目標志向的に置いて橋を建設できることの証拠を一蹴するしかない。たとえば、現代の長老格の蟻学者であるE・O・ウィルソンは、初期の報告をすべて、あっさりと拒絶している。「また、働きアリは、巣の近辺にある、水などの液体がたまった部分に覆いをかけようとすることが時おりある。この現象がたまたま観察されると、それを誤解して、アリは障害物を乗り越えるために〝橋〟をかけるという誤った報告をする人たちが出てくる」

（Wilson, E.O. [1971]. *The Insect Societies.* Cambridge, MA: Harvard University Press. p. 278）（Hölldobler and Wilson [1990]. *The Ants.* p. 296. ［28］の中にも、まったく同じ言葉が登場する。）

しかしながら、ウィルソンは、「たまたま観察され」たことを「誤解」した人たちのせいにすることで、アリの橋に関する報告を却下するという誤りを犯している。そうした報告は、容易には誤解することのない、著名なヨーロッパの科学者たちによって確認されている。観察されたアリたちは、たんに水たまりに覆いをかけようとしているのではなく、適切な材料を少しずつ置いて、そこに、多種多様の障害物を乗り越える橋をかけようとしているのだ。

昆虫学者のR・A・レオーミュルや動物学者のビュヒナーおよびカール・フォクト、アカデミックな研究者のロイカルトらによる著書や論文に要約、紹介された報告によれば、ヨーロッパ各地で観察されたアリは、障害物を乗り越える橋を、以下のような方法で構築したという。小さな木切れを（まるで「実用的な土木工事の知識」をもっているかのように）たくさん並べる、小さな破片をひとつ、まっすぐに置く、アブラムシを「タールの上に、橋ができるまで一匹ずつ」置く、一本の麦わらを押したり引いたりして、必要な位置に橋ができるようにする、「小さな土塊」を調達し、「[液体の障害物]をまたぐ泥道ができるまで、それを口にくわえて運び、そこにひとつずつ置いてゆく（Romanes [1883]. *Animal Intelligence.* pp. 135-37.［26］）。その結論が示しているのは、人間と同じようにアリは、目標地点に到達するため、知的かつ目的をもって橋を建設することができるということだ。

42 一〇カ所の袋小路をもつ迷路を通り抜けられるようになるアリの驚異的な能力は、T・S・シュネアラが一連の実験で実証している。その能力については、次の文献で検討されている。Washburn, M.F. (1936). *The Animal Mind: A Text-Book of Comparative Psychology.* New York: Macmillan. p. 295. 四日後にテストした時点でも、迷路の通りかたを記憶していたアリの能力については、レミ・ショーヴァンが次の論文で詳述している。Chauvin, R. (1964). Expériences sur l'apprentissage par équipe du labyrinthe chez *Formica polyctena*. *Insectes Sociaux, 11* (1), 1-20.

43 Hölldobler and Wilson (1990). *The Ants*. p. 367.〔28〕; Wehner, B., and Menzel, R. (1990). Do insects have cognitive maps? *Annual Review of Neuroscience, 13*, 403-14.

44 この種は、トフシアリ属の *Solenopsis molesta* だ。Wheeler (1910). *Ants*. p. 427.〔27〕; Wilson (1971). *The Insect Societies*. p. 357.〔41〕

45 Wheeler (1910). *Ants*. pp. 192-224.〔27〕その実例は、〝気違いアリ《クレージー・アント》〟 *Anopolepis longipes* だ。このアリは、土の中や石の下、倒木や落葉の下、ココヤシの樹冠と——事実上どこにでも巣を作る。Haines, J.H., and Haines, J.B. (1978). Colony structure, seasonality, and food requirements of the crazy ant, *Anopolepis longipes*, in the Seychelles. *Ecological Entomology, 3*, 109-18.

46 Wheeler (1910). *Ants*. p. 195.〔27〕

47 Hölldobler and Wilson (1990). *The Ants*. pp. 171-74.〔28〕

48 Wheeler (1910). *Ants*. pp. 195-96, 222-23.〔27〕

49 McCook, H.C. (1909). *Ant Communities*. New York: Harper. pp. 40 and 50.

50 アリにも見られる「われわれ自身の知るあらゆる種類の戦争」の要約については、次の著書を参照のこと。Maeterlinck, M. (1930). *The Life of the Ant*. New York: John Day Co. pp. 107-8.〔M・メーテルリンク『蟻の生活』、田中義廣訳、工作舎、一九八一、二〇〇〇年。邦訳はフランス語版より〕

51 アリの武術競技についての昔の報告は、メーテルリンクが引用する、〝蟻学の父〟P・ユベールによるものだ。Maeterlinck (1930). *The Life of the Ant*. p. 90.〔50〕当代一流のふたりの蟻学者によるごく最近の報告については、次の著書を参照のこと。Hölldobler and Wilson (1990). *The Ants*. pp. 410-11.〔28〕その補足となる最近の報告については、次の論文を参照されたい。Hölldobler, B. (1976). Tournaments and slavery in a desert ant. *Science, 192,* 912-14.

52 Hölldobler and Wilson (1990). *The Ants*. pp. 596-608.〔28〕

53 Wheeler (1910). *Ants*. pp. 223-24, 339-60.〔27〕; Brian, M.V. (1983). *Social Insects: Ecology and Behavioral Biology*. London: Chapman & Hall. p. 22.

54 Wheeler (1910). *Ants*. pp. 452-86.〔27〕

55 フォレルの観察は、ローマーネズの次の著書に詳細に引用されている。Romanes (1883). *Animal Intelligence*. pp. 70-76.〔26〕

56 同書 p. 122.〔26〕

57 Hölldobler and Wilson (1990). *The Ants*. pp. 631-33.〔28〕

58 Wheeler (1910). *Ants*. pp. 509 and 529.〔27〕

59 ミツバチの知能に関する、現時点で入手可能な豊富なデータをまとめて整理したさいには、次の出版物がとくに役立った。von Frisch. K. (1967). *The Dance Language and Orientation of Bees*. Cambridge, MA: Harvard University Press; Gould, J.L., and Gould, C.G. (1988). *The Honey Bee*. New York: Scientific American Library; Lindauer, M. (1961). *Communication Among Social Bees*. Cambridge. MA: Harvard University Press; Seeley, T.D. (1985). *Honeybee Ecology*. Princeton, NJ: Princeton University Press.〔トーマス・D・スィーレイ『ミツバチの生態学――社会生活での適応とは何か』、大谷剛訳、文一総合出版、一九八九年〕補足的なデータは、次の著書から得た。Michener, C.D. (1974). *The Social Behavior of the Bees*. Cambridge, MA: Harvard University Press; Winston, M. (1987). *The Biology of the Honey Bee*. Cambridge, MA: Harvard University Press.

60 Seeley, T.D. (1982). How honeybees find a home. *Scientific American, 247* (4), 158-68. 次の論文にも要約が掲載さ

れている。Seeley (1985). *Honeybee Ecology*. pp. 71-75.［59］

61 von Frisch (1967). *The Dance Language*.［59］; Lindauer (1961). *Communication Among Social Bees*.［59］; Gould and Gould (1988). *The Honey Bee*.［59］; Seeley (1985). *Honeybee Ecology*.［59］

62 Markl, H. (1985). Manipulation, modulation, information, cognition: Some of the riddles of communication. In B. Hölldobler & M. Lindauer (eds.), *Experimental Behavioral Ecology and Sociobiology* (pp. 163-94). Sunderland, MA: Sinauer Associates. 引用は一八九ページから。

63 巣の中のミツバチは、偵察バチのダンスの動きを、視覚的にではなく、ダンスをするハチの体にふれ、腹部が振動する音を聞くことで感知する。ついでながら述べておくと、もし食料や水や樹脂のありかが近くに（巣からおおよそ五〇メートル以内に）見つかった場合には、偵察バチは〝輪舞〟をする。これは、本質的には、尻振りをしない尻振りダンスとも言えるものだ。

64 Seeley (1985). *Honeybee Ecology*. pp. 83-84.［59］

65 Gould and Gould (1988). *The Honey Bee*.［59］D・R・グリフィンの次の見解は、ミツバチの言葉の発見を、より広い歴史的背景の中に位置づけてくれる。

過去四〇年もの間、優勢を誇ってきた科学的風潮の中で、たんなる昆虫が自分の仲間に、遠方にあるものの方向や距離や好ましさを伝えることができると聞かされるのは、衝撃的であり信じられないことでもあった。少なくともアメリカでは、いぜんとして心理学は行動主義の呪縛に、動物行動の研究は還元主義的な研究法の呪縛にからめとられていた。……しかし、リンダウアー（一九五五年）の古典的実験によって、実際に意味内容が伝達されるやりとりが、分封《ぶんぽう》〔巣分かれ〕するミツバチたちが合意に達するまで続けられるという事実が判明した時には、われわれの種の優位性に対してどころか、われわれの門〔脊索動物門〕の優位性に対しても、挑戦状が突きつけられたように思われた。……フォン・フリッシュによるきわめて重要な発見は、人間の言葉と動物のコミュニケーションとの隔たりをまちがいなく狭めてくれた。言うまでもないが、それまでは、人間の言葉が、人間の思考のみと密接に結びついていると常に考えられてきたのである。

Griffin, D.R. (1985). The cognitive dimensions of animal communication. In Hölldobler & Lindauer (eds.), *Experimental Behavioral Ecology and Sociobiology*. pp. 471-73. 〔62〕

66 Esch, H. (1967). The evolution of bee language. *Scientific American, 216* (4), 97-104.

67 Maeterlinck, M. (1901). *The Life of the Bee*. New York: Dodd, Mead & Co. 〔モーリス・メーテルリンク『蜜蜂の生活』、山下知夫、橋本綱訳、工作舎、一九八一、八七、二〇〇〇年。邦訳はフランス語版より〕

68 Romanes (1883). *Animal Intelligence*. p. 207. 〔26〕

69 Darwin, C. (1859/1950). *The Origin of Species by Means of Natural Selection*. New York: Random House. p. 187. 〔C・ダーウィン『種の起原　上、下』、八杉龍一訳、岩波文庫、一九九〇年〕; Maeterlinck (1901). *The Life of the Bee*. pp. 363-68. 〔67〕

70 Gould and Gould (1988). *The Honey Bee*. pp. 221-22. 〔59〕

71 同書、pp. 125-55; Wehner and Menzel (1990). Do insects have cognitive maps? 〔43〕

第12章　動物の知能がもつ革命的な意味

1 Sherrard, P. (1987). *The Eclipse of Man and Nature: An Enquiry into the Origins and Consequences of Modern*

Science. West Stockbridge, MA: Lindisfarne Press. p. 93.

2　自然界の生態学的な再循環の実例は、アフリカのセレンゲティで観察される。Ehrlich, P.R. (1986). *The Machinery of Nature*. New York: Simon & Schuster. pp. 239-60. 植物は、草食動物によって最も適切に消費される。最初にシマウマが、長い草の茎と葉鞘《ようしょう》を食べ、それからヌーが、葉鞘と葉を地表近くまで刈り込むように食べ、続いてトムソンガゼルが、その後に生えた丈の低い草を食べる。そこに、肉食動物——ライオン、ヒョウ、チーター、ハイエナなど——が現われる。別の時間帯（昼と夜）に狩をすることや、異なった大きさの草食獣を狩ることで、肉食獣たちは獲物を絶妙な形で分配し合っている。最後に、分解生物——大型の猛禽類、昆虫類、菌類、バクテリア——が登場する。その生物たちは、腐肉の別々の要素を、それぞれ分担して分解する。分解によって発生した化学物質を、今度は植物が必須栄養素として使う。こうして、食物連鎖が一巡する。

3　Kuhn, T. (1962). *The Structure of Scientific Revolution*. Chicago: University of Chicago Press.〔トーマス・クーン『科学革命の構造』、中山茂訳、みすず書房、一九七一年〕動物を人間よりもはるかに機械に似たものと考える、今なお優勢なパラダイムを無批判に受け入れる科学者自体が、次の著書で考察の対象にされている。Rollin, B.E. (1989). *The Unheeded Cry: Animal Consciousness, Animal Pain, and Science*. New York: Oxford University Press. 次の著書も参照のこと。Mahoney, M.J. (1976). *Scientist as Subject: The Psychological Imperative*. Cambridge, MA: Ballinger Publishing Co.

4　Howard, L. (1953). *Birds as Individuals*. London: Readers Union, Collins. p. 13.〔L・ハワード『小鳥との語らい』、斎藤隆史、安部直哉訳、思索社、一九八〇年〕

5　Fox, M. (1988). *The Coming of the Cosmic Christ: The Healing of Mother Earth and the Birth of a Global Renaissance*. San Francisco: Harper & Row. p. 14; Terborgh, J. (1990). *Where Have all the Birds Gone?* Princeton,

NJ: Princeton University Press; Bohlen, J. (1984). New threat of a silent spring. *Defenders*, Nov-Dec., 59, pp. 20-29; King, W.B. (1981). *Endangered Birds of the World*. Washington, DC: Smithsonian Institution.

6 本節のデータは、主として次の文献に基づいている。ワシントンのワールドウォッチ研究所に所属する研究者たち（たとえば、Brown, L.R., Flavin, C., Postel, S., Renner, W., Jacobson, J.L., During, A.B., Shea, C.P., and Wolf, E.C.）による、地球環境に関するたくさんの重要な報告、Berry, T. (1988). *The Dream of the Earth*. San Francisco, Sierra Club Books; Gordon, A., and Suzuki, D. (1991). *It's a Matter of Survival*. Cambridge, MA: Harvard University Press; Fox (1988). *The Coming of the Cosmic Christ*. ［5］B・トーカーが『Zマガジン *Z Magazine*』に発表した、環境問題に関するたくさんの思慮深い論文および次の著書；Tokar, B. (1987). *The Green Alternative: Creating an Ecological Future*. San Pedro, CA: R. & E. Miles〔ブライアン・トーカー『緑のもう一つの道――現代アメリカのエコロジー運動』、井上有一訳、筑摩書房、一九九二年〕; Devall, B., and Sessions, G. (1985). *Deep Ecology: Living as if Nature Mattered*. Layton, UT: Gibbs M. Smith; McKibben, B. (1989). *The End of Nature*. New York: Random House〔ビル・マッキベン『自然の終焉――環境破壊の現在と近未来』、鈴木主税訳、河出書房新社、一九九〇年〕; Ehrlich, P., and Ehrlich, A. (1981). *Extinction: The Causes and Consequences of the Disappearance of Species*. New York: Ballantine.〔ポール・エーリック、アン・エーリック『絶滅のゆくえ――生物の多様性と人類の危機』、戸田清、青木玲、原子和恵訳、新曜社、一九九二年〕; Rifkin, J. (1991). *Biosphere Politics*. New York: Crown.〔ジェレミー・リフキン『地球意識革命――聖なる自然をとりもどす』、星川淳訳、ダイヤモンド社、一九九三年〕; K・セイルが『ザ・ネーション *The Nation*』誌（一九九〇年四月三〇日号、一九八八年五月一四日号）などの政治専門誌に発表した、環境問題に関するたくさんの論文。いくつかの雑誌（*Whole Earth, Greenpeace, Utne Reader, E Magazine, Z Magazine*）に掲載された多くの有益な論文。

この方面のデータに対する、次の二編の批判論文も参考になった。Ray, D.L., and Guzzo, L. (1990).

Trashing the Planet. Washington, DC: Regnery Gateway; Simon, J.L., and Kahn, H. (eds.).(1984), *Resourceful Earth*. Oxford, England: Basil Blackwell.

7 Tokar (1987). *The Green Alternative*. ［6］合衆国の帯水層やライン川や地中海の汚染に関するデータは、次の著書に掲載されている。Fox (1988). *The Coming of the Cosmic Christ*. pp. 13-17. ［5］

8 Gelbspan, R. (1991). Environmental notebook. *The Boston Globe*, April 23, p. 3. この論文には、全米環境法センター（National Environment Law Center）と合衆国公益調査団（U.S. Public Interest Research Group）が提出したデータが紹介されている。

9 Gordon and Suzuki (1991). *It's a Matter of Survival*. ［6］

10 典型的な報告については、次の記事を参照のこと。*Science News*, April 6, 1991, *139*, p. 212.

11 Meadows, D. (1991). Consequences greater than the Gulf War. *Annals of Earth*, *9* (1), 27; McKibben (1989). *The End of Nature*. p. 23. ［6］; Leggett, J. (ed.).(1990). *Global Warming: The Greenpeace Report*. New York: Oxford University Press.

12 Medvedev, G. (1991). *The Truth About Chernobyl*. New York: Basic Books; Wasserman, H. (1989). Chernobyl's American fallout. *Z Magazine*, June, pp. 60-68.

13 D・デサンテらが『ザ・コンドル *The Condor*』誌で報告したところによれば、サンフランシスコ北部地方ではその時期に若鳥の数が急激に減少したが、この鳥類の大量死は、「チェルノブイリ原発事故による放射能〝雲〟の通過とそれに関連して発生した降雨と驚くほど一致する」らしい。D・デサンテらの報告の要約は、次の論文に掲載されている。Wasserman (1989). Chernobyl's American fallout. ［12］

14 Schor, J. (1990). Capitalism: Triumphant or putrefying? *Z Magazine*, March, pp. 52-54.

15 五万カ所の産業廃棄物の捨て場やラブカナル地区についての研究、先天性欠損の発生率の倍増、アイオワ州の肥沃な土壌の荒廃、地球の肥沃な土壌の減少に関するデータについては、次の著書を参照のこと。Fox (1988). *The Coming of the Cosmic Christ*. pp. 13-17.［5］

16 Berry (1988). *The Dream of the Earth*.［6］

17 Fox (1988). *The Coming of the Cosmic Christ*. p. 34.［5］

18 Ehrlich (1986). *The Machinery of Nature*. pp. 17-18.［2］

19 ジェームズ・ラブロックの発言は、次の著書に掲載されている。Vittachi, A. (1989). *Earth Conference One: Sharing a Vision for Our Planet*. Boston: Shambhala. p. 14.

20 Sahtouris, E. (1989). *Gaia: The Human Journey from Chaos to Cosmos*. New York: Simon & Schuster. pp. 228-29. 自然に対する人間の態度が根本から変わらなければ、環境問題は解決できないという結論を下した学者は、他にもたくさんいる。たとえば、次の文献に掲載されているおびただしい数の引用を参照のこと。Devall and Sessions (1989). *Deep Ecology*.［6］; Gordon and Suzuki (1991). *It's a Matter of Survival*.［6］; Sheldrake, R. (1991). *The Rebirth of Nature: The Greening of Science and God*. New York: Bantam.

付録A　認知比較行動学革命の進展

1 Griffin, D.R. (1976). *The Question of Animal Awareness: Evolutionary Continuity of Mental Experience*. New York: Rockfeller University Press; Griffin, D.R. (1978). Prospects for a cognitive ethology. *Behavioral and Brain Sciences, 1*, 527-38, 555, 609-14; Griffin, D.R. (1980). What do animals think? *Behavioral and Brain Sciences*, 3, 619-620; Griffin, D.R. (1982). Introduction. In D.R. Griffin (ed.), *Animal Mind—Human Mind* (pp. 1-12). New York: Springer-Verlag; Griffin, D.R. (1983). Prospects for a cognitive ethology. In J. de Luce & H.T. Wilder (eds.), *Language in*

Primates: Perspectives and Implications (pp. 159-86). New York: Springer-Verlag; Griffin, D.R. (1983). Thinking about animal thoughts. *Behavioral and Brain Sciences, 3*, 364; Griffin, D.R. (1984). *Animal Thinking*. Cambridge, MA: Harvard University Press.〔ドナルド・R・グリフィン『動物は何を考えているか』渡辺政隆訳、どうぶつ社、一九八九年〕; Griffin, D.R. (1985). Epilogue: The cognitive dimensions of animal communication. In B. Hölldobler & M. Lindauer (eds.), *Experimental Behavioral Ecology and Sociobiology* (pp. 470-82). Sunderland, MA: Sinauer Associates; Griffin, D.R. (1987). Phylogenetically widespread 'facts of life.' *Behavioral and Brain Sciences, 10*, 667-68; Griffin, D.R. (1988). Subjective reality. *Behavioral and Brain Sciences, 11*, 256; Griffin, D.R. (1991). Progress towards a cognitive ethology. In C.A. Ristau (ed.), *Cognitive Ethology: The Minds of Other Animals* (pp. 3-17). Hillsdale, NJ: Lawrence Erlbaum Associates.

2　動物が、少なくとも単純な因果関係をもとにしてものごとを考えるという結論は、ヒュームの因果性についての分析から（また、カントによるその拡充からも）予測可能だった。この分析から、四通りの結論が導かれるが、それらの当否は一度たりとも厳密に検討されたことはない。

a　因果律に関するわれわれの理解は、先験的〔生得的ないし本能的〕なものである。

b　出来事を引き起こす原因を推測することのできるわれわれの能力は、われわれ自身が生存を続けるうえで絶対的に必要である。（われわれが知覚する出来事を引き起こす原因を推測し、どうすれば他の結果にもってゆけるかを推測する能力がなければ、われわれの世界は完全な混乱状態におちいるであろう。何ごとも意味をもたなくなるであろうし、われわれには何もかもわからなくなってしまうであろう。）

c　因果関係（もしこうなら、そうなるはずだ）を推測する過程は、単純な思考と区別することができない。

d　動物も、やはり生存し続ける必要があるため、単純な因果関係を推測し、少なくとも単純な思考が可能なこうした能力をそなえているに違いない。

動物は、以上の四点の他に、人間的なものの考えかたの基本的で本質的な部分——因果関係が推定でき、それゆえ少なくとも単純に考えることのできる能力——をもっているので、人間が自分たち特有のものと考える特性を動物ももっているという擬人的な主張は、本質的に妥当だということを、私としてはつけ加えたいと思う。

3

Kuhn, T.S. (1962). *The Structure of Scientific Revolutions*. Chicago: University of Chicago Press. 〔トーマス・クーン『科学革命の構造』、中山茂訳、みすず書房、一九七一年〕; Lakatos, I. (1978). *The Methodology of Scientific Research Programmes*. New York: Cambridge University Press. 〔イムレ・ラカトシュ『方法の擁護——科学的研究プログラムの方法論』、村上陽一郎他訳、新曜社、一九八六年〕; Lakatos, I., and Musgrave, A. (eds.).(1974). *Criticism and the Growth of Knowledge*. New York: Cambridge University Press. 〔イムレ・ラカトシュ、アラン・マスグレーヴ編『批判と知識の成長』、森博監訳、木鐸社、一九八五年〕; Laudan, L. (1981). Science and Hypothesis. Dordrecht: D. Reidel; Laudan, L. (1984). *Science and Values: The Aims of Science and their Role in Scientific Debate*. Berkeley: University of California Press.

公認の科学の反擬人的な定説は、その基盤らしきものがはるか昔になくなっていたとしても、わけもなく存在し続ける。研《と》ぎすまされた目をもつ科学者には、反擬人的な定説はばかげたものに見える。たとえば、前世代で最もすぐれた比較心理学者のひとりであるマーガレット・F・ウォッシュバーンは、次のように述べている。

動物行動についての心理的な解釈はすべて、人間の経験からの類推に基づいているはずである。「知覚」や「快楽」、「恐怖」、「怒り」、「視感覚」という用語が示す過程がわれわれ自身の心の内容の一部を形づくっていること以外には、そうした用語の意味はわれわれにはわからない。われわれが望むと望まざるとにかかわらず、動物の心の中で起こることについてわれわれが形づくる概念は、擬人的なものでなければならない。

Washburn, M.F. (1917). *The Animal Mind.* 2nd ed. New York: Macmillan. p. 13.〔M・F・ワァシュバーン『動物乃心』、谷津直秀、高橋堅訳、裳華房、一九一八年〕動物の知能に関する研究の分析を専門とする、見識あるふたりの哲学者は、ウォッシュバーンのこの文章を引用した後、次のような意見を述べている。

擬人主義は一般に、広く虚偽と信じられている。……しかしながら、そのどこが虚偽なのか、なぜそれが虚偽なのかを明確に説明すべき段になると、反擬人主義の勢力は、奇妙に黙りこくってしまうのである。遺伝学者のA・D・ダービシャーが指摘したように、この言葉は、そもそも「神が人間をご自分と同型同性に作りあげたまうたこと」という意味をもっていた。「……しかし、擬人的という言葉をまったく別の事象に適用した責任を、すなわち、知能や目的や計画をはじめ、人間的な属性全般を人間以外の動物に与えた責任を負うべき者は……自分でもそれと知らないまま、ごまかしを巧妙にやりおおせたのであった」……そのごまかしは、この言葉を動物にまで適用したことにあるのではなく、正当とする根拠を示すことなく、この言葉を否定的な意味合いのまま適用したことにある。進化生物学の枠組みを考えれば、擬人主義という漠然とした告発に正当な根拠を見つけるのは難しい。

Radner, D., and Radner, M. (1989). *Animal Consciousness.* Buffalo, NY: Prometheus Books. p. 140.

4　支配的なパラダイムに強くとらわれることのない多くの科学者も、〝専門家の惰性〟のため、いぜんとしてそれに固執し続ける。この予測可能な現象については、地球科学者のエドワード・バラードがくわしく説明している。バラードは、もうひとつの科学革命（プレートテクトニクス説による地球科学革命）の中心にいた科学者だ。

専門家集団には、非正統的な見解に反対しようとする傾向が根強く存在する。こうした集団が抱く正統性への思い入れは相当なものであり、大量のデータを旧来の考えかたで解釈しようとする性癖がしみついているため、専門家たちは、旧来の基礎知識をもとに講演の準備をし、おそらくは著書を執筆してきたのである。もはや若いとは言えなくなった時点で、このテーマ全体をあらためて考えることは、容易なことではないし、青年時代を少々むだに過ごしたという事実を認めることにもならざるをえない。……沈黙を保つことのほうが、正統性を穏健な立場から擁護することのほうが、あるいは、すべては疑わしきものであると主張し、日和見《ひよりみ》を決め込んで、政治家のようにあいまいな態度でデータがもっと集まるのを待つことのほうが、明らかに賢明なのである。

Bullard, E. (1975). The emergence of plate tectonics: A personal view. *Annual Review of Earth and Planetary Science*, 3, 1-30. 五ページから引用。

付録B　知的個体としての鳥を個人的に体験する方法

1　Howard, L. (1953). *Birds as Individuals*. London: Readers Union, Collins. pp. 13-15.〔L・ハワード『小鳥との語ら

い』、斎藤隆史、安部直哉訳、思索社、一九八〇年〕
2 同書 p. 15.
3 同書 p. 16.
4 同書 p. 18.
5 同書 p.p 160-61.
6 同書 pp. 166-67.
7 同書 pp. 169-70.
8 同書 pp. 183 and 194.
9 むだを避け、残った殻を掃除する手間をできるだけ減らすためには、ひき割りの穀類や無塩のピーナッツバター、アザミの種、ピーナッツ、殻をむいたヒマワリの種のような食品を使う。オーデュボン研究会（イリノイ州ノースブルック）が出しているパンフレット類や、次の書籍を参照のこと。Burton, R.B. (1992). *National Audubon Society North American Birdfeeder Handbook: The Complete Guide to Attracting, Feeding, and Observing Birds in Your Yard.* New York: Dorling Kindersley; Dennis, J.V. (1986). *A Complete Guide to Bird Feeding.* New York: Knopf.
10 S・C・ウィルソンからの一九九一年九月一八日付私信。
11 南アメリカやアフリカのような遠隔地で自由な暮らしをしていた野鳥が捕らえられ、かごに閉じ込められて、ぎゅうぎゅう詰めの状態で遠方に運ばれ、孤立した状態に置かれる時、家の中で育てられた鳥が、それまで暮らしていた家から新しい家に移される時に受けるストレスと比べて、はかり知れないほど大きなストレスを受ける。このようなトラウマを負った鳥が、人間に対する恐怖心や不信感を捨て去るとは考えにくいので、このような〝ペット〟を購入する人が、その鳥の知能に気づく可能性はありそうにない。

ペットショップで売られている非常に多くの鳥たちが、海外から輸入されているため、トラウマを負っているのは残念なことだ。読者の方々も、鳥を購入する場合、その鳥が輸入されたばかりのものではなく、すでに人間と積極的な関係を築きあげていることを確認してからにすべきだ。（また、それまで手から給餌されてきた鳥を入手して自宅に連れ帰る前には、きずなを築くべくその鳥に会いに行くよう心がけることだ。）

12 ブルーバードが新しい家で落ち着いた生活をするようになってから、ウィルソンは、聞き慣れない雑音など、恐怖感を与えそうな刺激には少しずつ慎重に接触させながら、ブルーバードに安心感を与える、励ましの言葉をかけた。

13 （オーストラリア内陸部の乾燥地帯に棲息する）野生のセキセイインコは、定住地をもっていない。新たな水場や餌場を求めて、群れであちこちを放浪し続けるのだ。こうした遊牧民的な生活スタイルをもっているおかげで、自分の本拠地に戻る経路を見つけ出す生まれつきの（本能的な）能力をもっておらず、そのため、自分の家からある程度離れたところまで飛んで行ってしまうと、帰れないまま死んでしまう可能性がきわめて高い。

14 セキセイインコの世話の詳細については、次の著書を参照のこと。**Birmelin, I., and Wolter, A. (1986).** ***The New Parakeet Handbook.*** **Hauppauge, NY: Barron's.** 同じ出版社から出ている他の手引書では、他種の鳥の世話のしかたについてくわしく書かれている。

15 ペッパーバーグは、社会的モデリング法の簡単な実例を、オウムのアレックスに関するたくさんの論文（第1章の註4参照）で紹介している。そのうち、その方法を最もくわしく説明しているのは次の論文だ。**Pepperberg, I.M. (1988). An interactive modeling technique for acquisition of communication skills: Separation of 'labeling' and 'requesting' in a psittacine subject.** ***Applied Psycholinguistics, 9,*** **59-76.** 鳥に意味のある言葉の話しかたを教える方法についての詳細は、次の文献を参照のこと。**Birmelin and Wolter (1986).** ***The New Parakeet***

Handbook. pp. 33-34〔14〕; Wolter, A. (1986). *African Gray Parrots*. Hauppauge, NY: Barron's. pp. 26-29; Wolter, A. (1991). *Cockatiels*. Hauppauge, NY: Barron's. pp. 30-32; von Frisch, O. (1986). *Mynahs*. Hauppauge, NY: Barron's. pp. 52-56.

〔訳註・本書の原著の出版後に出た邦訳書や、本書のテーマに関係のありそうな邦文の著書の一部を、以下に紹介しておきます〕

- R・オークローズ、G・スタンチュー（一九九二年）『新・進化論——自然淘汰では説明できない！』、渡辺政隆訳、平凡社
- 坂上昭一（二〇〇五年）『ミツバチのたどったみち——進化の比較社会学』、新思索社
- S・サベージ-ランボー（一九九三年）『カンジ——言葉を持った天才ザル』、加地永都子訳、古市剛史監修、日本放送出版協会
- S・サベージ・ランバウ、R・ルーウィン（一九九七年）『人と話すサル「カンジ」』、石館康平訳、講談社
- 西田利貞（一九九九年）『人間性はどこから来たか——サル学からのアプローチ』、京都大学学術出版会
- 西田利貞、伊沢紘生、加納隆至編（一九九一年）『サルの文化誌』、平凡社
- 樋口広芳（二〇〇五年）『鳥たちの旅——渡り鳥の衛星追跡』、NHKブックス
- **I. M. Pepperberg**（二〇〇三年）『アレックス・スタディ——オウムは人間の言葉を理解するか』、渡辺茂、山崎由美子、遠藤清香訳、共立出版
- J・ラブロック（二〇〇三年）『ガイア——地球は生きている』、竹田悦子訳、産調出版
- 渡辺茂（一九九五年）『ピカソを見わけるハト——ヒトの認知、動物の認知』、NHKブックス
- 松沢哲郎（二〇〇五年）『アイとアユム——チンパンジーの子育てと母子関係』、講談社プラスアルファ文庫

訳者後記

本書は、人間の心と体の関係（心身問題）に深い関心を抱き続け、催眠現象の厳密な批判的研究者として名をはせながら、二〇〇五年九月に七八歳で急逝《きゅうせい》したセオドア・ゼノフォン・バーバー（以下、著者）が、晩年の六年間をかけて、鳥類の行動を研究した成果（*The Human Nature of Birds: A Scientific Discovery with Startling Implications.* New York: St. Martin's Press, 1993）の邦訳です。著者は、催眠研究に〝革命〟を起こした異端児として、専門家の間では今なお非常に高い評価を受けている心理学者です（Gauld, 1992, Epilogue）。

本書は、刊行翌年の一九九四年にペンギンブックスに収録されました。ペンギンブックスは、わが国の文庫本に近い位置づけにあるので、英語圏ではそれなりに部数を重ねている一般向けの著書であることの、何よりの証拠です。著者は、本書が擬人主義の否定という、西洋世界で支配的なパラダイムの原則に反しているため、専門家から嘲笑《ちょうしょう》されたり、直接、間接に攻撃されたりするのではないかと予測しています（本書、二一八ページ）。しかし、本書が専門家たちから――動物行動の研究者や認知心理学者から――実際に受けたのは、ある短評（Anonymous, 1995, p. 75）でいみじくも指摘されているように、むしろ黙殺に近い反応でした。これは、本書に存在価値がないということではなく、本書に真の意味での重要性があることを示す重要なしるしのように思います。

訳者が、刊行まもない時点で本書の存在を知ることができたのは、わが国ではほとんど購読者のいない心身医学系の雑誌（*Advances: The Journal of Mind-Body Health*）に、その短評が掲載されたおかげでした。それがなかったら、その存在を知るまでにかなり時間がかかったはずです。訳者が調べた限り、ナチュラリストやバードウォッチャーのための雑誌および、アメリカのアマゾン・コムを含むウェッブページに掲載された本書の書評は、ほとんどが好意的なものでした。それに対して、専門家向けの雑誌に掲載された書評は、その短評を含めて欧米でも三点（**Anonymous, 1995; Dawkins, 1995; Hailman, 1994**）しかなく、そのうちの二点は、著者の予測通り、嘲笑的、侮蔑《ぶべつ》的なものでした。このような書評を読んで本書を購入しようとする人は、ほとんどいないでしょう。本書には、これらの書評で揶揄《やゆ》されている逸話的な（珍しい実例に基づく）報告がたくさん掲載されています。たしかに、第10章末の「擬人化することに対する恐怖」という節などに引用されている古典的事例には、信憑《しんぴょう》性のはっきりしないものもあるでしょうが、だからといって、本書の基本的主張が無視されてよいことにはなりません。

それに対してわが国では、書評どころか、本書の原著を誰かが購入した形跡すらほとんどなく、国会図書館も含めて、所蔵図書館もないようです。わが国の一般読者が本書の存在を知らなかったのは、残念ながらその紹介者が誰もいなかったためなのでしょう。また、わが国の専門家たちがおそらく本書を手にすることがなかったのは、欧米の専門家が肯定的に評価しなかったためなのかもしれません。

本書の特徴

本書にまとめられた研究は、故ドナルド・グリフィンによる、〝考える動物〟に関する一連の著作に刺激を受けて始められたものだそうです。グリフィンは、コウモリの超音波や鳥の渡りの研究を通じて、わが国でもよく知られているアメリカの比較行動学者です。著者は、鳥類という、哺乳類とは異質な高い知能をもつグループの認知的、行動的な研究を中心に、主として最近の研究成果を徹底的に検討した末、本書第1章の冒頭に掲げられているように、グリフィンが得ていた結論をはるかにしのぐ、次のような結論にいたりました。中でもとくに1と3は、非常に革命的なものですが、著者が「頑固一徹《いってつ》な懐疑的研究者」(「はじめに」)であるだけに、専門家もあっさりとは無視できない結論のはずです。

1　鳥類は、音楽的能力(鑑賞力、作曲力、演奏力)や抽象的概念を生み出す能力、たえず変化する生活上の問題を、知能を柔軟に用いて解決する能力、喜んで遊び、つがう能力など、私たち人類が自分たち独自のものと当然のように考えている能力を、少なからずもっている。

2　人間は、いくつかの方面の能力(たとえば象徴的、言語的能力)では鳥よりもすぐれているが、鳥も、他の方面の能力(たとえば、渡りの能力)では、人間よりもすぐれている。

3　鳥は、知能や意識や意志をもっているばかりでなく、人間と知的なコミュニケーションをし、人間との間に、思いやりのある親友という関係を築く能力ももっている。(本書、二ページ)

このうち、2については、科学的に実証されている周知の事実なので、とくに異論はないでしょう。また、1としてまとめられている項目の多くについても、第1章で紹介されているような、最近の認知心理学的な実験的研究に通じていれば認めることができるはずです。しかし、3については、専門家か否かを問わず、受け入れにくい人たちが多いのではないでしょうか。ヨウムのアレックスを対象とした実験的研究(第1章)で得られた結論を除けば、主として実際に鳥たちとの間に個人的関係を築いた、きわめて例外的な人たちの経験に基づく判断だからです。

この問題については、第5章と第8章でいくつかの事例がくわしく紹介されています。その中でも、ナチュラリストのレスリー夫妻が育てたカリフォルニアカケス、ベルンド・ハインリッチという動物学教授が自分の山小屋で育てあげたアメリカワシミミズク、シェリル・C・ウィルソンという行動科学者（催眠現象研究における著者の共同研究者）が自宅で放し飼いをしながら育てた三羽のセキセインコ、レン・ハワードという音楽学者が自分の山小屋を解放して観察した、周辺に住む数多くの野鳥の行動や人間との交流がとくに印象的です。また、鳥たちの行動特徴や性格に非常に大きな個体差（それぞれの個体の間に見られる差）があることにも、誰もが驚かされるのではないでしょうか。このうち、ウィルソンのもの以外には邦訳（「原註」の訳註参照。ただし、ハワードの著書の邦訳は前半の第一部のみ）がありますので、関心のある方には、ぜひお読みいただきたいと思います。人間に対する恐怖心を克服した野鳥たちが、人間に対してどれほど遠慮なくふるまうものかが、また、人間とどれほど親密な関係を築くことができ、人間にどれほど真の姿を見せるものかがよくわかります。

本書で主張されているのは、要するに鳥たちは精密機械のようなものとは根本的に違って、それぞれが個性をもっており、刻々と変化する環境にひたすら翻弄《ほんろう》されるのではなく、それを積極的に利用するためにすぐれた能力を発揮するなど、きわめて主体的な生活を送っているということです。これらの点は、類書がほとんどないほど重要な、本書の最大の特徴です。本書には、鳥たちのこうした主体的な生きかたを裏づける実例がたくさん出てきます。人間のうちにさえ「機械的な動物」を見ようとする行動研究者が圧倒的多数を占める中で、著者は、動物の中に、「主体性をもつ人間的な特性」を見ようとしているという点で、とくに西洋では、きわめてまれな立場に立つ研究者と言えるでしょう。

本書で紹介されている中でもとりわけ興味深いのは、アレックスの事例ではないでしょうか。アレックスは、昨年（二〇〇七年）九月に三〇歳で死亡したそうですが、いわゆる〝オウム返し〟とは違って、口頭によるさまざまな質問に対して、人間の言葉で的確に答えるという、これまで動物ではありえないと考えられてきた、驚異的な能力を発揮し続けました。[註1] アレックスが言葉を文字通り使えたことについては、この方面の専門家の間でも意見が一致しているようです（たとえば、渡辺、一九九五年、九七―一一五ページ）。アレックスの実験のもようは、わが国でもテレビで放映されたことがあるので、その場面をごらんになった方もあるでしょう。なお、ペッパーバーグによれば、アレックスは、数字だけではなく、ゼロに類似した概念も理解していたそうです（Pepperberg & Gordon, 2005）。

ついでながらふれておくと、比較行動学の創始者として有名なコンラート・ローレンツも、自著『ソロモンの指環』の中で、人間の言葉を適切な場面で（たまたまなのかもしれませんが）正確に使った鳥の事例を二例（インコとカラス）紹介しています（ローレンツ、一九七〇年、一一九―一二三ページ）。

動物の擬人化という問題

本書がもつ特徴のひとつは、先ほど述べたように、鳥類に見られる人間的な特性を、具体的な証拠をあげながら浮き彫りにしていることです。場合によっては人間を大幅にしのぐ能力ばかりか、感情的な側面や個体差をも、大量のデータを駆使しながら明確に描き出しています。その際、著者は擬人化という手法を多用しているわけですが、ここに大きな問題が潜んでいるのです。これは、わが国の霊長類研究者が、その研究の最初期に、西洋の研究者たちからくりかえし直面させられて困惑した障壁と同質のもののようです。[註2]

西洋のキリスト教文化圏では、人間と動物を本質的に異質なものと考える伝統を根強くもっています。アメリカでは、周知のように現在ですら、進化論を学校で教えることを禁じている州がいくつかあるほどです。「なんじ、擬人化するなかれ！」（本書、一五一ページ）という要請は、動物を擬人的に見ることに少しも違和感を覚えない日本人からすると、まさに想像を絶するレベルにあるのです。〔註3〕これらの点については、わが国の霊長類研究を長年にわたって調べてきた、カナダのアルバータ大学人類学教授の次の発言を見るとはっきりわかるでしょう。

私を悩ませた〔中略〕のは、とにもかくにも行動を刺激と反応の連鎖として記述するという報告の形式で、ライオンが個性の違いによって反応したり、何らかの予見のようなものに導かれて行

註1　現在では、アレックスと同様の言語能力を発揮する鳥としては、インキーシー（N'kisi）という名前のオスのヨウムが知られています。たまたまテレビで見たアレックスに刺激を受けた女性が、一九八五年から複数のオウムに言葉の訓練をしてきたのです。インキーシーはそのうちの一羽でした。形態形成場という概念を唱えたことで日本でも有名なルパート・シェルドレイクは、飼い主と共同で、インキーシーを対象に史上初の人間・動物間のテレパシー実験を行ない、有意な結果を得ているようです（Sheldrake & Morgana, 2003）。

註2　ただし、わが国でも、動物が文化をもつかどうかという問題については、一九五〇年代半ばに論争がありました（たとえば、伊谷、一九九一年、五三—五六ページ）。しかし、それで決着がついたわけではなかったようです。たとえば訳者は、心理学科の学生だった一九六六年に、文化人類学のレポートとして、幸島《こうじま》（宮崎県）のサルたちの「イモ洗い」行動を、動物も文化をもつひとつの証拠だと書いたことがあるのですが、それに対して、その教授からわざわざそれを否定する長文の手紙をもらって驚いたことがあるからです。

動しているといった事例を記述することは許されなかったということです。その状況での外見からも明白な気持ちや、個性、あるいはまた「いじめる」といった行動について述べることは、擬人主義的であるとされ、受け容れられませんでした。〔中略〕

〔ベルギー出身の自然人類学者で上智大学名誉教授であった故・北原フリッシュによれば〕日本人にキリスト教の教義を説くときに、キリスト教では人間だけが霊魂をもっていて、ほかの動物やその他諸々の物はたんなる物質としてしか扱わないということを受け容れるのが、日本人にとってはことのほか難しいということです。〔中略〕

野生動物の行動についての科学的な報告の中で、それを動物の「心」のせいにすることを西欧のほとんどの研究者は避けるということです。そのことに関して、ジェーン・グドー〔グドール〕はずっと例外的な存在だったのですが、長年の間、彼女は科学的な仕事をしているとはみなされなかったのです。（アスキス、一九八四年、三七、三八、四二ページ）

キリスト教文化圏では、動物はどの個体も基本的にはすべて同一[註4]で、個性や主体性などはなく、ましてや人間的な特性などあるはずもないので、擬人的な表現というものを比喩的に使う以上のことは許されないのです。これでは、動物の行動を記述するのに大変不便であるだけでなく、動物の行動を研究するうえでも、かなりの制約が課せられることになるでしょう。

とはいえ、本書でも紹介されているフランス・ドゥ・ヴァールの『政治をするサル *Chimpanzee Politics*』（邦訳、どうぶつ社）という著書の書名を見てもわかるように、さしもの欧米の霊長類学者たちも、しばらく前からはわが国の霊長類学者たちに（多くは黙って）ならわざるをえなくなり、遅ればせながら擬人化や個体識別という手法をとるようになってきました（ドゥ・ヴァール、二〇〇二年）。しかしそれも、ほとんどはまだ霊長類どまりのようです。本書は、そうした西洋的タブーを明らかに破っているばかりか、鳥類に人間的な特性が見られるという、西洋では考えられない結論を導き出しているのです。これでは、本書が西洋の専門家たちに無視されてもしかたがないでしょう。

しかし、こうした基本的な考えかたに抵抗があるわけではないわが国の読者に、とくにわが国の専門家たちに本書の存在が知られていないのはたいへん残念なことです。

動物の言葉という問題

ところで、鳥以外の動物がもつ知能の実例を紹介する第11章では、類人猿の言葉について、ゴリラ

註3　ウィスコンシン大学の鳥類行動の研究者は本書を、一部の種の同定に疑問があるなど、鳥類に関する知識が不十分であるし、鳥類観察の専門家にとって目新しいことが書かれているわけではないとして酷評する中で、大変興味深い見解を述べています。「擬人主義に対するタブーとされるものによって、研究が妨げられたことは、私の知る限り、ただの一度もない。実際のところ、擬人主義は認知比較行動学では問題とするに値しない。無生物や動物や自然現象に人間的な特性があるとすることは、断じて科学的ではないのだ」（**Hailman, 1994, p. 581**）。西洋では、鳥についてよく知っていると自認する鳥類行動の研究者にとっても、擬人主義はいぜんとしてタブーのようです。

註4　しかし、このような文化圏の中から、現在の定説である、（遺伝子上の差としての）個体差を進化の最大の要因とするネオ・ダーウィニズムという進化論（あるいは、統合説進化論）が出てきたのに対して、（外部からとらえられる差としての）個体差の大きさを十分理解している日本文化圏の中から、種の均一性を出発点とした、いわゆる今西進化論（たとえば、今西、一九八〇年）が出てきたのは、考えてみれば皮肉なことです。

のココとチンパンジーのワショー、わが国でも有名なピグミーチンパンジー（ボノボ）のカンジの例がとりあげられています。そうした類人猿たちと人間とのやりとりをみると、いずれも、人間とかなり共通すると思われる感情や概念をもっていることがわかります。また、類人猿たちが、自分なりに新しい言葉を創作したり、死という概念をもっている徴候を見せたりするのが本当だとすれば、本書で示されているように、人間特有のものとされている能力は、実は進化の過程の中でじょじょに準備されてきたものと考えざるをえなくなるでしょう。わが国の霊長類研究を創始した故・今西錦司《きんじ》も、「言語発生の下地は〔大脳が十分大きくなる前に〕すでにできていたと考えたほうがよい」（今西、一九七五年、二七一ページ）と発言しています。これは、類人猿ではなく、すでに人類になってからのことを言っているのですが、準備状態という着想は共通しています。

しかし、こうした動物の言葉については、本書にも登場する、言語学に〝革命〟を起こしたことで有名なノーム・チョムスキーが、それは真の言葉とは言えないと強く批判しています（Hauser, Chomsky & Fitch, 2002）。チョムスキーはカンジが使っているような言葉についても、「もし動物が言葉のような生物学的に有利な能力をもっているにもかかわらず、それをどういうわけか今まで使わなかったのだとすれば、教えられれば空を飛べる人間たちが住んでいる孤島を見つけるようなもので、進化論的にみて奇跡的なことだろう」と皮肉っています（Golden, 1991, p. 20）。

それに対して、カンジを乳児の時から身内の子どものようにして接してきたスー・サベージ－ランバウは、チョムスキーの想定している言葉は経験的なものではなく、頭で考えた理想的なものなのに対して、カンジの使う言葉は、人間の子どもが日常的な文化の中で自然に身につける原初的《プライマル》言語と同じものだとして、共同研究者の言語学者とともにチョムスキーに鋭く反論しています（Segerdahl et al.,

2005, pp. 159-180)。なお、カンジの言語能力については、わが国の代表的な類人猿研究者たちも肯定的な評価をしています（たとえば、西田、二〇〇七年、二二六―二二七ページ。古市、一九九三年）。

この論争は、何を言葉と認めるかという定義の問題にも関係していますが、その根底には、人間をあくまで動物と異質なものと考えようとするかどうかという、世界観の違いが潜んでいるように思います。著者の世界観は、人間や動植物を宇宙全体の中の調和的、主体的存在としてとらえようとする今西錦司の世界観（たとえば、今西、一九七二年）と相通ずるところがあるように見えます。この点はきわめて重要なので、後でもう一度ふれることにします。

環境破壊と人間の怠惰という問題

ところで、本書第12章（「動物の知能がもつ革命的な意味」）の「人間、この破壊するもの」という節では、人間による地球環境の破壊という今日的な問題が扱われています。本書の原著は、今から一五年前に出版されたわけですが、その間に、環境破壊は加速度的に進行し、本書で予言されている通り、地球温暖化という問題にまで発展しています。その結果として起こる海水面の上昇は、南洋諸島の国々にとっては、国家の存亡に直接かかわるきわめて深刻な問題です。

「他の生命体と同じように有能で特殊化した、地球上の生命体の一種」（本書、二二三ページ）にすぎない人間が、「自らを、支配権――地球やその生物種を支配し、望むがままに扱う生まれながらの権利――を与えられた存在だと思い込んでいる限り、地球を汚染、劣化させ、地球上の生物種を病気や死に追いやり続ける」（本書、二二四ページ）ことになるのはまちがいないでしょう。そしてそれは、人類という種の自滅への道でもあります。開放系であるにしても、地球全体がひとつの生態系として自己完結している限り、人間も、地球上にすむ他の生きものたちと共存する以外に生きる道がないからです。著者は、人間がそうした窮地から脱しうる道を次のように提言しています。

人間も、地球上の生きとし生けるものも、同じようにすぐれて有能な存在であり、他の生物種がもつ特技も、象徴《シンボル》や道具を利用した自分たちの特技と同じように、畏敬の念に打たれるほど感動的なものだと考えるようになれば、人間は、破滅にいたる道を引き返すことができるだろう。
(本書、二一四ページ)

人間は、自分こそ万物の霊長だとおごり高ぶったところで、個人にしても国家や民族という集団にしても、いまだに自分自身のコントロールがまともにできない状態でいること自体に変わりはありません。たとえば娯楽のように、自分の成長に役立たないこと(快楽をともなう行動)は簡単に実行できるのに対して、自分の成長にとって重要なこと(幸福に導く行動)は、〝頭〟でわかっていても、実行するのが難しいという事実は、誰もが経験的に知っています。言いかえれば、今の人間の意識はきわめて不完全なもので、まだまだ力が弱いということです。このことから人間は、その方向へ進化する余地のあることがはっきりわかるのではないでしょうか。

そのこととも関連する、もうひとつの非常に重要な個人的問題としては、締め切りまぎわにならないと重い腰があげられないという、人類にあまねく見られる行動特徴があげられます。それでいて、自分の進歩にはつながらないことがはっきりしている時間つぶし的行動は、非常に簡単にできるのです。その結果として自分が困ることになっても、行動の修正が非常に難しいのも、きわ立った特徴でしょう（笠原、一九九七年）。締め切りがない場合には、その課題に一生手をつけないまま終わってしまう可能性が高いのではないでしょうか。外部からの要請があれば比較的容易にできる行動でも、自発的にはできないということです。その場合、人間は、自分の成長に役立つものか役立たないものかを、無意識のうちに正確に判断しているわけですから、意識にのぼらないところでは、大変すぐれた能力をたえず発揮していることになります。人間は、そうしたとてつもない能力を自分の意識から隠すために、また能力を使うという、非常に複雑なことをしているのです。人間のもつこの種の隠された能力については、機械論的な進化論の立場からは、どのように考えればよいのでしょうか。

　いずれにせよ、このように人間は、自分にとって、すぐに大きな損害になることがはっきりしない限り、自発的に対応しようとしない傾向を根強くもっている（笠原、二〇〇四年）のですが、これほど重大で普遍的な現象を研究する専門家がほとんどいないのも、非常にふしぎなことです。ここでも、肝心な問題は避けられるという現象が明確に見てとれます。いずれにせよ、そのような行動の偏りが、多かれ少なかれほとんどの個人に共通して見られるということは、国家や民族という集団の場合には、同様の傾向が、その総計として、さらに深刻な形をとって現われるということにほかなりません。

　たとえば、わが国で反核運動が始まったのは、一九五四年、マグロ漁船の第五福竜丸がビキニ環礁でひそかに行なわれた水爆実験で被爆し、〝原爆マグロ〟という形で現実が自分たちに突きつけられた後のことでした。それまでは、アメリカ側の隠ぺい工作（たとえば、核戦争防止・核兵器廃絶を訴える京都医師の会、一九九一年。ブラウ、一九八八年）があったにしても、被爆地以外の人たちには、放射線障害という問題の深刻さがなかなか実感できなかったのです。環境問題の改善の場合も、自分たちの足元が脅かされてからでは遅いことは、意識の上では誰もが知っているでしょう。にもかかわらず、重要な課題をいつも先送りしようとする怠惰な個々人を根本から変身させるのはきわめて難しいため、各人の自発性を待っていたのでは手遅れになりかねません。

強い規制を課すことによってしか大きな目的が達成できないようでは、人間は〝万物の霊長〟という自己尊大的な称号を返上するしかないでしょう。それはそれとしても、「必要は発明の母」でしょうから、このような窮地におちいっている状態が人間を進化させる原動力になるのかもしれないので、そのことを楽しみに今後のなりゆきを見守ることにしましょう。

本書の独自性――心の位置づけ

本書が、動物の行動を扱った他の研究と根本的に違っているもうひとつの点は、心と体の関係になみなみならぬ関心をもち続けた心理学の専門家が執筆したものだということです。著者はまた、催眠現象の研究（バーバー、一九七五年）を通じて、人間の心がもつ力の大きさと意味とを熟知していました。催眠現象を起こすには、被術者（催眠の誘導を受ける人）がトランス状態に入ることが、伝統的に必要とされてきました。ところが、著者が提唱した考えかた（たとえば、Barber,1978）によれば、実際にはトランス状態は不要で、被術者の側に被暗示性（暗示にかかりやすい傾向）があれば、それだけでよいというのです。そのため、被術者の被暗示性が十分高い場合には、その人が覚醒状態でも、施術者（被術者に催眠の誘導を施す人）が、「これは熱いのでやけどします」などと唱えながら、皮膚に冷たい金属片を押し当てるだけで、その部位に火傷に似た変性が起こることがあるのです（Paul, 1963）。

あるいは、塗り薬ではそれほどの治療効果が期待できないいぼ（もちろん心因性のものではなく、ウイルス性の皮膚疾患）が、言葉による催眠暗示によって、かなり高率に（五割から七割ほどの比率で）消えてしまうことは、催眠の専門家の間では周知の事実になっています（たとえば、スパノス他、二〇〇二年）。言葉による暗示だけで、冷たい金属を押し当てた部位にまれにせよ火傷のような変性が起こるのは、あるいは逆に、ウイルス性のいぼが高率に消えてしまうのは、いったいなぜなのでしょうか。

催眠現象の場合には、超常現象（ＥＳＰや念力）と違って、一般の科学者にも、その現象が起こること自体は認められています。医学的に不治とされている遺伝性の皮膚疾患（先天性魚鱗癬様紅《ぎょりんせんようこう》皮《ひ》症）が、催眠暗示だけでおおかた消えてしまったとか、重度の火傷を負い、通常の治療では必ず残るはずの後遺症が残らなかったという報告であっても、驚嘆されはしますが、その事実性を疑う専門家はあまりいないでしょう。ところが、こうした現象は、現在の科学知識ではまったく説明できないどころか、説明しようとする試みすらほとんどないのが実情なのです（笠原、一九九五年、一二七―一四八ページ）。

著者は、こうした催眠暗示現象の研究を始めるよりはるか以前の生物学の学生時代に、単細胞動物の観察を行なっていたそうです。その中で、単細胞動物が周辺の物体や出来事をたえず認識しながら、餌に向かって「意図的に、目的や計画性をもって」動く様子を目の当たりにして、単細胞動物も「クジラのように大きな水棲動物と同じく、目的をもった行動をとっているのではないか」と感じたのでした。その体験から、身のまわりにいるアリのような小動物に目を向けるようになり、次のような認識にいたったというのです。

> アリの観察を続ければ続けるほど、アリたちが私に気づき、例によって私をこわがっていることや、それぞれが、驚くほど人間的な心的能力をもったこびとのようにふるまうことがわかるようになった。こうした心的能力は、アリが自分の巣の仲間たちと協力し合っている時に、とくに

きわ立っていた。一群のアリは、栄養物を巣に運び込んだり、アブラムシを守り〝搾乳《さくにゅう》〟したり、他のアリの巣を襲って食料を奪ったり、自分たちの巣を迅速に、しかも効率よく修復するために飛び出してゆき、あらかじめ計画した通りに作業したりするような場合、それぞれが互いに協力し合うのである。（Barber, in press, Introduction）

このような経験や認識に加えて、哲学や現代物理学、化学、分子生物学、天文学などの豊富な知識から洞察を得た著者は、「陽子から蛋白質《たんぱく》、単細胞動物からパルサーにいたるまで、宇宙のあらゆる存在は、ひとつの物理心理的《フィジカルメンタル》な物質である。この物質は、それ自体のやりかたで、それ自体のレベルで知覚、記憶し、目的をもってふるまう」という、とてつもなく壮大な着想にいたるのです。

ところで、最後まで著者と親密な交流を続けていた心理学者であり、超常現象の研究者としても有名なスタンリー・クリップナーによれば、著者は、本書の続編にあたる著書（著者による仮題では『細胞の知恵 *The Wisdom of the Cell*』）の出版を計画していました（Krippner, 2006, 2008）。ところが著者は、その出版にこぎつける前に亡くなってしまったのです。この著書は、「〝変化しえない〟身体的なプロセスを（催眠）暗示により変化させる」という非常に興味深いタイトルをもつ著者の代表的論文（Barber, 1984）の拡張編でもあるそうです。

現代の科学者たちが当然のこととして想定（信仰）しているように、心は脳が活動した結果にすぎないとすれば、体の進化だけを考えていたこれまでの進化論の進展によって、心を含めたすべてがいずれ説明できることになるでしょう。しかし、もし心が脳の活動の副産物ではなく、超常現象の研究によって得られたさまざまな証拠（たとえば、笠原、一九八四年）が示しているように、独立して存在するものだとすると、心そのものの進化と、心と体の関係の進化の、少なくともふたつを考える必要が出てきます。著者は、この難問を独自の仮説によって解決しようとしたのです。

物理心理的な物質にかんする先ほどの引用文がそのエッセンスなのですが、この著書を通じて著者は、「物質は純粋に物理的で、非心理的で機械的だという定説を捨て、物質を物理心理的で意図をもつものとして、これまで以上に深く理解することにより、何百年もの間、哲学者たちを悩ませてきた心身問題という難問を解決することができた」と主張しています。これは、ダーウィニズムと（神による）創造説の双方を同時に乗り越えようとする、著者独自の着想であり世界観です。本書は、このような世界観をもった科学者による成果と考えなければなりません。

本書は一般向けの著作であると同時に、「行動科学および脳科学の研究者のための解説」という付録と、くわしい原註とが巻末についていることからもわかるように、その方面の研究者に向けて書かれた著作でもあります。動物を擬人化することに抵抗のないわが国の研究者の場合でも、最近の「行動研究の歩みは、（自然）淘汰論への忠誠の祈禱《きとう》を唱えながら、近代分子生物学の動向を片目でうかがい、動物機械論・人間機械論の新版を重ね、その都度、旗振りのあとに行列ができるということを続けている」（伊谷、一九九一年、五五ページ）状況のようです。つまり、わが国の研究者の間でも、動物を精密機械と見なす世界的な定説（すなわち権威）への従属願望という無意識的な誘惑も手伝って、動物には主体性はないとする考えかたが、ふしぎなことにいぜんとして大勢を占めているということです。

著者は、鳥たちの行動にかんする信頼性の高い観察を大量に提示することで、このように圧倒的な保守的状況に果敢に切り込もうとしているのです。〝変化しえない〟状況を変化させようとする、こうした著者の強い意志を念頭におきながら本書を読み直すと、鳥たちの行動のもつ意味が、さらに深遠なものに見えてくるのではないでしょうか。また、現在の定説に真正面から挑んでいる本書の主張は、鳥類や動物行動の専門家ばかりでなく一般の科学者にとっても、大きな意味をもっているはずです。現代の科学知識体系は、〝偶然説〟とも言うべき基盤（宇宙の森羅万象はすべて偶然によって起こっているという暗黙の了解）の上に成立しているのですが、本書の主張が正しいかどうかは別にしても、本書の存在は、偶然説には科学的根拠がないという事実に、あらためて意識を向ける好機になるはずです。本訳書が、わが国の科学者の陣営からも無視されることのないよう切に願うものです。

二〇〇八年四月九日　　笠原敏雄

参考文献

P・アスキス（一九八四年）「霊長類学の行方」『思想』三月号、三六―五一ページ（川喜田二郎監修『今西錦司――その人と思想』（一九八九年、ぺりかん社）再録）

伊谷純一郎（一九九一年）『ヒト・サル・アフリカ――私の履歴書』日本経済新聞社

今西錦司（一九七二年）『生物の世界』講談社文庫（一九四一年、弘文堂書房。英語版は *A Japanese View of Nature: The World of Living Things*. RoutledgeCurzon, 2002）

今西錦司（一九八〇年）『主体性の進化論』中公新書

今西錦司他（一九七五年）『座談　今西錦司の世界』平凡社

核戦争防止・核兵器廃絶を訴える京都医師の会「医師たちのヒロシマ」刊行委員会編（一九九一年）『医師たちのヒロシマ――原爆災害調査の記録』機関紙共同出版

笠原敏雄編著（一九八四年）『死後の生存の科学』叢文社

笠原敏雄（一九九五年）『隠された心の力――唯物論という幻想』春秋社

笠原敏雄（一九九七年）『懲りない・困らない症候群――日常生活の精神病理学』春秋社（新装版『なぜあの人は懲りないのか困らないのか』として二〇〇五年に春秋社から再刊）

笠原敏雄（二〇〇四年）『幸福否定の構造』春秋社

N・P・スパノス他（二〇〇二年）「いぼの退縮に対する催眠療法、偽薬、サリチル酸治療の効果」笠原敏雄編『偽薬効果』（春秋社）所収

F・ドゥ・ヴァール（二〇〇二年）『サルとすし職人』西田利貞、藤井留美訳、原書房

西田利貞（二〇〇七年）『人間性はどこから来たか――サル学からのアプローチ』京都大学学術出版会

セオドー・X・バーバー（一九七五年）『催眠』成瀬悟策監修、戸田晋訳、誠信書房

M・ブラウ（一九八八年）『検閲　１９４５―１９４９――禁じられた原爆報道』立花誠逸訳、時事通信社

古市剛史（一九九三年）「監修を終えて――カンジに出会ってしまったヒト」S・サベージ-ランボー著『カンジ――言葉を持った天才ザル』（日本放送出版協会）所収

K・ローレンツ（一九七〇年）『ソロモンの指環』日高敏隆訳、早川書房（一九九八年、ハヤカワ文庫）

渡辺茂（一九九五年）『ピカソを見わけるハト――ヒトの認知、動物の認知』ＮＨＫブックス

Anonymous (1995). Book review: *The Human Nature of Birds*. *Advances: The Journal of Mind-Body Health, 11*, 75.

Barber, T.X. (1978). Hypnosis, suggestions, and psychosomatic phenomena: A new look from the standpoint of recent experimental studies. *American Journal of Clinical Hypnosis, 21*, 13-21.

Barber, T.X. (1984). Changing "unchangeable" bodily processes by (hypnotic) suggestions: A new look at hypnosis, cognitions, imagining, and the mind-body problem. In A.A. Sheikh (ed.), *Imagination and Healing* (pp. 69-128). New York: Baywood.

Barber, T.X. (in press).(ed. by S. Krippner et al.). *Revolutionary Philosophical Science: The Physicalmental Universe from Molecules, Cells, and Organisms to Quanta, Stars and Galaxies*.

Dawkins, M.S. (1995). Book review: *The Human Nature of Birds*. *Quarterly Review of Biology, 70*, 213.

Gauld, A. (1992). *A History of Hypnotism.* Cambridge and New York: Cambridge University Press.

Golden, F. (1991). Language watch: Clever Kanzi. *Discover, 12* (3), 20.

Hailman, J.P. (1994). Ornithological literature: *The Human Nature of Birds. The Wilson Bulletin, 106,* 580-82.

Hauser, M.D., Chomsky, N., and Fitch, W.T. (2002). The faculty of language: What is it, who has it, and how did it evolve? *Science, 298,* 1569-79.

Krippner, S. (2006). Remembering T.X. Barber. Paper presented at the 2006 Parapsychological Association convention, Stockholm, Sweden.

Krippner, S. (2008). Personal communications. March 30, 31, and April 1.

Paul, G.L. (1963). The production of blisters by hypnotic suggestion: Another look. *Psychosomatic Medicine, 25,* 233-44.

Pepperberg, I.M., and Gordon, J.D. (2005). Number comprehension by a grey parrot (*Psittacus erithacus*), including a zero-like concept. *Journal of Comparative Psychology, 119,* 197-209.

Segerdahl, P., Fields, W., and Savage-Rumbaugh, S. (2005). *Kanzi's Primal Language: The Cultural Initiation of Primates into Language.* New York: Palgrave Macmillan.

Sheldrake, R., and Morgana, A. (2003). Testing a language-using parrot for telepathy. *Journal of Scientific Exploration, 17,* 601-15.

◎訳者紹介――**笠原敏雄**（かさはら・としお）＝一九四七年生まれ。早稲田大学心理学科を卒業後、北海道や東京の病院で心因性疾患を対象に独自の心理療法を続け、九六年、東京都品川区に〈心の研究室〉開設、現在に至る。編著書に、『幸福否定の構造』、『多重人格障害――その精神生理学的研究』、『偽薬効果』（以上、春秋社）、『超心理学読本』（講談社プラスアルファ文庫）、『希求の詩人・中原中也』（麗澤大学出版会）その他が、訳書に、『がんのセルフコントロール』（共訳、創元社）、『臨死体験』（春秋社）、『前世を記憶する子どもたち』、『前世を記憶する子どもたち2――ヨーロッパの事例から』、『転生した子どもたち――ヴァージニア大学・40年の「前世」研究』、『超心理学史』（以上、日本教文社）その他がある。

連絡先　〒一四一―〇〇三一　東京都品川区西五反田二―一〇―八―五一四　心の研究室
電子メール　kasahara@02.246.ne.jp　ホームページ　http://www.02.246.ne.jp/~kasahara/

索 引

本索引は、原著の索引とは別個に、事項と人名とをまとめて作成したものです。見出しは、必ずしも本文通りではなく、わかりやすく変えたものもあります。「インコ」などの大項目には、その下位項目として「セキセイインコ」などを列挙していますが、よく知られている名称の場合には、下位項目からも引けるようにしてあります。人名には欧文を併記しておきました。また、項目中の（　）は、中の語が含まれる場合と含まれない場合とがあることを、〔　〕は、その前の語が括弧内の語と入れ替わる場合があることを、それぞれ示しています。なお、数字の後の *n* は見出し語が傍註内にあることを示しています。〔訳者〕

【あ行】
愛（情） *16, 47, 59, 64, 65, 99, 101, 107, 108, 115, 134, 154, 221*
アイブル–アイベスフェルト Eibl-Eibesfeldt, I. *ii, 248, 251, 264*
アオアズマヤドリ *12, 229* →ニワシドリ
アオガラ *118, 128, 221, 229*
アカショウビン *22, 229*
アジサシ *15, 153*
　キョクアジサシ *231, 250*
遊び *2, 35, 54, 58, 72, 73, 98, 101-103, 105, 111, 114, 124, 133, 171, 174, 203, 214, 219, 225, 227, 254, 296*
アブラムシ *191, 192, 278, 308*
アフリカ *3, 21, 22, 71, 134, 211, 276, 283, 291*
アメリカ（人） *27, 42, 74, 81, 134, 164, 205, 206, 208-211, 281, 284, 291, 295, 296, 299, 305* →合衆国
アメリカ手話言語〔法〕 *42, 159-161, 168, 270* →手話
アメリカシロヅル *205, 229* →ツル
アメリカワシミミズク *49, 100, 229, 253, 265, 297* →ワシミミズク
アリ *22, 183-194, 200, 277-279, 307, 308*
　サスライアリ *277*
　シュウカクアリ *186, 276*
　トフシアリ *279*
　ハタオリアリ *276*
アレックス *3-9, 102, 140, 156, 203, 237, 238, 292, 293, 296, 298, 299n* →オウム, ヨウム
怒り *45, 52, 99, 122, 124, 182, 193, 289*
意志 *2, 3, 29, 42, 52, 118, 147, 157-160, 186, 214* →意図（的）, 自発的（意志）
意識 *iv, 2, 41, 50, 61, 76, 90, 102, 121, 141, 143, 144, 146, 151, 157-159, 165, 167, 173, 176, 179, 182, 199, 200-204, 214-217, 219, 222, 227, 236, 277, 296* →自覚
イタリア *195*
意図（的） *18, 19, 27, 47, 97, 133, 137, 155, 175, 180, 201, 277, 307, 309* →意志, 自発的（意志）, 目標志向的
イヌワシ *205, 234* →ワシ
イルカ *91, 144, 174-177, 200, 273*
　シワハイルカ *175*
　バンドウイルカ *174, 273*
インカサンジャク *13, 230*
イングランド（人） *87, 98, 152* →英国
インコ *102, 132, 203, 224-227, 230, 298*
　セキセイインコ *103, 107, 109, 110, 113-116, 225, 230, 292, 297*
　ボタンインコ *16, 230*
インド *15, 210*
ウィルソン Wilson, E.O. *iii, 184, 187, 192, 258, 276-278*
ウィルソン Wilson, S.C. *iii, 103-106, 110-114, 129, 141, 219, 224-227, 266, 291, 292, 297*
ウォルコット Walcott, C. *iii, 77, 89, 264*
ウタスズメ *62, 230* →鳴禽
ウミツバメ *86*
英国 *19, 59, 96, 153, 154* →イングランド
営巣 *16, 21, 118, 138* →巣作り

エジプト *195*
エジプトハゲワシ *14, 234* →ワシ
エムレン Emlen, S.T. *ii, 77*
エリマキシギ *74, 230*
オウム（類） *3, 5, 9, 11, 102, 132, 140, 154, 156, 203, 227, 292, 293, 299n* →アレックス
ケアオウム（ミヤマオウム） *19, 231*
ヨウム *3, 234, 237, 296, 299n*
オシドリ *153, 230* →カモ
オーストラリア *12, 14, 110, 134, 292*
オナガサイホウチョウ *71, 230*
思いやり *2, 98, 101, 104, 116, 134, 154, 217, 219, 296* →気づかい, 利他的
オランダ *173*
音楽的感性 *60* →美的（感覚, 感性, センス）
音楽的言語 *64*
音楽的センス *64*
音楽的知能 *58, 68, 149, 178, 179, 200, 235, 274* →知能
音楽的能力 *2, 65, 124, 296*
音声言語 *41, 147, 184*

【か行】
概念 *2, 9-11, 54-56, 70, 132, 137, 157-159, 170, 202, 203, 205, 217, 237, 289, 298, 299n, 302*
——化 *11, 36*
——形成 *9*
——形成（の）能力 *9, 239, 240*
抽象的（な）概念 *2, 9, 11, 132, 137, 170, 296*
学習能力 *2, 187*
カケス *13, 16, 25, 27, 49, 51-53, 72, 230, 243, 251, 253, 254, 297*
アオカケス *49, 230*
カリフォルニアカケス *51, 230, 297*
マツカケス *27, 230*
カササギ *220, 230*
カッコウ *36-38, 93, 230, 249*
合衆国 *45, 76, 159, 205, 210, 285* →アメリカ
ガードナー Gardner, B.T. *ii, 168, 271*
ガードナー Gardner, H. *ii, 67, 248*
ガードナー Gardner, R.A. *ii, 168, 271*
悲しみ *35, 45, 47, 134, 161, 167, 219*
カナリア *11, 146, 230* →鳴禽
カモ *36*
オシドリ *153, 230*
マガモ *87, 233*
カモメ（類） *19, 230, 231*
クロワカモメ *84, 230*
トウゾクカモメ *18, 230*
ワライカモメ *46, 231*
カラ（類） *19*
アオガラ *118, 128, 221, 229*
シジュウカラ *11, 19, 65, 119-121, 126, 220, 232*
カラス *13, 14, 16, 25, 45, 46, 48-50, 57, 70, 98-100, 130, 231, 257, 298*
コクマルガラス *13, 98*
ニシコクマルガラス *11, 98, 100, 231*
ハイイロガラス *14, 231*
ヤマガラス *13, 231*
ワタリガラス *13, 231*
ガラパゴス諸島 *12, 15*
ガン *36, 46*
シジュウカラガン（カナダガン） *82, 87, 232*
環境汚染（物質） *207-209, 226*
環境破壊 *211, 212, 284, 303*
カンジ *171, 172, 302, 303, 311* →ピグミーチンパンジー, ボノボ
感情 *iv, 35, 42, 43, 45, 47, 59, 60, 98-100, 118, 124, 134, 141, 143, 150-152, 156, 176, 180, 182, 193, 203, 214, 215, 217, 222, 223, 225, 298, 302*
人間的感情 *30* →人間的（な）
記憶（力） *5, 11, 12, 36, 82, 132, 156, 179, 182, 187, 188, 240, 278, 308*
長期的（な）記憶（能力） *12, 132*
機械論（的） *156, 186, 305, 309* →自動機械
擬人化 *iv, 96, 151, 152, 158, 176, 185, 217, 295, 298, 299, 301, 309*
擬人主義 *96, 273, 289, 294, 301n*
反擬人主義 *218, 289*
擬人的 *129, 151, 218, 288, 289, 299, 300*
反擬人的 *288*
帰巣 *76-78, 84, 86, 88, 89, 92, 135, 263*

気づかい 15, 16, 101, 116, 134, 153
→思いやり, 利他的
キツツキフィンチ 13, 231
キツツキ類 11, 22
求愛 45, 65, 68, 73, 109, 115, 153
——行動 28, 45, 68, 109, 115 →性的（な）行動
——ダンス（ディスプレイ） 73, 120
——の儀式 115
協調性 185
恐怖（感, 心） 14, 117, 118, 125, 139, 193, 221, 289, 291, 292, 297
協力的 176, 181, 185
キンバネオナガタイヨウチョウ 18, 231
クジャク 68
クジラ 91, 144, 158, 174, 178, 179, 183, 200, 74, 307
ザトウクジラ 178, 179
グドール Goodall, J. ii, 173, 272, 300
グリフィン Griffin, D.R. ii, 14, 23, 25, 215, 217, 218, 235, 245, 250, 259, 276, 281, 287
グールド Gould, J.L. ii, 195, 197, 199, 250
クロウタドリ 14, 18, 60, 62, 63, 126, 128, 220, 221, 231 →鳴禽
クロエリハクチョウ 205, 231
クロムネトビ 14, 232 →トビ
クーン Kuhn, T.S. iii, 217, 283, 288
ケアオウム（ミヤマオウム） 19, 231
→オウム
計画性 158, 307 →知的（な）計画
系統発生的適応 91, 248, 265 →本能
ケストラー Koestler, A. 250
言語的知能 67, 147, 235
言語的能力 2, 296
言語本能 131, 148
賢馬ハンス効果 167, 238 →実験者効果, 実験者の〔による〕偏り
コアホウドリ 76, 231
好奇心 43, 52, 55, 182, 225
航行 75, 76, 83, 88-92, 94, 95, 132, 145, 148, 194, 199, 200, 250, 258 →航法, 渡り, 渡り鳥
——的知能 199, 200
——本能 132, 148 →渡り（の）プログラム
抗争 174 →闘争
行動主義（的） 155, 156, 185, 216, 239, 281 →条件づけ
公認（の）科学 iv, 51, 140, 151, 152, 156-158, 167, 183, 188, 193, 196, 277, 288
コウノトリ 18, 231
幸福（感） 61, 105, 106, 124, 134, 212, 219, 304 →幸せ, 喜び
航法 75-95 →航行, 渡り, 渡り鳥
ココ 159-168, 173, 270, 271, 302 →ゴリラ
ゴシキヒワ 66, 233 →ヒワ, 鳴禽
ゴジュウカラ 234
チャガシラヒメゴジュウカラ 13, 231
ヒメゴジュウカラ 22, 231
個性（的） iv, 63, 106, 119, 124, 140, 143, 151, 157, 159, 173, 187, 203, 213, 217, 219, 297, 299, 300
個体差 60, 63, 124, 187, 223 →多様性
コミュニケーション 2, 41-44, 47-51, 57, 102, 104, 132, 171, 176, 184, 185, 197, 228, 245, 271, 272, 282
コメクイドリ →ボボリンク
娯楽（的） 72, 73, 176, 304
ゴリラ 159-168, 200, 301 →ココ, 類人猿, 霊長類

【さ行】

サベージ-ランバウ〔ランボー〕Savage-Rumbaugh, E.S. iii, 171, 172, 272, 293, 302
さえずり 33, 40, 43-45, 47, 48, 60-64, 106, 118, 120, 126-128, 132, 205, 223 →鳴禽
——言葉 47 →鳴き声（による）言葉
サギ（類） 14, 21
ササゴイ 14, 231
サトゥリス Sahtouris, E. 213
サヨナキドリ 23, 223, 232 →ナイチンゲール, 鳴禽
幸せ 59, 65, 161, 163, 165 →幸福（感）, 喜び
自覚 159, 179, 214 →意識
時間の分解能 46
シクリッド 179, 180
刺激–反応パラダイム 156 →行動主義
シジュウカラ 11, 19, 65, 119-121, 126, 220, 232
シジュウカラガン（カナダガン） 82, 87,

232 →ガン
シチメンチョウ *141, 142, 268*
実験者効果 *172, 271* →賢馬ハンス効果
実験者の〔による〕偏り *167, 238* →賢馬ハンス効果
実証主義的 *155, 216*
自動機械 *iv, 36, 37, 80, 129, 193, 203* →機械論（的）
自発性 *306*
自発的（意志） *158, 305* →意図（的）
シベリア *74*
社会性 *20, 44*
社会的 *173, 183*
——階級 *185*
——関係 *119*
——経験 *36*
——知能 *149*
——欲求 *115*
社会的（行動）モデリング法 *227, 292*
社交的〔性〕 *55, 98, 99, 133, 173, 174, 180, 187, 203, 225*
柔軟（性） *10, 17, 18, 20, 21, 24, 27, 28, 30, 39, 40, 133, 186-188, 197, 198, 215, 243, 250, 265* →融通性, 臨機応変（さ）
『種の起源 *Origin of Species*』 *152* →ダーウィン
シュモクドリ *71, 232*
手話 *137, 159, 160, 163, 168, 271*
——言語 *42, 159, 166, 168, 169* →アメリカ手話言語
ショーヴァン Chauvin, R. *ii, 186, 278*
条件づけ *172* →行動主義
象徴（的） *2, 31, 136, 137, 145, 147-150, 171, 172, 184, 195-198, 200, 202, 214, 273, 276, 296, 304*
——化 *137, 145, 195, 197*
——の使用 *150*
シーリー Seeley, T.D. *iii, 195, 197*
尻振りダンス *195-197, 281*
——言語 *196* →ダンス言語
シロアリ *174*
進化 *215, 269, 301n, 302, 304, 306, 308, 309*
——生物学 *289*
——論 *299, 301n, 302, 305, 308*
身体言語 *33, 41-44, 47, 48, 52, 55, 57, 98, 99, 107, 132, 133, 137, 147, 174, 184, 194, 195* →ダンス言語, ディスプレイ
ズアオアトリ *60, 125, 232* →鳴禽
推理能力 *152, 155*
スカッチ Skutch, A.F. *iii, 25, 58, 61*
スカンジナビア *14*
スキナー流研究法 *239*
ズグロハタオリ *22, 232, 257* →ハタオリドリ
スズゴエヤブモズ *67, 232* →鳴禽
スズメ *21, 75, 110, 154*
巣作り *16, 18, 21, 22, 40, 49, 64, 117, 121, 122, 135, 188, 194, 203, 223* →営巣
——本能 *21*
刷り込み *37*
性格特徴 *27, 112*
政治的駆け引き, チンパンジーの *173*
生態的地位 *41, 132, 136, 147, 157, 183*
性的 *92, 93, 110, 114, 115, 219*
——関係 *107, 109, 150*
——関心 *110*
——（な）行動 *105, 107-111, 116, 127, 173* →求愛行動, ディスプレイ
——興奮 *110, 112*
——パートナー *93, 94*
セキショクヤケイ *142, 232* →ニワトリ
セキセイインコ *103, 107, 109, 110, 113-116, 225, 230, 292, 297* →インコ
選択 *19, 28, 39, 40, 72, 92-94*
——性 *186* →知的（な）選択
——的 *31*
ゾウ *144*
掃除魚 *179-181*
早熟性 *36, 147* →晩熟性
創造性 *60*
創造説 *309*
創造的 *7, 10, 19, 106, 163, 175, 274*
創造能力 *273*

【た行】

退屈 *8, 52, 165*
体内時計 *79*
ダーウィン Darwin, C. *151, 152, 155, 156, 192, 246, 256, 269, 270, 282* →『種の起源 *Origin of Species*』

ダチョウ　73, 232
多様性　60, 284　→個体差
探索　19, 35, 194
ダンス言語　197　→身体言語
尻振りダンス言語　196
地磁気　77, 83-85, 88, 89, 94, 132. 135, 261
知性　175, 177, 179, 217, 239, 247　→知能
知的　iv, 2, 10, 15, 17-19, 26-30, 39, 40, 72, 80, 87, 92, 94, 131, 132, 138, 140, 142, 144, 146, 147, 149, 152, 157, 158, 167, 179-183, 189, 199, 202, 203, 207, 213, 217, 219, 221, 265, 270, 277, 278, 296
——（な）意識　144, 146, 157, 158, 182, 199-201, 277
——（な）計画　189　→計画性
——（な）選択　28, 94　→選択性
知能　iv, v, 2, 10, 31, 39, 40, 67, 68, 76, 79, 87, 95, 102, 103, 119, 124, 131, 139, 142, 144-153, 156-159, 164, 165, 167, 168, 174, 176, 178, 179, 181, 182, 192, 199-204, 214, 216, 219, 221, 224, 227, 235, 239, 251, 267, 274, 280, 282, 289, 291, 296, 301, 303
音楽的知能　58, 68, 149, 178, 179, 200, 235, 274　→音楽的感性, 音楽的言語, 音楽的能力
空間的知能　67, 149, 235
言語的知能　67, 147, 235　→言語的能力, 言語本能
航行的知能　199, 200　→航行, 航法, 渡り
実際的な知能　149, 156, 158, 167, 207
社会的知能　68, 149
身体運動〔筋肉〕的知能　149, 235
動物の知能　iv, 156, 201-214, 216, 289, 303
美学的知能　58　→美的（感覚, 感性, センス）, 美学的
チャガシラヒメゴジュウカラ　13, 231　→ゴジュウカラ
超低周波音　77, 85, 86, 89, 135
チョムスキー Chomsky, N.　ii, 32, 247, 257, 302
チンパンジー　144, 159, 168, 171, 173, 174, 189, 200, 271, 272, 302　→類人猿, 霊長類
ピグミーチンパンジー　171, 302　→カンジ, ボノボ
つがい　15, 16, 22, 23, 26-28, 31, 45-50, 57, 62, 64, 67, 70, 73, 105, 109, 110, 115, 118, 120, 121, 131, 132, 147, 153, 154, 203
——（の）形成　16, 31, 47, 49, 62, 109, 118, 120, 122, 131, 132, 147, 203
ツグミ（類）　14, 232
チャイロコツグミ　61, 232　→鳴禽
つつきの順位　142
ツル　73
アメリカシロヅル　205, 229
ディスプレイ　44, 48, 68, 73, 120, 126　→求愛, 性的（な）行動, 身体言語
ドイツ　195, 206
ドゥ・ヴァール de Waal, F.　ii, 173, 272, 300, 301, 311
道具　12, 13, 15, 135, 145, 150, 172, 174, 202, 214, 304
——を作る〔作製〕　12, 13, 136, 150, 152, 174
——を使う〔使用, 操作, 利用〕　12-15, 145, 202, 243, 304
洞察（力）　158, 197, 199, 308　→見通し
闘争　173, 189　→抗争
トビ　232　→猛禽（類）
クロムネトビ　14, 232
ニシトビ　15, 232

【な行】
ナイチンゲール　23, 223　→サヨナキドリ, 鳴禽
鳴き声（による）言葉　44, 46, 47　→さえずり言葉
なわばり　17, 18, 20, 47, 59, 64, 65, 67, 122, 126, 141, 174, 182, 190
——争い　15, 190
——行動　18
——習性　18, 20
日本　76, 299n
ニュージーランド　19
ニワシドリ（科）　68, 69, 72
アオアズマヤドリ　12, 229
アカエボシニワシドリ　69, 229
ニワトリ　11, 36, 141, 142, 232, 268　→セキショクヤケイ
人間的（な）　118, 131, 176, 192, 194, 196, 272, 288, 289, 307　→ホモ・サピエンス
——感情　30

——行動　*173, 174, 272*
——交流　*127*
——側面　*181*
——知能　*181*
——特性〔特徴〕　*102, 151, 201-204, 206, 277, 297, 298, 300, 301, 301n*
——能力　*11*
認知機能　*11*
認知能力　*30, 132, 239*
認知比較行動学　*ii, 215-218, 235, 301*
→比較行動学
ネズミ　*20, 216*
ノドグロアメリカムシクイ　*22, 233*
→ムシクイ

【は行】
ハイイロホシガラス　*12, 232*
配慮　*70, 158*
ハインリッチ Heinrich, B.　*iii, 100, 101, 129, 253, 265, 297*
ハクスレー Huxley, J.　*129, 139, 268*
ハゼ　*179, 181, 182*
ハタオリドリ　*70, 71*　→ズグロハタオリ
パターソン Patterson, F.P.　*iii, 159-163, 166, 270, 271*
ハーツホーン Hartshorne, C.　*ii, 60, 61, 64, 68*
発明の才　*164*
ハト　*9-11, 25, 84-86, 89, 156, 216, 239, 240, 293*
パピ Papi, F.　*iii, 85*
ハーマン Herman, L.M.　*iii, 176, 273*
ハヤブサ（類）　*21, 23, 26, 233*　→猛禽（類）
ハワード Howard, L.　*ii, 43, 46, 59-65, 68, 117-124, 126-129, 204, 219-224, 244, 251, 254, 266, 268, 283, 290, 297*
反擬人主義　*218, 289*　→擬人主義
反擬人的　*288*　→擬人的
晩熟性　*34, 147*　→早熟性
ハーンスタイン Hernstein, R.J.　*iii, 9, 156, 239*
比較行動学（者）　*61, 139, 215, 216, 264, 265, 296, 298*
　認知比較行動学　*ii, 215-218, 235, 301*
比較心理学（研究, 者）　*139, 156, 215, 216*
美学的　*58, 64, 178, 222, 224*　→美学的知能, 美的（感覚, 感性, センス）
ピグミーチンパンジー　*171, 302*　→チンパンジー
飛行　*76, 77, 80, 82, 84, 107, 108, 112, 135, 222*
——経路　*19, 77, 80-82, 84, 88, 135*
　集団飛行　*222*
美的（感覚, 感性, センス）　*58, 61, 68, 134, 223*　→美学的
ビーバー　*148*
ヒメゴジュウカラ　*22, 231*　→ゴジュウカラ
ヒワ　*66, 233*
　ゴシキヒワ　*66, 233*　→鳴禽
　ムネアカヒワ　*64-66, 233*　→鳴禽
ファウツ Fouts, R.　*ii, 168*
フェロモン　*184, 276*
フォン・フリッシュ von Frisch, K.　*195, 199, 282*
武術競技　*190, 279*　→アリ
プレマック Premack, D.　*iii*
ベイカー Baker, R.R.　*ii, 77, 83, 92, 258, 259, 261*
ペイン Payne, R.　*iii, 178, 275*
ペッパーバーグ Pepperberg, I.M.　*iii, 3, 9, 102, 156, 227, 237, 238, 243, 292, 293, 298*
ヘッブ Hebb, D.O.　*272*
ヘルドブラー Hölldobler, B.　*iii, 184, 192, 276*
ペンギン　*26*
ホイーラー Wheeler, W.M.　*183, 184, 193*
方言　*45, 195, 197*
捕食　*20*
——者〔魚, 動物〕　*20-24, 45, 69, 133, 148, 151, 180, 181, 192*
——性　*102, 125, 175, 180*
ホシムクドリ　*97, 98, 233*
ボタンインコ　*16, 230*
ボノボ　*171, 302*　→カンジ, ピグミーチンパンジー
ボボリンク（コメクイドリ）　*84, 233*
ホモ・サピエンス　*36, 93, 134, 151, 158, 182, 202*　→人間的, 霊長類
ポリネシア　*76, 78, 90, 91, 199*
本能（的）　*iv, 16-18, 20, 21, 28-40, 72, 80, 90, 91, 93-95, 115, 119, 131-133, 140, 142, 146-149, 151, 193, 248, 250, 251, 264, 265, 287, 292*
——的指針　*250*

──的（な）プログラム　*30, 31, 34-40, 92, 94, 131, 250, 265*
　言語本能　*131, 148*
　航行本能　*132, 148*　→航行
　巣作り本能　*21*　→営巣, 巣作り
　渡り（の）本能　*93, 94, 132*　→航行, 渡り, 渡り鳥, 渡り（の）プログラム

【ま行】
マイコドリ　*73*
マガモ　*87, 233*
マークル Markl, H.　*iii, 196*
マネシツグミ　*64, 233*　→鳴禽
ミズナギドリ　*86, 233*
　ズグロミズナギドリ　*75, 233*
　マンクスミズナギドリ　*76, 233*
ミソサザイ　*62, 233*　→鳴禽
　ハシナガヌマミソサザイ　*62, 233*　→鳴禽
ミツバチ　*22, 193-200, 280, 281, 293*
　ハリナシミツバチ　*197*
見通し　*10*　→洞察
ミナミハクトウワシ　*205, 234*　→ワシ
ミヤマオウム　→ケアオウム
無意識（的）　*41, 167, 271, 305*
ムクドリ　*87, 132*
ムシクイ（属）　*79, 223, 233*
　カマドムシクイ　*71, 233*
　クリイロアメリカムシクイ　*21, 233*
　ノドグロアメリカムシクイ　*22, 233*
　ホオアカアメリカムシクイ　*20, 233*
ムネアカヒワ　*64-66, 233*　→ヒワ, 鳴禽
群れ　*20-22, 25, 29, 33, 45, 48, 65, 66, 73, 132, 134, 142, 153, 175, 176, 190, 193, 194, 196, 272, 292*
鳴禽　*58, 60, 62, 64, 65, 68, 79, 144, 209*
メーテルリンク Maeterlinck, M.　*279, 282*
猛禽（類）　*23, 25, 26, 283*
目標志向的　*277*　→意図（的）
モリス Morris, D.　*272*
モリフクロウ　*28, 234*

【や行】
融通性　*158, 183*　→柔軟（性），臨機応変（さ）
ヨウム　*3, 234, 237, 296, 299n*　→アレックス, オウム
欲求不満　*8*
喜び　*43, 47, 59, 62, 98, 100, 102, 103, 106, 107, 112, 134, 150, 153, 178, 219, 222, 224*　→幸福（感）, 幸せ
ヨーロッパコマドリ　*15, 84, 221, 234*　→鳴禽

【ら行】
ラカトシュ Lakatos, I.　*217, 288*
ラブロック Lovelock, J.　*213, 286, 293*
利他的　*15, 16, 176*　→思いやり, 気づかい
臨機応変（さ）　*17, 18, 20, 23-25, 119, 133, 186, 188, 198, 235*　→柔軟（性）, 融通性
リンダウアー Lindauer, M.　*iii, 195, 281*
類人猿　*10, 21, 158, 159, 173, 183, 271, 301-303*　→ゴリラ, チンパンジー, ピグミーチンパンジー, ボノボ
ルリノジコ　*79, 84, 234*
霊長類　*142, 301*　→ホモ・サピエンス, 類人猿
──学（者）　*300*
──研究（者）　*298, 299, 302*
レスリー Leslie, R.F.　*iii, 51-57, 243, 251, 254*
ローダン Laudan, L.　*217*
ローマーネズ Romanes, G.　*151, 152, 155, 156, 192, 280*

【わ行】
ワシ　*234*　→猛禽（類）
　イヌワシ　*205, 234*
　エジプトハゲワシ　*14, 234*
　ミナミハクトウワシ　*205, 234*
ワシミミズク　*101*
　アメリカワシミミズク　*49, 100, 229, 253, 265, 297*
ワショー　*168-171, 173, 271, 302*　→チンパンジー
渡り　*2, 31, 40, 45, 47, 75-79, 81, 82, 84, 86-89, 92, 93, 132, 135, 150, 241, 285, 259*　→航行, 航法
──鳥　*75, 79-82, 87-89*
──（の）プログラム　*92, 93*　→航行本能
ワトソン Watson, J.　*155*　→行動主義

いのちと環境
ライブラリー

世界はいま、地球温暖化をはじめとする環境破壊や、人間の尊厳を脅かす科学的な生命操作という、次世代以降にもその影響を及ぼしかねない深刻な問題に直面しています。それらが人間中心・経済優先の価値観の帰結であるのなら、私たち人類は自らのあり方を根本から見直し、新たな方向へと踏み出すべきではないでしょうか。

そのためには、あらゆる生命との一体感や、大自然への感謝など、本来、人類が共有していたはずの心を取り戻し、多様性を認め尊重しあう、共生と平和のための地球倫理をつくりあげることが喫緊の課題であると私たちは考えます。

この「いのちと環境ライブラリー」は、環境保全と生命倫理を主要なテーマに、現代人の生き方を問い直し、これからの世界を持続可能なものに変えていくうえで役立つ情報と新たな価値観を、広く読者の方々に紹介するために企画されました。

本シリーズの一冊一冊が、未来の世代に美しい地球を残していくための実践的な一助となることを願ってやみません。

[著者紹介]
セオドア・ゼノフォン・バーバー　(Theodore Xenophon Barber, Ph.D.)
1927年アメリカ合衆国オハイオ州生まれ。アメリカン大学で社会心理学の博士号を取得後、ハーヴァード大学で研究に従事。1961年から1978年までメドフィールド財団に在籍、研究部長を務める。クッシング病院心理部長を経て、1986年「学際科学研究所（the Research Institute of Interdisciplinary Science）」を設立。催眠研究の第一人者として、多くの研究者に影響を与え、人間の心と体の関係（心身問題）や意識の諸側面の研究でも知られる。200以上の論文を発表、8冊の著書を上梓。邦訳書に『催眠』（誠信書房）、『人間科学の方法——研究・実験における10のピットフォール）』（サイエンス社）がある。
本書は、著者が認知比較行動学の見地から鳥類の知能と行動を6年間にわたり調査研究した成果をまとめたものである。

THE HUMAN NATURE OF BIRDS:
A Scientific Discovery with Startling Implications
by Theodore Xenophon Barber, Ph.D.

〈いのちと環境ライブラリー〉

もの思《おも》う鳥《とり》たち——鳥類《ちょうるい》の知《し》られざる人間性《にんげんせい》

初版第1刷発行　平成20年6月5日
初版第3刷発行　平成20年8月25日

著者　セオドア・ゼノフォン・バーバー
訳者　笠原敏雄
発行者　岸　重人
発行所　株式会社日本教文社
〒107-8674　東京都港区赤坂9-6-44
電話　03-3401-9111（代表）　03-3401-9114（編集）
FAX　03-3401-9118（編集）　03-3401-9139（営業）
振替　00140-4-55519

印刷・製本　凸版印刷

ISBN 978-4-531-01555-9　Printed in Japan

●日本教文社のホームページ　http://www.kyobunsha.co.jp/
乱丁本・落丁本はお取り替えします。定価はカバー等に表示してあります。